U0154967

现代人工智能技术

李远征 曾志刚 刘智伟 高 亮 编著

机 械 工 业 出 版 社

本书对现代人工智能的理论、算法、框架及应用进行了全面、系统的论述，剖析了人工智能研究领域的前沿学术成果，涵盖了机器学习、深度学习、强化学习以及联邦学习等诸多方向。读者通过学习本书，能够掌握人工智能的基本知识，并能了解人工智能研究的一些前沿内容，为进一步学习人工智能理论与应用奠定基础。

全书共分为9章，分别为绪论、知识表达、推理方法、智能算法、机器学习、神经网络、深度学习、强化学习、联邦学习。

本书可作为计算机类、自动化类、电气类、电子信息类专业的本科生、研究生学习人工智能课程的参考用书，也可供高等院校的教师、研究机构的研究人员，以及相关法律法规制定者和政府监管部门参考。

图书在版编目（CIP）数据

现代人工智能技术/李远征等编著. —北京：机械工业出版社，2024.3
ISBN 978-7-111-75053-6

Ⅰ. ①现… Ⅱ. ①李… Ⅲ. ①人工智能 Ⅳ. ①TP18

中国国家版本馆 CIP 数据核字（2024）第 041294 号

机械工业出版社（北京市百万庄大街22号　邮政编码100037）
策划编辑：任　鑫　　　　　　责任编辑：任　鑫　杨　琼
责任校对：龚思文　李　婷　　封面设计：马若濛
责任印制：郜　敏
北京富资园科技发展有限公司印刷
2024年4月第1版第1次印刷
184mm×260mm · 14.75印张 · 362千字
标准书号：ISBN 978-7-111-75053-6
定价：79.00 元

电话服务　　　　　　　　　　网络服务
客服电话：010-88361066　　机 工 官 网：www.cmpbook.com
　　　　　010-88379833　　机 工 官 博：weibo.com/cmp1952
　　　　　010-68326294　　金 书 网：www.golden-book.com
封底无防伪标均为盗版　　机工教育服务网：www.cmpedu.com

前　言

　　人工智能是一门跨学科的科学，它涉及计算机科学、数学、统计学、物理学、生物学、心理学等多个领域，旨在研究如何让机器具有智能的行为和能力。人工智能的研究始于20世纪50年代，经历了多次兴衰和变革，如今已经成为当今科技界最热门和最具影响力的领域之一。经过多年的演进，现代人工智能出现了一些新特点，它不但以更高水平接近人的智能形态存在，而且以提高人的智力能力为主要目标来融入人们的日常生活，比如跨媒体智能、大数据智能、自主智能系统等。在越来越多的一些专门领域，人工智能的博弈、识别、控制、预测甚至超过人脑的能力，比如人脸识别技术等。现代人工智能技术正在引发链式突破，推动经济社会从数字化、网络化向智能化加速跃进。

　　在此背景下，本书从人工智能的基础知识开始，逐步深入至相应技术原理，并对现代人工智能技术中热门前沿的研究方向进行了分析讲解。本书从基础知识到前沿技术，从理论分析到算法实现，涵盖了现代人工智能技术的多个方面和层次，能够让读者从不同的角度和维度去认识和掌握现代人工智能技术。

　　在本书中，读者可以学习到以下几个方面的内容：

　　人工智能的基础知识：本书第1章介绍了人工智能的基本概念、发展简史、基本原理及方法、主要研究及应用领域等内容，为后续的深入学习打下基础。

　　人工智能的技术原理：本书第2~4章介绍了人工智能中涉及的知识表达、推理方法和智能算法等技术原理，可使读者快速理解人工智能是如何表示和处理知识、如何进行逻辑推理和优化求解等问题。

　　现代人工智能技术的核心算法：本书第5~9章介绍了现代人工智能技术中最重要也是最热门的机器学习、神经网络、深度学习、强化学习和联邦学习等核心算法，让读者能够掌握人工智能是如何从数据中学习规律、如何构建复杂的神经网络模型、如何利用深度学习解决高级认知任务、如何通过强化学习实现自主决策和控制、如何通过联邦学习实现分布式协同学习等问题。

　　总之，本书是一本内容丰富、结构清晰、语言通俗的人工智能技术学习用书，它不仅可以帮助读者学习人工智能的基本知识，还能让读者了解现代人工智能技术的前沿内容，为进一步学习和研究人工智能理论与应用奠定基础。衷心地希望本书能够成为读者学习人工智能的好伴侣，探索现代人工智能技术的好导师。

目　录

前言

第1章　绪论 ……………………………………………………………………… 1

  1.1　人工智能的基本概念 ………………………………………………………… 1

    1.1.1　智能的概念 ……………………………………………………………… 1

    1.1.2　智能的特征 ……………………………………………………………… 2

    1.1.3　人工智能 ………………………………………………………………… 4

  1.2　人工智能发展简史 …………………………………………………………… 5

    1.2.1　孕育 ……………………………………………………………………… 5

    1.2.2　形成 ……………………………………………………………………… 5

    1.2.3　发展 ……………………………………………………………………… 6

  1.3　人工智能的基本原理及方法 ………………………………………………… 7

    1.3.1　知识表示 ………………………………………………………………… 7

    1.3.2　机器感知 ………………………………………………………………… 7

    1.3.3　机器思维 ………………………………………………………………… 7

    1.3.4　机器学习 ………………………………………………………………… 8

  1.4　人工智能的主要研究及应用领域 …………………………………………… 8

    1.4.1　自动定理证明 …………………………………………………………… 8

    1.4.2　博弈 ……………………………………………………………………… 9

    1.4.3　模式识别 ………………………………………………………………… 9

    1.4.4　机器视觉 ………………………………………………………………… 9

    1.4.5　自然语言理解 …………………………………………………………… 10

    1.4.6　智能信息检索 …………………………………………………………… 11

    1.4.7　数据挖掘 ………………………………………………………………… 11

    1.4.8　专家系统 ………………………………………………………………… 11

    1.4.9　机器人 …………………………………………………………………… 12

    1.4.10　组合优化 ……………………………………………………………… 12

    1.4.11　人工神经网络 ………………………………………………………… 13

    1.4.12　分布式人工智能与多智能体 ………………………………………… 13

  1.5　小结 …………………………………………………………………………… 14

  思考题 ……………………………………………………………………………… 14

第2章　知识表达 ··· **15**

2.1　知识与知识表达的概念 ··· 15

　　2.1.1　知识的概念 ·· 15

　　2.1.2　知识的特征 ·· 15

　　2.1.3　知识的表示 ·· 16

2.2　一阶谓词逻辑表示法 ··· 17

　　2.2.1　命题 ··· 17

　　2.2.2　谓词 ··· 17

　　2.2.3　谓词公式 ·· 18

　　2.2.4　谓词公式的性质 ·· 21

　　2.2.5　一阶谓词逻辑知识表示法 ···································· 23

　　2.2.6　一阶谓词逻辑表示法的特点 ································· 23

2.3　产生式表示法 ··· 24

　　2.3.1　产生式 ··· 25

　　2.3.2　产生式系统 ·· 26

　　2.3.3　产生式系统的例子——动物识别系统 ···················· 27

　　2.3.4　产生式表示法的特点 ··· 29

2.4　框架表示法 ··· 30

　　2.4.1　框架的一般结构 ·· 31

　　2.4.2　用框架表示知识的例子 ·· 32

　　2.4.3　框架表示法的特点 ·· 34

2.5　小结 ·· 34

　　思考题 ··· 35

第3章　确定性推理方法 ··· **37**

3.1　推理的基本概念 ··· 37

　　3.1.1　推理的定义 ·· 37

　　3.1.2　推理方式及其分类 ·· 37

　　3.1.3　推理的方向 ·· 39

　　3.1.4　冲突消解策略 ·· 44

3.2　自然演绎推理 ··· 45

3.3　谓词公式化为子句集的方法 ·· 47

3.4　鲁滨逊归结原理 ··· 51

3.5　归结反演 ··· 55

3.6　小结 ·· 57

　　思考题 ··· 57

第4章　智能算法及其应用 ·· **60**

4.1　进化算法的产生与发展 ·· 60

　　4.1.1　进化算法的概念 ··· 60

　　4.1.2　进化算法的生物背景 ·· 61

4.1.3　进化算法的设计原则 ……………………………………… 61

4.2　遗传算法 ……………………………………………………………… 62

4.2.1　遗传算法的基本思想 ……………………………………… 62

4.2.2　遗传算法的发展历史 ……………………………………… 63

4.2.3　编码 …………………………………………………………… 64

4.2.4　实数编码和浮点数编码 …………………………………… 65

4.2.5　群体设定 ……………………………………………………… 65

4.2.6　适应度函数 ………………………………………………… 66

4.2.7　选择 …………………………………………………………… 68

4.2.8　交叉 …………………………………………………………… 71

4.2.9　变异 …………………………………………………………… 73

4.2.10　遗传算法的一般步骤 …………………………………… 74

4.2.11　遗传算法的特点 ………………………………………… 74

4.3　遗传算法的改进算法 ………………………………………………… 75

4.3.1　改进算法 ……………………………………………………… 75

4.3.2　双种群遗传算法 …………………………………………… 75

4.3.3　自适应遗传算法 …………………………………………… 77

4.4　粒子群优化算法 ……………………………………………………… 78

4.4.1　粒子群优化算法的基本原理 ……………………………… 78

4.4.2　粒子群优化算法的参数分析 ……………………………… 80

4.5　蚁群算法 ……………………………………………………………… 81

4.5.1　基本蚁群算法模型 ………………………………………… 81

4.5.2　蚁群算法的参数选择 ……………………………………… 82

4.6　小结 …………………………………………………………………… 83

思考题 ……………………………………………………………………… 84

第5章　机器学习 ……………………………………………………………… **85**

5.1　机器学习简介 ………………………………………………………… 85

5.1.1　专业术语 ……………………………………………………… 85

5.1.2　分类 …………………………………………………………… 86

5.2　特征工程 ……………………………………………………………… 87

5.2.1　目的与基本流程 …………………………………………… 87

5.2.2　数据获取 ……………………………………………………… 88

5.2.3　特征处理 ……………………………………………………… 89

5.2.4　特征选择 ……………………………………………………… 92

5.2.5　特征提取和数据降维 ……………………………………… 95

5.3　模型评估 ……………………………………………………………… 96

5.3.1　评估方法 ……………………………………………………… 97

5.3.2　调参与最终模型 …………………………………………… 99

5.3.3　性能度量 ……………………………………………………… 99

　　　5.3.4　比较检验 ·· 105
　　　5.3.5　偏差与方差 ·· 106
　5.4　有监督学习 ·· 107
　　　5.4.1　线性回归 ··· 107
　　　5.4.2　线性对数几率回归 ······································ 109
　　　5.4.3　贝叶斯分类 ·· 111
　　　5.4.4　决策树 ·· 113
　　　5.4.5　支持向量机 ·· 115
　5.5　无监督学习 ·· 119
　　　5.5.1　基本模型 ··· 119
　　　5.5.2　K 均值 ·· 120
　　　5.5.3　高斯混合聚类 ··· 121
　　　5.5.4　密度聚类 ··· 122
　　　5.5.5　层次聚类 ··· 123
　5.6　小结 ··· 124
　思考题 ··· 124

第 6 章　神经网络 ··· **125**
　6.1　神经元和神经网络 ·· 125
　　　6.1.1　生物神经元和人工神经元 ······························ 125
　　　6.1.2　神经网络简介 ··· 126
　6.2　线性神经网络和全连接神经网络 ························ 126
　　　6.2.1　线性神经网络 ··· 126
　　　6.2.2　全连接神经网络 ·· 128
　6.3　BP 神经网络 ··· 130
　　　6.3.1　标准 BP 神经网络算法和流程 ······················· 131
　　　6.3.2　标准 BP 神经网络分析和改进 ······················· 132
　6.4　卷积神经网络 ·· 134
　　　6.4.1　卷积的基本知识 ·· 134
　　　6.4.2　卷积神经网络的产生动机 ···························· 135
　　　6.4.3　卷积神经网络的结构 ·································· 135
　6.5　循环神经网络 ·· 137
　　　6.5.1　导师驱动过程 ··· 139
　　　6.5.2　计算循环神经网络的梯度 ···························· 139
　　　6.5.3　双向循环神经网络 ······································ 142
　6.6　生成对抗神经网络 ·· 142
　6.7　小结 ··· 143
　思考题 ··· 144

第 7 章　深度学习 ··· **145**
　7.1　深度学习的概念 ·· 145

7.1.1 深度学习的简介 ……………………………………………… 145

7.1.2 深度学习的特点 ……………………………………………… 146

7.1.3 深度学习的发展 ……………………………………………… 146

7.2 深度卷积神经网络 ……………………………………………… 147

7.2.1 深度卷积神经网络的简介 …………………………………… 147

7.2.2 深度卷积神经网络的结构 …………………………………… 148

7.3 深度残差网络 …………………………………………………… 150

7.3.1 深度残差网络的简介 ………………………………………… 150

7.3.2 深度残差网络的结构 ………………………………………… 150

7.4 深度循环神经网络 ……………………………………………… 152

7.4.1 深度循环神经网络的简介 …………………………………… 152

7.4.2 深度循环神经网络的结构 …………………………………… 153

7.5 门控循环单元 …………………………………………………… 154

7.5.1 门控循环单元的简介 ………………………………………… 154

7.5.2 门控循环单元的结构 ………………………………………… 154

7.6 长短期记忆网络 ………………………………………………… 155

7.6.1 长短期记忆网络的简介 ……………………………………… 155

7.6.2 长短期记忆网络的结构 ……………………………………… 156

7.7 注意力机制 ……………………………………………………… 157

7.7.1 注意力机制的简介 …………………………………………… 157

7.7.2 注意力机制的原理 …………………………………………… 158

7.7.3 注意力机制的种类 …………………………………………… 159

7.8 小结 ……………………………………………………………… 160

思考题 ………………………………………………………………… 160

第8章 强化学习 ……………………………………………………… 161

8.1 强化学习的概念 ………………………………………………… 161

8.1.1 序贯决策问题 ………………………………………………… 161

8.1.2 强化学习 ……………………………………………………… 162

8.2 马尔可夫过程 …………………………………………………… 163

8.2.1 随机过程与马尔可夫性质 …………………………………… 163

8.2.2 马尔可夫过程 ………………………………………………… 163

8.2.3 马尔可夫奖励过程 …………………………………………… 164

8.2.4 马尔可夫决策过程 …………………………………………… 165

8.2.5 最优策略 ……………………………………………………… 167

8.2.6 策略迭代 ……………………………………………………… 168

8.3 基于价值的强化学习 …………………………………………… 169

8.3.1 时序差分算法 ………………………………………………… 170

8.3.2 SARSA 算法 ………………………………………………… 170

8.3.3 Q-Learning 算法 ……………………………………………… 171

8.3.4　On-policy 算法与 Off-policy 算法 ································ 174

8.4　基于策略的强化学习 ·· 174

8.4.1　策略梯度 ·· 175

8.4.2　REINFORCE 算法 ·· 176

8.4.3　值函数近似 ·· 177

8.4.4　Actor-Critic 算法 ·· 177

8.5　深度强化学习 ·· 178

8.5.1　深度 Q 网络 ·· 178

8.5.2　信任区域策略优化算法 ·· 181

8.5.3　近端策略优化算法 ·· 184

8.5.4　深度确定性策略梯度算法 ······································ 184

8.6　模仿强化学习 ·· 186

8.6.1　行为克隆 ·· 186

8.6.2　逆向强化学习 ·· 186

8.6.3　生成式对抗模仿学习 ·· 188

8.7　集成强化学习 ·· 189

8.7.1　Bootstrapped DQN ·· 189

8.7.2　SUNRISE ·· 190

8.8　总结 ·· 192

思考题 ·· 192

第 9 章　联邦学习 ··· **194**

9.1　联邦学习的概念 ·· 194

9.1.1　人工智能面临的挑战 ·· 194

9.1.2　联邦学习的定义 ·· 195

9.1.3　联邦学习的分类 ·· 196

9.2　隐私保护技术 ·· 198

9.2.1　联邦学习面临的隐私泄露风险 ·································· 198

9.2.2　差分隐私 ·· 199

9.2.3　安全多方计算 ·· 201

9.3　激励机制 ·· 205

9.3.1　联邦学习中引入激励机制的必要性 ······························ 205

9.3.2　基于数据质量评估 ·· 205

9.3.3　基于模型参数评估 ·· 206

9.3.4　基于沙普利值评估 ·· 207

9.4　横向联邦学习 ·· 208

9.4.1　横向联邦学习的定义 ·· 208

9.4.2　横向联邦学习架构 ·· 208

9.4.3　联邦平均算法 ·· 211

9.5　纵向联邦学习 ·· 213

9.5.1　纵向联邦学习的定义 ··· 213

9.5.2　纵向联邦学习架构 ··· 213

9.5.3　FedBCD 算法 ··· 215

9.6　联邦迁移学习 ··· 218

9.6.1　联邦迁移学习的定义 ··· 218

9.6.2　联邦迁移学习的分类 ··· 218

9.6.3　联邦迁移学习框架 ··· 219

9.7　小结 ··· 221

思考题 ··· 222

参考文献 ··· **223**

第 1 章

绪 论

本章主要介绍了人工智能的基本概念、发展简史、基本原理及方法，最后论述了目前人工智能的主要研究及应用领域。

1.1 人工智能的基本概念

1.1.1 智能的概念

人工智能（Artificial Intelligence，AI）的发展方向是用机器代替人类实现人类的部分智能。因此，下面将首先探讨人类的智能行为。

智能是智力和能力的总称，智力侧重于认知，能力侧重于活动。智能的发生与物质的本质、宇宙的起源、生命的本质一起被列为自然界中的四大奥秘。智能以及智能的本质是古今中外许多哲学家、语言学家、脑科学家一直在努力探索和研究的问题，但至今仍然无法完全了解其中的奥秘，很难给出智能的确切定义。

近年来，随着神经心理学、脑科学等学科研究的快速发展，人们对于人脑的结构、功能以及运作方式有了初步的认识，但对整个神经系统的内部结构和作用机制，特别是脑的功能原理还没有明确的认识，有待进一步的探索研究，而且脑域的开发也是人们正在努力研究的方向，旨在增加人们对于人脑的掌握程度。

如今，根据对人脑已有的认识，结合智能的外在表现，从不同的角度、不同的侧面，用不同的方法对智能进行研究，人们提出了许多观点。其中影响较大的观点流派有思维理论、知识阈值理论以及进化理论等。

1. 思维理论

思维理论认为，智能的核心是思维，强调思维的重要性，人的一切智能都来自大脑的思维活动，人类的一切知识都是人类思维的产物，因而渴望通过对思维规律与方法的研究揭示智能的本质。

2. 知识阈值理论

知识阈值理论认为智能行为取决于知识的数量及其一般化的程度，一个系统之所以有智能是因为它具有可运用的知识。因此，知识阈值理论把智能定义为：智能就是在巨大的搜索空间中迅速找到一个满意解的能力。这一理论在人工智能的发展史中有着重要的影响，知识工程、专家系统等都是在这一理论的影响下发展起来的。

3. 进化理论

进化理论认为人的本质能力是在动态环境中的行走能力、对外界事物的感知能力、维持生命和繁衍生息的能力。正是这些能力的表现，为智能的探索提供了基础信息，因此智能是一些复杂系统组合后表现出的性质，是由许多系统相互交错后产生的。智能仅由系统总的行为以及行为与环境的联系所决定，它可以在没有明显的可操作的内部表达的情况下产生，也可以在没有明显的推理系统出现的情况下产生。该理论的核心是用控制取代知识的表示，从而取消知识的概念、模型及显式表示，否定抽象对于智能及智能模拟的必要性，强调分层结构对于智能进化的可能性与必要性。这是由美国麻省理工学院的布鲁克教授提出的。1991 年他提出了"没有表达的智能"，1992 年又提出了"没有推理的智能"，这些是他根据对人造机器动物的研究和实践提出的与众不同的观点。目前这些观点尚未形成完整的理论体系，有待进一步的研究，但由于它与人们的传统看法完全不同，因而引起了人工智能界的广泛关注。

综合上述各种观点，可以认为：智能是知识与智力的总和。其中，知识是一切智能行为的基础，而智力是获取知识并应用知识求解问题的能力。

1.1.2 智能的特征

1. 感知能力

感知是指感觉和知觉。感觉能够反映物体的属性，例如通过眼睛看、耳朵听、鼻子闻等。而把物体的各个属性都有机地结合起来，成为一个整体，这就是知觉。感知能力则是指通过视觉、听觉、触觉、嗅觉、味觉等感觉器官感知外部世界的能力。

对于外部信息，人类获取的基本途径就是通过感知，对于人类来说，大部分的知识获取都是通过感知，然后被大脑加工而得到。如果人类感知消失，就不可能获得知识，同时也不可能实现各种智能活动。因此，感知即是产生智能活动的重要前提。

据相关研究信息表明，视觉与听觉在人类的感知中占据主导地位，人类获取的信息中有 80%以上是通过视觉得到的，10%是通过听觉得到的。因此，在人工智能的机器感知研究方面，机器视觉和机器听觉就成了主要的研究领域。

2. 记忆与思维能力

记忆是一种复杂的心理过程，是人类最重要的信息存储库。思维是认识的理性阶段，是更复杂、更高级的认识过程，是人与动物相区别的重要标志之一。记忆与思维都是人脑中极其重要的功能，人之所以有智能的根本原因就是记忆与思维。记忆用于存储外部信息以及由思维所产生的知识；思维用于处理记忆信息，即对所获得的信息进行分析、计算、比较等。思维是一个动态过程，是获取知识以及运用知识求解问题的根本途径。

思维可分为逻辑思维、形象思维以及顿悟思维等。

（1）逻辑思维

逻辑思维又称为抽象思维，是指将思维内容联结、组织在一起的方式。它是一种根据逻辑规则对信息进行处理的理性思维方式。首先，人们对外部事物的感性认识是通过感觉器官来实现的，并储存在大脑中，然后，通过匹配选出相应的逻辑规则，且作用于已经表示出来的已知信息，进行相应的逻辑推理。这种推理通常不是用某一条规则进行一次推理就能够解决问题的，而是要对第一次推出的结果运用其他的规则进行再一次的推理。推理的成功与否，取决于两个因素：一是用于推理的规则是否完备；二是已知的信息是否可靠。如果推理规则是完备的，由感性认识获得的信息是可靠的，则通过逻辑思维可以得到较为合理、可靠的结论。逻辑思维具有如下特点：

1）逻辑思维过程是一个线性过程。

2）逻辑思维过程易形式化，思维过程可由符号表达。

3）逻辑思维过程具有严谨性、可靠性，能对事物发展在逻辑上给出合理的预测，使人们对事物的认识逐步深化。

（2）形象思维

形象思维又称为直感思维，是以直观形象和表象作为支柱的思维过程。它是一种以客观现象为思维对象、以感性形象认识为思维材料、以意象为主要思维工具、以指导创造物化形象的实践为主要目的的思维活动。思维过程有两次飞跃。

1）第一次飞跃是从感性形象认识到理性形象认识的飞跃，即对事物产生的各种感觉进行组合，形成一种能够在整体上反映事物多方面属性的认知，也就是知觉。再在形成知觉后的基础上产生具有一定包容性的感觉反映形式，也就是表象，最后经过形象分析与比较，组合后形成对事物的理性形象认识。

2）第二次飞跃是从理性形象认识到实践的飞跃，即在理性形象认识的基础上进行联想、想象等思维活动，在大脑中产生新的意象后进行实践并接受实践的检验。这个过程不断往复，就构成了形象思维从低级到高级的运动发展。

形象思维具有如下特点：

1）主要依据直觉、直感、想象等，即感性形象进行思维。

2）思维过程为非线性过程，通过许多形象材料结合成新的形象，或由一个形象跳跃到另一形象。

3）形式化困难，对问题的把握是大体上的把握，对问题的分析是定性或半定量的，没有统一的形象联系规则，对象不同、场合不同，形象的规则运用亦不相同，不能直接套用某一特定规则。

4）具有创造性，在信息发生变形或缺少的情况下仍有可能得到比较满意的输出结果。

由此可见，逻辑思维与形象思维的特点大不相同，因此，在不同场合可以选用不同的思维。当要求以速度为基准，迅速做出决策而不苛求精准性时，可用形象思维，但当进行严格的论证推导时，就必须运用逻辑思维；当要对一个问题进行假设、猜想时，需用形象思维，而当要对这些假设或猜想进行论证时，则要用逻辑思维。在求解问题的过程中，通常人们会结合两种思维，先运用形象思维给出假设后，再用逻辑思维进行论证。

（3）顿悟思维

顿悟思维又称为灵感思维，是指人们在科学研究、科学创造、产品开发或问题解决过程中突然涌现、瞬息即逝，使问题得到解决的思维过程。它是一种显意识与潜意识相互作用的思维方式。当人们遇到一个无法解决的问题时，会"苦思冥想"。这时，大脑极为活跃地运转，将不同的方法与不同的方向相结合，思考解决问题的方法。有时突然从脑中涌现的某一想法，使人"茅塞顿开"，问题便迎刃而解。像这样用于连接相关知识或信息的"新想法"

常被称为灵感。灵感也是一种信息，可能是与问题直接相关的一个重要信息，也可能是一个与问题并不直接相关且不起眼的信息，只是由于它的到来使解决问题的智慧被启动了。顿悟思维比形象思维更复杂，是大脑的一种特殊技能，是思维发展到高级阶段的产物，至今人们还不能确切地描述灵感的机理。顿悟思维具有如下特点：

1）具有随机性和偶然性，导致人们无法主观产生灵感。

2）具有独创性与模糊性，任何能正常思维的人都能产生各种各样的灵感。

3）穿插于形象思维与逻辑思维之间，起着突破、创新以及升华的作用。

应该指出，人的记忆与思维是不可分的，总是相随相伴的。它们的物质基础都是由神经元组成的大脑皮质，通过相关神经元此起彼伏地兴奋与抑制实现记忆与思维活动。

3. 学习能力

学习是生物的本能，是指人与动物在生活过程中凭借经验产生的行为或行为潜能的相对持久的变化。对于人们来说，通过与环境相互作用，不断地认识新事物，从而积累知识，适应环境的变化。学习既可能是自觉的、有意识的，同时也可能是不自觉的、无意识的；既可以是有指导的，也可以是通过自己实践进行的。

4. 行为能力

通常，人们把自己的思想、情感、想法和意图用语言或者某个特定表情，眼神或形体动作来对外界的刺激做出相应的回应，传达某些信息的能力称为行为能力或表达能力。如果把人们的感知能力看作是信息的输入，那么行为能力就可以看作是信息的输出，它们都受到神经系统的控制。

1.1.3　人工智能

人工智能又名机器智能（Machine Intelligence），是计算机科学的一个分支，它试图用人工的方式在计算机上了解智能的本质，以实现智能。

人工智能最早是由英国数学家艾伦·麦席森·图灵发现并提出的。在 1950 年的论文《计算机器与智能》中，图灵提出了著名的“图灵测试”，明确地指出了人工智能的含义并阐释机器拥有智能的标准。在《计算机器与智能》中，图灵做出如下测试：将人与机器分割开来，处于不同的隔间中，在相互不接触的情况下，让双方进行一系列问题对答，如果在一段长时间内，人无法根据问题的答案判断对方到底是人还是机器，那么就可以认为这个机器拥有与人相当的智力，也就是说计算机可以进行思维。“图灵的梦想”也就是在此实验中被提出来的。

当下，许多人仍然将图灵测试当作衡量机器智能的标准。但同时也有大部分人是不相信图灵测试的过程的，简而言之，图灵测试只是反映了结果而没有涵盖思维过程。因此，即便机器通过了图灵测试，也无法认为机器拥有智能。1980 年美国哲学家约翰·塞尔设计了一个思维实验以推翻强人工智能提出的过强主张，名为中文房间。约翰认为计算机无法真正理解接收到的信息，但是它们可以运行一个程序，处理信息，给人一种智能的感觉。

其实，要求机器企及人类智能的水平，是十分困难的。但是，人工智能的研究正在向着这个方向迈进，实现图灵的梦想未来可期。值得注意的是，如今在许多领域，人工智能已经体现出了其显著的优越性。

1.2　人工智能发展简史

人工智能的三个发展阶段分别为孕育、形成和发展。

1.2.1　孕育

人工智能的孕育阶段主要指在 1956 年人工智能诞生以前。早在很久以前，人们就一直在思考如何使用机器来替代人的少许脑力劳动，从而提高人们探索自然的进度。其中，在人工智能产生与发展的道路上起着重要影响作用的理论与研究成果如下：

1）著名哲学家亚里士多德发明了三段论逻辑，这是第一个形式演绎推理系统。

2）阿拉伯发明家加扎利设计了被认为是第一个可编程的仿人机器人。

3）十七世纪初笛卡尔提出"动物的身体不过是复杂的机器"。

4）1642 年帕斯卡发明了第一台机械数字计算器。

5）1673 年莱布尼茨改进了帕斯卡的机器实现了乘法和除法计算，这也被称为步骤推算，并设想了一个通用的推理演算，通过演算也可以机械地决定参数。

6）1854 年乔治·布尔开发了一种二进制代数，代表一些"思想法则"，发表在《思想法则》一书中。

7）1936 年图灵提出了通用图灵机，奠定了现代计算机科学的基础。

8）1941 年阿塔纳索夫和克利福德·贝瑞开发了世界上第一台电子计算机，为人工智能的研究与发展奠定了现实基础。

9）1943 年第一项被公认为人工智能的工作是由沃伦·麦卡洛奇和沃尔特·皮茨完成的。他们提出了一个人工神经元模型，在论文《神经活动内在思想的逻辑演算》中，提出了旨在模拟人类的思维过程的算法。他们的模型通常被称为麦卡洛奇-皮茨神经元，为神经网络奠定了基础。同年，阿图罗·罗森布鲁斯、诺伯特·维纳和朱利安·毕格罗的一篇论文中提出了"控制论"一词。埃米尔·波斯特证明产生式系统是一种通用的计算机制。波斯特在完备性、不一致性和证明理论方面也做了重要的工作。

10）1955 年纽威尔和西蒙创立了"第一个人工智能项目"，并被命名为"逻辑理论家"。这个程序已经证明了罗素、怀特海的数学名著《数学原理》一书第 2 章 52 个数学定理中的 38 个，并为一些定理找到了新的、更优雅的证明。冯·诺依曼撰写讲演用的未完成稿《计算机与人脑》是自动机理论研究中的重要材料之一。他从数学的角度，主要是逻辑和统计数学的角度，探讨计算机的运算和人脑思维的过程，进行了一些比较研究。

由上面的人工智能孕育过程可以看出，人工智能的产生和发展是必然的，是科学创新和技术发明的必然产物。

1.2.2　形成

人工智能的形成阶段主要是在 1956—1969 年。在 1956 年夏天，美国达特茅斯学院的麦卡锡助教联合明斯基等人举行了历史上第一次人工智能研讨会，此次会议时长两个月，讨论关于人工智能的问题，"人工智能"这一术语也是在这次会议上被正式敲定的。这次研讨会被认为是人工智能诞生的标志，麦卡锡也被称为人工智能之父。此次会议对后续人工智能在机器学习、模式识别以及人工智能语言等方方面面具有重大影响。如：

1）在机器学习方向上，1957 年罗森布拉特的"构建一个电子或机电系统，以一种可能与生物大脑的感知过程非常相似的方式，学会识别光、电或音调信息模式之间的相似性或同一性"说法被广泛认为是深度神经网络的基础。

2）在模式识别方向上，1959 年塞尔弗里奇创造了一个模式识别程序。

3）在人工智能语言方面，1966 年麻省理工学院（MIT）的约瑟夫创立了一个交互式"伊莉莎"，用英语进行对话。"伊莉莎"代表了自然语言处理的早期实现，目的是教计算机使用人类语言与人进行沟通交流，而不仅仅是计算机代码程序。

1969 年，第一次人工智能联合会议（IJCAI）在华盛顿特区举行。这次会议的顺利举行，标志着人工智能这门新兴学科已经被世界所接纳认可。

1.2.3　发展

人工智能的发展阶段主要指在 1970 年至今。在 20 世纪 70 年代初，许多国家已经着手了对于人工智能的研究，因此，大量的研究成果涌现出来。PROLOG 由柯尔迈伦纳及其研究小组于 1972 年在法国马塞大学提出。同年，爱德华于斯坦福大学开展了启发式编程项目的 MYCIN，该专家系统用于诊断和治疗传染性疾病。

即便是如此的蓬勃发展，人工智能依然与其他新兴学科一样，道路并非一帆风顺。20 世纪 70 年代，人工智能进入了一段痛苦而艰难的岁月。由于科研人员在人工智能的研究中对项目难度预估不足，导致美国国防高级研究计划以失败告终，让大家对人工智能的发展前景十分担忧。与此同时，社会舆论也开始对人工智能的研究施压，导致很多研究项目被叫停。在当时，人工智能的研究所面临的技术瓶颈主要有三个方面。第一，计算机性能不足，导致早期很多程序无法应用到人工智能领域。第二，问题的复杂度，早期人工智能程序主要是解决特定的问题，这些特定的问题对象较少，复杂性较低，可一旦问题上升维度，程序立马就不堪重负，甚至无法运行。第三，数据量严重缺失，深度学习需要极大数据量的支撑，在没有容量够大的数据库时，就会导致机器无法智能化。因此，人工智能项目停滞不前。1973 年莱特希尔针对英国人工智能研究状况的报告中指出了人工智能在实现"伟大目标"上的失败。由此，人工智能在之后的六年内无人问津。

经历过如此长时间的低谷期后，研究者们认真反思，总结研究时的经验教训，在 1980 年，卡内基梅隆大学为数字设备公司设计了一套名为 XCON 的"专家系统"。这是一种应用人工智能程序的系统，可以简单地理解为"知识库+推理机"的组合，XCON 是一套具有完整专业知识和经验的计算机智能系统。

自 20 世纪 90 年代中期开始，随着人工智能技术尤其是神经网络技术的逐步发展，以及人们开始对人工智能抱有客观理性的认知，人工智能技术进入了平稳发展时期。在 1997 年，IBM 的计算机系统"深蓝"战胜了国际象棋世界冠军卡斯帕罗夫，又一次在公众领域引发了现象级的人工智能话题讨论，这是人工智能发展的一个重要里程碑。2006 年，辛顿在神经网络的深度学习领域取得突破，人类又一次看到机器赶超人类的希望，也是标志性的技术进步。2016 年，Google 公司的 AlphaGo 战胜了韩国围棋选手李世石，再度引发人工智能热潮。围棋这一人类赖以自豪的最后堡垒，最终被计算机所攻破。

1.3 人工智能的基本原理及方法

1.3.1 知识表示

知识表示是指用一定的方式将知识客体中的知识要素和知识关系表达出来，使人们能够识别和理解知识。知识表示是知识组织的前提和基础，任何知识组织方法都要依赖于知识表示的形式。不同的国家和民族都有自己独特的语言和文字。这是他们之间交流的媒介和工具，也是人类文明进步和社会发展的重要推动力。人类语言和文字虽然是一种优秀的知识表示方式，但对于计算机来说，这种方式很难处理，不适合用于计算机。

人工智能研究的目标是要建立一个能够模拟人类智能行为并且能够自我思考的机器系统，但是智能行为是建立在知识水平之上的，也就是说人工智能要具备一定的知识水平才能模拟人类智能行为，因此知识表示的方法是研究的重点内容。

知识表示方法是研究如何用机器表达知识的一门学科。要探索有效的知识表示方法，就需要对知识本身有深入的理解。然而，目前人类对自己的知识结构还没有清晰的认识，因此关于知识表示的完整理论还没有形成。尽管如此，在人工智能系统的研究中，人们根据实际需求提出了一些常用的知识表示方法，例如逻辑表示法、产生式表示法、框架表示法和连接机制表示法等。

总体来看，知识表示的方法可分为两大类：符号表示法和连接机制表示法。

符号表示法是一种用具有明确含义的符号来组合和表达知识的方法。它适合于表达逻辑性知识，本书第 2 章将详细介绍这类方法的各种形式。目前常用的符号表示法有很多种，例如一阶谓词逻辑表示法、产生式表示法、框架表示法、语义网络表示法、状态空间表示法、神经网络表示法、脚本表示法、过程表示法、Petri 网络表示法和面向对象表示法等。

连接机制表示法是一种用神经网络来组合和传递知识的方法。它将不同类型和顺序的物理对象通过各种连接方式组成一个网络，并在网络中处理含有特定意义的信息，从而构建相关概念和知识。与符号表示法相比，连接机制表示法是一种隐式的知识表达方式。它不像产生式系统那样用若干条规则来表示知识，而是用一个网络来综合地表示某个问题的多方面知识。因此，它特别适合于表达形象化的知识。

1.3.2 机器感知

机器感知是指让机器（计算机）具备类似人类的感知能力，主要包括机器视觉和机器听觉两个方面。机器视觉是指让机器能够识别和理解文字、图像、物体等视觉信息；机器听觉是指让机器能够识别和理解语言、声音等听觉信息。

机器感知是实现机器智能化的重要途径，它为机器提供了获取外部信息的基本手段。与人类智能无法缺少感知类似，为了让机器具有感知能力，就需要为它配置相应的传感器。因此，在人工智能领域中，已经形成了模式识别和自然语言理解两个专门的研究方向。

1.3.3 机器思维

机器思维是指让机器（计算机）能够学习人类的思考方式，对它感知到的信息和它自已的行为进行有目的的处理。机器思维是实现机器智能化的核心，它让机器能够模仿人类的逻辑思维和形象思维。因此，在人工智能这个领域里，需要探索怎么让机器既能按照规则和逻辑去解决问题，又能用形象和创造力去发现新知识。

1.3.4 机器学习

知识是智能的根本，要让计算机变聪明，就要让它有知识。人们可以把知识总结、整理好，然后用计算机能理解、处理的方式输入给计算机，让计算机有知识。但是，这样做不能让知识及时更新，也不能让计算机适应环境的变化。要让计算机真正变聪明，就要让它像人一样，能学习新的知识、技能，并在实践中不断改进、完善自己。

机器学习就是让计算机能像人一样学习，让它能自己从学习中得到知识。计算机可以从书本上学习，可以和人聊天学习，也可以通过环境进行学习，并且在实践的时候不断改进、完善自己。

机器学习是一个复杂而深刻的研究领域，它与脑科学、神经心理学、机器视觉、机器听觉等多个学科有着紧密的联系，需要这些学科的协同发展。因此，尽管近年来机器学习研究已经取得了显著的进展，提出了许多有效的学习方法，特别是深度学习的研究取得了突破性的进步，但仍未从根本上解决智能问题。

1.4 人工智能的主要研究及应用领域

现在，智能与科技迅速发展，网络也越来越普及，人工智能就像一个神奇的工具，可以用在很多地方。下面简要介绍一些人工智能的主要研究以及应用领域。

1.4.1 自动定理证明

自动定理证明是用机器来帮助证明数学或逻辑中的一些结论是否正确。这是人工智能一个很重要的研究方向，也是让机器自我推理的关键技术。

自动定理证明的做法是把要证明的结论写成一种逻辑语言，然后让机器按照一些规则和步骤来找到证明或者反驳。

自动定理证明有两种主要方法：一种是完全交给机器去做，用到了 SAT、SMT、一阶定理证明等算法；另一种是需要人和机器合作，人来提供一些提示和指导。

自动定理证明在很多领域都有用处，比如数学、计算机科学、软件工程、形式化方法等。它可以帮人们发现新的数学结论，检查已经证过的结论是否有错，保证程序和系统能正常和安全地运行等。

自动定理证明是人工智能里最早研究并成功应用的一个方向，也是推动人工智能发展的一个重要力量。其实，不光是数学里面的结论，像医疗诊断、信息检索、问题求解等很多其他领域的问题，也可以变成定理证明问题。

定理证明就是要证明从前提 P 出发能得到结论 Q。但是，这样直接证明一般很难。常用的方法是反证。在这方面，海伯伦和鲁滨逊两位学者都做了很有价值的研究，提出了相应的理论和方法，为自动定理证明打下了理论基础。特别是鲁滨逊提出的归结原理让定理证明能在机器上实现，对机器推理有了重大贡献。我国吴文俊院士提出并实现的"吴氏方法"，可以让计算机证明几何定理，是机器定理证明领域的一项里程碑式成果。

1.4.2　博弈

像下棋、打牌、战争这些需要智力竞争的活动叫作博弈。下棋是一个比拼智慧的过程，不光要求参赛者有很好的记忆力、很多的下棋经验，而且要求其有很强的思维力，能对随机变化的情况快速地做出反应，及时采取有效的措施。对人类来说，博弈是一种考验智能的竞争活动。

人工智能研究博弈不是为了让计算机和人玩下棋、打牌这些游戏，而是为了通过博弈来测试人工智能技术能不能模仿人类的智慧，达到推动人工智能技术的进步的目的。就像俄罗斯的人工智能学者亚历山大·克朗罗德说的"象棋在人工智能里就像果蝇一样"，把象棋在人工智能里的作用比作果蝇在生物遗传里当实验对象的作用。

1.4.3　模式识别

模式识别是一门学习怎样对对象进行描述和分类的学科。这些需要被识别并分析的模式对象可以是信号、图像或者数据。

模式是对一个物体或者其他感兴趣的实体结构的描述，而模式类是指有些共同特征的模式的集合。用机器来识别模式的主要内容是研究一种自动技术，依靠这种技术，机器可以自己或者尽量少用人工来把模式放到它们对应的模式类里去。

传统的识别模式有统计识别和结构识别等类型。近年来发展很快的模糊数学和人工神经网络技术也用到了模式识别里，形成了模糊识别、神经网络识别等方法，彰显了很大的发展可能。

1.4.4　机器视觉

机器视觉是识别研究的一个重要方面，它可以分为低层视觉和高层视觉两大类。低层视觉主要负责图像的预处理功能，例如边缘检测、移动目标检测、纹理分析等，以及立体造型、曲面色彩等方面的处理。其主要目的是突出图像中的对象特征，为后续的理解阶段做好准备。高层视觉则主要涉及图像的理解功能，需要运用与对象相关的知识进行分析和判断。机器视觉目前的前沿课题包括：实时图像的并行处理，实时图像的压缩、传输与复原，三维景物的建模识别，动态和时变视觉等。

机器视觉系统是一种利用图像处理技术实现目标识别和控制的系统。它通过图像摄取装置将目标转换成图像信号，并传送给专用的图像处理系统。图像处理系统根据像素分布、宽度、颜色等信息，将图像信号转换成数字信号，并进行各种运算，提取出目标的特征信息。然后根据判别结果来控制现场设备的动作。机器视觉的主要研究目标是使计算机能够通过二维图像感知三维环境中物体的几何信息，例如形状、位置、姿态、运动等。

机器视觉与模式识别是两个有着密切联系但又有所区别的领域。机器视觉更侧重于处理三维视觉信息，例如物体的形状、位置、姿态、运动等；而模式识别则主要关注模式的类别，例如图像、声音、文字等。此外，模式识别还涵盖了非视觉信息的处理，例如听觉、语言、生物等。

机器视觉在国外已经得到了广泛的应用，主要涉及电子、汽车、冶金、食品饮料、零配件装配及制造等行业。机器视觉系统在质量检测方面发挥了重要的作用。而在国内，机器视觉产品还处于起步阶段，目前主要应用于制药、印刷、包装、食品饮料等行业。但随着国内制造业的快速发展和对产品检测和质量的要求不断提高，各行各业对图像和机器视觉技术的工业自动化需求将越来越大。因此，机器视觉在未来制造业中将拥有很大的发展空间。

1.4.5　自然语言理解

计算机是人类伟大的发明之一，但是人们使用计算机时，往往需要通过高级语言（如C、C++、Java 等）编写程序来告诉计算机"做什么"和"怎么做"。这种方式不仅不便捷，而且限制了计算机应用的广泛性和普及性。如果计算机能够"听懂"和"看懂"人类语言（如汉语、英语等），那么计算机就能拥有更多的用途，尤其是在机器人技术方面取得更大的进步。自然语言理解（Natural Language Understanding）就是研究如何让计算机理解人类自然语言的一个重要领域，它属于人工智能的范畴。它旨在实现人与计算机之间用自然语言进行通信的理论与方法。具体地说，它要达到以下三个目标：

1）计算机能正确理解人们用自然语言输入的信息，并能正确回答输入信息中的有关问题。

2）计算机能根据输入的自然语言信息生成相应的摘要，并能用不同词语复述输入信息的内容。

3）计算机能将用某一种自然语言表示的信息自动翻译为用另一种自然语言表示的相同信息。

自然语言理解的研究起源于 20 世纪 50 年代初期。那时，随着通用计算机的诞生，人们开始探索用计算机实现一种语言到另一种语言的翻译的可能性。在接下来的十多年里，机器翻译成为自然语言理解中最主要的研究课题。最初，人们主要采用"词对词"的翻译方法，认为只要通过"查词典"和简单的"语法分析"，就能完成翻译任务。也就是说，对于一篇需要翻译的文章，先通过查词典找出两种语言之间的对应词，然后经过简单的语法分析调整词序，就能得到翻译结果。基于这种认识，人们把主要精力投入在计算机内建立不同语言对应关系的词典上。但是这种方法并没有达到预期的效果，反而造成了一些令人啼笑皆非、颠倒黑白的笑话。

从 20 世纪 70 年代开始，自然语言理解领域出现了一些新的突破。这些系统采用了语法-语义分析技术，能够对语言进行更深入和更难度的分析。其中比较有名的系统有三个：SHRDLU、LUNAR 和 MARGIE。SHRDLU 是一个模拟机器人手臂在"积木世界"中操作玩具积木的系统。用户可以用英语和它对话，让它做一些简单的动作，比如拿起或放下某个积木。LUNAR 是一个帮助地质学家查询月球岩石和土壤样本数据的系统。它是第一个能够用普通英语和计算机交流的人机接口系统。MARGIE 是一个基于概念依赖理论的心理学模型，旨在研究自然语言理解的过程。

20 世纪 80 年代以后，人们开始更加重视知识在自然语言理解中的作用。1990 年 8 月，在赫尔辛基举行的第 13 届国际计算机语言学大会上，首次提出了处理大规模真实文本的战略目标，并举办了一系列专题讲座。这些讲座涉及"大型语料库在建造自然语言系统中的作用""词典知识的获取与表示"等方面，标志着语言信息处理进入了一个新时期。

语料库语言学是近 10 年来自然语言理解研究中的一个显著现象。它主张从大规模语料库中获取语言学知识，认为这是实现对语言真正理解的必要条件。目前，基于语料库的自然语言理解方法还在探索阶段，尚不成熟，但无疑它是一个目前值得关注的研究方向。

1.4.6 智能信息检索

数据库系统是用于存储海量信息的计算机系统。随着计算机应用不断发展，信息量也日益增长，因此，智能信息检索系统成为一个具有重要理论意义和实际价值的研究方向。

智能信息检索系统应该具备以下几个功能：第一，能够理解自然语言，让用户可以用自然语言来提出检索需求或者提问；第二，具有推理能力，可以根据数据库中存储的事实来推导出用户需要或者询问的答案；第三，拥有一定的常识性知识，可以利用这些常识性知识和专业知识来演绎出专业知识中未涉及的答案。比如说，在某单位人事档案数据库中，有这样两条事实："张强是采购部工作人员""李明是采购部经理"。如果系统掌握了"部门经理是该部门工作人员的领导"的常识性知识，那么它就可以通过演绎推理回答"谁是张强的领导"的问题，并给出正确答案"李明"。

1.4.7 数据挖掘

计算机网络发展得越来越快，计算机处理的信息量也随之增加。然而，数据库中存储着许多没有被有效利用的信息，这不仅造成了资源浪费，还导致了数据垃圾堆积。为此，人们开始尝试从数据库中挖掘出新的知识。数据挖掘和知识发现就是涌现出的两种方法。数据挖掘就是从大量数据中提取出有价值或者有意义的信息或者模式；知识发现就是将这些信息或者模式转化为可理解或者可应用的知识。这两个概念都属于 20 世纪 90 年代初期兴起并日益活跃的一个研究领域。

人们可以用知识发现系统来从数据库中找出新的知识。这个系统会用各种学习方法，自动地分析数据库里面很多没有处理过的数据。它会从这些数据里面筛选出有规律性和意义性的信息，比如客户购买行为、市场趋势、疾病预防等。这样，就能看到这些数据之间有什么联系和规律，也就能得到新的知识。知识发现就是整个从数据库中找出新知识的过程。而数据挖掘只是其中一个重要的环节，就是用数学或者统计方法来提取信息。

数据挖掘就是从数据库里发现有用的模式，也就是一些能够表示知识的规则、聚类、决策树或依赖网络等。一般来说，数据挖掘要经过四个步骤，即数据预处理、建模、模型评估和模型应用。在数据预处理阶段，要了解数据的特点，选择合适的属性，把连续属性分成几个区间，处理数据中的噪声和缺失值，选择有效的实例等。在建模阶段，要选择合适的学习算法，并确定算法的参数。在模型评估阶段，要用训练集和测试集来检验模型的性能，并对模型进行评价。如果得到了满意的模型，就可以用它来解释新数据。

知识获取是人工智能领域一个很重要的问题。因此，在人工智能研究中，知识发现和数据挖掘也就成了一个热门话题。

1.4.8 专家系统

专家系统是人工智能领域中最活跃和最有效的研究方向之一。自从费根鲍姆等人开发出了第一个专家系统 DENDRAL 后，它就迅速发展起来，并在医疗诊断、地质勘探、石油化工、教学和军事等多个领域得到了广泛应用，带来了巨大的社会效益和经济效益。

专家系统是一种智能的计算机程序，它利用知识和推理步骤来解决只有专家才能解决的难题。因此，可以这样定义它：专家系统是一种拥有特定领域内大量知识和经验的程序系统，它运用人工智能技术模拟人类专家解决问题的思维过程来解决领域内的各种问题，并且其水平可以达到或者超过人类专家的水平。

1.4.9　机器人

机器人是一种能够模仿人类或其他生物的行为和思维的电子机械装置。它可以利用人工智能的各种技术来感知、分析、判断和控制环境状态，也可以长时间持续工作、精确执行任务、抵抗恶劣条件。因此，它既是人工智能理论、方法、技术的实验平台，又是推动人工智能研究发展的重要动力。

自从 20 世纪 60 年代初出现了尤尼梅特和沃莎特兰这两种机器人以来，机器人技术已经经历了三代的演进。从最初的低级机器人，只能按照预设程序执行简单动作；到第二代的中级机器人，具有一定的感知和反馈能力，可以适应不同环境；再到第三代的高级机器人，拥有更强大的智能和自主性，可以模拟复杂行为和情感。

程序控制机器人（第一代）：程序控制机器人是指按照事先设定的程序逐步动作的机器人。它们的程序有两种生成和装入方式。一种是由人根据工作流程编写程序并输入机器人的存储器中；另一种是"示教-再现"方式，即由人引导机器人执行操作，让机器人学习应该做的工作，并将每个动作记录为一条指令，然后通过执行这些指令来重复同样的工作。如果任务或环境发生变化，就需要重新设计程序。这一代机器人能够成功地模拟人的运动功能，它们可以拿取、安放、拆卸、安装、翻转和抖动物品，可以看管机床、熔炉、焊机、生产线等设备，可以从事安装、搬运、包装、机械加工等工作。目前，市场上大多数商品化和实用化的机器人都属于这一类。这一代机器人的最大缺点是它们只能刻板地完成程序规定的动作，不能适应发生变化的情况。例如，如果装配线上的物品略有倾斜，就会出现问题。更严重的是它们会对现场的人员造成危害，因为它们没有感觉功能，有时会出现伤人甚至致命的事故。日本就曾经发生过一起机器人将现场工人抓起来塞到刀具下面致死的惨剧。

自适应机器人（第二代）：自适应机器人是指具有感觉传感器和计算机控制系统的机器人。它们可以通过视觉、触觉、听觉等传感器获取作业环境和操作对象的简单信息，并由计算机分析、处理、控制机器人的动作。它们能够根据环境的变化而调整自己的行为，因此称为自适应机器人。目前，这一代机器人也已经商品化和实用化，主要从事焊接、装配、搬运等工作。这一代机器人虽然具有一些初级的智能，但还没有达到完全"自治"的程度，有时也被称为人-眼协调型机器人。

智能机器人（第三代）：智能机器人是指具有类似于人的感知、思维和行为能力的机器人。它们可以通过视觉、听觉、触觉、嗅觉等感觉器官从外部环境中获取有关信息，并由中央处理器对信息进行处理和控制。它们可以通过传动机构使自己的"手""脚"等肢体行动起来，正确、灵巧地执行思维机构下达的命令。目前，研制的机器人大都只具有部分智能，真正的智能机器人还处于研究之中，但已经迅速发展为新兴的高技术产业。

1.4.10　组合优化

在实际应用中，有很多问题都属于组合优化问题的范畴。比如，旅行商要找到最短的路线、工厂要安排最合理的生产计划和调度、通信系统要选择最优的路由方案等，这些都是组合优化问题的典型例子。

组合优化问题通常是非常难以解决的，它们被称为 NP 完全问题。NP 完全问题意味着：如果用现有的最好方法来求解，那么随着问题规模的增大，所需花费的时间会呈指数级增长。也就是说，这些问题非常耗时，而且目前还没有找到更快速有效的解决办法。比如说，能够使求解时间按照多项式级增长而不是指数级增长。

当面对大规模的组合优化问题时，会遇到一个严重的困难，即组合爆炸。这就是说，求解程序所需的时间和空间或者步骤会随着可能性的增加而急剧上升。因此，传统的优化方法往往无法胜任这样的任务，需要借助人工智能来寻找更好的方法。目前已经有一些人工智能方法被提出并证明有效，例如遗传算法、神经网络方法等。

组合优化问题及其求解方法已经广泛应用于各个领域和系统中。例如，在生产计划与调度、通信路由调度、交通运输调度、列车组编、空中交通管制和军事指挥自动化等方面都有着重要作用。

1.4.11　人工神经网络

人工神经网络是一种模仿人类大脑神经系统的人工网络，它由许多简单的处理单元通过广泛的连接构成。早在 1943 年，两位科学家麦克洛奇和匹兹就建立了神经元的数学模型，开启了神经科学理论研究的先河。但是，在 20 世纪 60 年代到 20 世纪 70 年代，由于神经网络研究存在一些困难和局限，导致了研究的停滞和衰退。尤其是 1969 年，人工智能领域的明斯基等人出版了《感知器》一书，对神经网络进行了严厉的批评和质疑，使得神经网络研究陷入了低潮。有意思的是，在同一年，Bryson 和 Ho 就已经提出了 BP 学习算法，这是一种训练多层前向神经网络的有效方法。直到 20 世纪 80 年代，神经网络研究才重新焕发生机和活力。鲁梅尔哈特等人重新发现并推广了 BP 学习算法；霍普菲尔德提出了霍普菲尔德神经网络模型；这些都极大地促进了神经网络研究的发展，并取得了许多重要成果。

2006 年，一篇发表在 Science 上的文章引发了深度学习的热潮。这篇文章的作者是加拿大多伦多大学的 Geoffrey Hinton 教授和他的学生，他们利用神经网络实现了深度学习，并在机器视觉、自然语言处理等领域取得了令人惊叹的成果。随着云计算和大数据技术的不断发展，深度学习也展现出了更加广阔的应用前景。

如今，神经网络已经成为人工智能中不可或缺的一个研究领域。对神经网络模型、算法、理论分析和硬件实现进行了大量的研究，为神经计算机走向实际应用奠定了坚实的基础。神经网络已经在模式识别、图像处理、组合优化、自动控制、信息处理、机器人学等领域得到了广泛而有效的应用。

1.4.12　分布式人工智能与多智能体

分布式人工智能是把人工智能和分布式计算结合起来的一个研究领域。它旨在开发一些能够在多个异构系统之间交换信息和协作的解决方案。这些系统需要具有健壮性，即能够在快速变化的环境中适应和恢复。

分布式人工智能的研究目标是要建立一种可以描述自然界和社会界的模型。在这个领域中，智能不是孤立存在的，而是通过团体协作实现的。因此，它主要关注多个智能体之间如何合作和对话。它包括两个子领域：分布式问题求解和多智能体系统。分布式问题求解是把一个复杂的问题划分成多个相互协作和共享知识的模块或节点。多智能体系统则是研究多个智能体之间如何协调行为。这两个子领域都需要研究如何划分知识、资源和控制权。但是，分布式问题求解通常有一个全局的概念模型、问题定义和成功标准，而多智能体系统则有多个局部的概念模型、问题定义和成功标准。多智能体系统更接近于人类社会中的智能，更具有灵活性和适应性，更适合开放和动态的世界环境，因此成为人工智能领域中一个热门的研究方向。

1.5　小结

人类智能就像一座宝库，里面存放了各种各样的文化财富。这些财富是人们从自然界中获取并创造出来的，这帮助人们更好地了解和改变世界。不同的学派就像不同的钥匙，试图打开这座宝库，并探索其中的奥秘。简单地说，知识是智能行为的前提，而智能就是拥有和使用这些财富的能力。

智能是指对外界有感知、记忆、思维、学习和行为等能力的特征。人工智能就是用计算机等机器来模拟这些特征的技术。

人工智能从孕育到形成再到发展，涵盖了知识表示、机器感知、机器思维、机器学习、机器行为等多个领域。

思考题

1.1　什么是人类智能？它的特点有哪些？

1.2　什么是人工智能？它的发展过程经历了哪些阶段？

1.3　人工智能研究的基本内容有哪些？

1.4　人工智能有哪些主要的研究领域？

第 2 章

知识表达

本章首先讨论了知识与知识表达的概念，在此基础上介绍了一阶谓词逻辑表示法，此外还对产生式表示法和框架表示法进行了介绍。

2.1 知识与知识表达的概念

2.1.1 知识的概念

知识是人们对客观世界的认识和经验，它来源于人们长期的生活、社会和科学实践。人们把实践中得到的信息联系起来，就构成了知识。一般来说，知识就是信息之间的某种结构。信息之间有很多种联系方式，其中最常见的一种是用"如果……，就……"来表示的联系方式。它表达了信息之间的某种因果关系[1]。

知识是人们对客观世界中事物的关系的理解，不同的事物或者同一事物的不同关系构成了不同的知识。比如，"空气是无色无味的"这句话就是一条知识，它表明了"空气"和"气味"之间有一种属性关系；再比如，"如果浑身发冷，那么可能是要发烧了"这句话也是一条知识，它表明了"浑身发冷"和"发烧"之间有一种因果关系。在人工智能中，把第一种知识叫作"事实"，而把第二种知识，也就是用"如果……，就……"连接起来的知识叫作"规则"。下面将进一步介绍它们。

2.1.2 知识的特征

1. 相对正确性

知识是人类对客观世界的认识和归纳，它经过了实践的检验和积累。因此，在特定的条件和环境下，知识通常是正确的。这里，"特定的条件和环境"至关重要，它是知识正确性的前提。由于任何知识都是在特定的条件和环境下形成的，所以也只有在这样的条件和环境下才能保证其正确性。例如，牛顿力学只有在一定的条件下才能适用。再例如，1+1=2，这是一条众所周知的正确知识，但它也只是在十进制系统下才成立，如果换成二进制系统，它就不正确了。

2. 不确定性

人类生活在一个复杂多变的世界，面对着各种各样的信息。这些信息有的是正确的、清楚的，有的是错误的、模糊的，有的是直接的、明确的，有的是间接的、隐晦的。这就意味着知识并不总是绝对的，而是存在着许多相对的、不确定的地带。也就是说，知识的真实性有高低之分。人们称知识具有这样一种特性为不确定性。

知识不确定性的原因主要有以下几个方面：

1）随机性造成的不确定性。由随机事件组成的知识无法用"真"或"假"来简明地评判，它是不确定的。比如，"头痛流涕，或许是感冒了"这句话就反映了一种不确定的因果联系，因为头痛流涕并非一定感冒。因此，这句话是一种不确定性知识。

2）模糊性造成的不确定性。有些事物本身就没有明确的界限，让人们难以把它们严格地区别开来，也难以判断它们是否属于某个模糊概念；有些事物之间也存在模糊的关系，让人们难以准确地判断它们之间的关系是"真"还是"假"。这样由模糊概念、模糊关系组成的知识就具有不确定性。

3）经验性导致的不确定性。这类知识通常是领域专家在长年的实践和研究中积淀而成的。领域专家能够灵活地应用这些知识，妥善地处理领域内的相关问题，但如果要求他们准确地阐述出来却很难。这就导致了知识的不确定性。而且，经验性知识本身就含有不精确性和模糊性，也加剧了知识的不确定性。所以，在专家系统中，绝大多数知识都有不确定性这一特征。

4）不完全性造成的不确定性。人类对客观世界的认识是一个持续深入的过程，需要在大量的感性认识的基础上才能升华到理性认识的层次，形成系统的知识。因此，知识有一个逐渐完善的过程。在这个过程中，有时由于客观事物没有充分地显现自己，导致人类对它们的认识不够周全；有时由于人类没有把握事物的本质，导致人类对它们的认识不够精确。这种认识上的缺失、偏差就让相应的知识呈现出不精确、不确定的特征。因此，不完全性是导致知识不确定性的一个重要因素。

3. 可表示性

知识的可表示性是指知识可以用适宜的形式表达出来，例如语言、文字、图形、神经网络等。这样一来，知识才能被储存和传播。

4. 可利用性

知识的可利用性是指知识能够被运用到实际问题中。这是一种常理，人们每天都在利用自己掌握的知识来应对生活或工作中遇到的各种困难。

2.1.3 知识的表示

知识的表示是一种将人类知识用形式化或模型化的方式表达出来的方法。它可以让计算机理解和处理知识，而不仅仅是数据。

目前，有很多种知识的表示方法，比如一阶谓词逻辑、产生式、框架、状态空间、人工神经网络、遗传编码等表示法。这些方法都是为了解决某些特定的问题而设计的，所以它们各有优缺点和适用范围。在实际应用中，需要根据具体情况选择合适的方法，或者将多种方法结合起来使用。目前还没有一个通用的标准来评价和选择知识表示方法，也没有一个能够适应所有问题的万能方法。因此，在建立一个具体的智能系统时，需要根据系统的目标和需求，综合考虑各种因素，选择最适合的知识表示方法。

2.2　一阶谓词逻辑表示法

人工智能中的逻辑可以分为两类：经典逻辑和非经典逻辑。经典逻辑包括命题逻辑和一阶谓词逻辑，它们的特点是每个命题只有真或假两种可能，没有其他选项，这种逻辑也叫二值逻辑。非经典逻辑是指除了经典逻辑以外的其他逻辑，比如三值逻辑、多值逻辑、模糊逻辑等，它们可以处理不确定性和模糊性的问题。

命题逻辑和谓词逻辑是人工智能最早使用的两种逻辑，在知识表示和推理方面有很重要的作用，是人工智能发展历史上的基石。

2.2.1　命题

下面首先讨论命题的概念。命题逻辑是研究命题及其组合的逻辑系统，也是谓词逻辑的特例。接下来将介绍命题的概念。

定义 2.1　命题是一个非真即假的陈述句。

命题的真假并不是一成不变的，而是取决于具体的条件。比如，"$1+1=10$"这个命题，在二进制下是正确的（真值为 T），但在十进制下是错误的（真值为 F）。同理，对于"今天是晴天"这个命题，也要看当天实际天气才能判断其真假。

在命题逻辑中，通常用大写英文字母来代表命题，例如可以用 P 代表"西安是个古老的城市"。

英文字母可以表示具体的命题（称为命题常量），也可以表示抽象的命题（称为命题变元）。只有给定具体的命题后，命题变元才能有确定的真值。

简单地说，一个句子就能表达出来的命题叫作简单命题或原子命题。还可以用否定、合取、析取、条件、双条件等连接词把原子命题组合成复合命题。通过定义推理规则和蕴涵式，可以进行基本的逻辑证明。这些内容与谓词逻辑相似，请参考相关书籍。

命题逻辑表示法有很大的不足，它不能反映出事物的结构和逻辑特征，也不能表达出不同事物之间的共性。例如，"老李是小李的父亲"这个命题，如果用英文字母 P 来表示，就看不出老李和小李之间的父子关系。再比如，"李白是诗人""杜甫也是诗人"这两个命题，用命题逻辑表示时，也无法形式化地表现出它们的共同特征（都是诗人）。因此，在命题逻辑的基础上发展了谓词逻辑。

2.2.2　谓词

谓词逻辑是一种基于命题中谓词分析的逻辑方法。它把一个命题分成两个部分：谓词名和个体。个体是指某个具体或抽象的事物，比如"苹果""爱情"等。谓词名是指描述个体的性质、状态或关系的词语，比如"红色的""喜欢"等。

一个谓词由谓词名和个体组成，一般形式是

$$P(x_1, x_2, \cdots, x_n)$$

式中，P 是谓词名；$x_1, x_2, \cdots, x_n$ 是个体。

不同的谓词可以包含不同数量的个体。可以用元数来表示一个谓词包含的个体数量。例如，$P(x)$ 是一个一元谓词，因为它只包含一个个体。$P(x,y)$ 是一个二元谓词，因为它包含两个个体。$P(x_1,x_2,\cdots,x_n)$ 是一个 n 元谓词，因为它包含 n 个个体。

谓词名是人为定义的符号，通常用英文单词或大写字母表示其含义，也可以用其他符号或中文。个体是具体的事物或对象，通常用小写字母表示。例如，我们可以定义 $S(x)$ 表示"x 是一个学生"，也可以定义 $S(x)$ 表示"x 是一只船"。在谓词中，个体可以是常量、变量或函数。这些都叫作"项"。

个体是指定的事物或个体，用常量表示。例如，"小李是一个学生"这个命题，可以用一元谓词 Student(Li) 表示。其中，Student 是谓词名，Li 是个体常量，表示小李这个人。Student 表达了 Li 的职业特征。

"7>2"这个不等式命题，可以用二元谓词 Greater(7,2) 表示。其中，Greater 是谓词名，7 和 2 是个体常量，表示两个数。Greater 表达了 7 和 2 之间的大小关系。

可以使用三元谓词 Works(Li,MBI,Engineer) 来表示"Li 是 MBI 的一名工程师"这一命题。不过，一个命题的谓词表示并不唯一。例如，"老李是一位工人"这一命题，也可以用二元谓词 Is-a(Li,Worker) 来表示。

变元是指代表未指定的个体或个体集合的符号。例如，"$y<8$"这一命题，可以用 Less(y,8) 来表示，其中 y 就是变元。当变元被具体的个体名字替换时，就称为常量化。当谓词中的所有变元都被特定的个体替换时，谓词就具有一个确定的真值：T 或 F。

如今常把个体变元的取值范围叫作个体域。个体域可以是有限的，也可以是无限的。例如，如果用 $R(x)$ 表示"x 是负数"，那么个体域就是所有负数，它是无限的。

函数是指一种从一个个体到另一个个体的映射关系。例如，"小马的父亲是警察"这一命题，可以用一元谓词 Police(father(Ma)) 来表示；"小刘的妹妹与小李的哥哥结婚"这一命题，可以用二元谓词 Married(sister(Liu),brother(Li)) 来表示。其中，sister(Liu) 和 brother(Li) 都是函数。

函数可以递归调用。例如，"小李的祖父"可以表示为 father(father(Li))。

函数与谓词在形式上很类似，容易引起混淆，但它们是两个完全不同的概念。谓词的值是真或假，而函数的值是个体域中的某个个体。函数没有真值，它只是在个体域中从某一个体到另一个体的映射关系。

在谓词 $P(x_1,x_2,\cdots,x_n)$ 中，如果 $x_i(i=1,\cdots,n)$ 都是个体常量、变量或函数，那么它是一阶谓词。如果某个 x_i 本身又是一个一阶谓词，那么它是二阶谓词，依此类推。例如，命题"Li 作为一名工程师为 MBI 工作"，可以表示为二阶谓词 Works(Engineer(Li),IBM)，因为其中个体 Engineer(Li) 也是一个一阶谓词。

2.2.3 谓词公式

无论是命题逻辑还是谓词逻辑，都可以用以下的逻辑连接词把一些简单命题联结起来，形成一个复合命题，以表达一个比较复杂的意义。

1. 逻辑连接词

① ¬：称为"否定"或者"非"。它表示否定其后的命题。当 P 名字为真时，¬P 为假；当 P 为假时，¬P 为真。

例如，"老李不在 2 号房间内"，表示为

$$\neg\, \text{INROOM}(\text{Li}, \text{R2})$$

② ∨：称为"析取"。它表示其链接的两个命题具有"或"关系。

例如，"刘辉打羽毛球或乒乓球"，表示为

$$\text{Plays}(\text{LiuHui}, \text{Badminton}) \vee \text{Plays}(\text{LiuHui}, \text{Tabletennis})$$

③ ∧：称为"合取"。它表示其连接的两个命题具有"与"关系。

例如，"陈明喜欢学习和玩游戏"，表示为

$$\text{Like}(\text{ChenMing}, \text{Study}) \wedge \text{Like}(\text{ChenMing}, \text{Playing})$$

有些简单的句子也可以用来构成复合形式，如："老李住在一幢黑色的房子里"，表示为

$$\text{Lives}(\text{Li}, \text{House}) \wedge \text{Color}(\text{House}, \text{Black})$$

④ →：称为"蕴涵"或者"条件"。$P \rightarrow Q$ 表示"P 蕴涵 Q"，即表示"如果 P，则 Q"。其中，P 称为条件的前件，Q 称为条件的后件。

例如，"如果李正跳得高，那么他取得冠军"表示为

$$\text{Jumps}(\text{LiZheng}, \text{Highest}) \rightarrow \text{Wins}(\text{LiZheng}, \text{Champion})$$

"如果这个笔是刘伟的，那么它是红色的"表示为

$$\text{Owns}(\text{LiuWei}, \text{Pen}) \rightarrow \text{Color}(\text{Pen}, \text{Red})$$

"如果我制造了一个发动机，且这个发动机不能起动，那么他或者在晚上进行修理，或者第二天把它交给工程师"表示为

$$\text{Produces}(\text{I}, \text{Engine}) \wedge \neg\, \text{Works}(\text{Engine}) \rightarrow \text{Fix}(\text{I}, \text{Engine}, \text{Evening})$$
$$\vee\, \text{Give}(\text{Engine}, \text{Engineer}, \text{Next-Day})$$

如果后项取值 T（不管其前项的值如何），或者前项取值 F（不管后项的值如何），则蕴涵取值 T，否则蕴涵取值 F。注意，只有当前项为真，后项为假时，蕴涵才为假，其余情况均为真，见表 2-1。"蕴涵"与汉语中的"如……则……"有区别，汉语中前后要有逻辑联系，而命题中可以没有关联。例如，如果"人不会死亡"，则"雪是白的"，是一个真值为 T 的命题。

⑤ ↔：称为"等价"或"双条件"。$P \leftrightarrow Q$ 表示"P 当且仅当 Q"。

以上连词的真值由表 2-1 给出。

表 2-1 谓词逻辑真值表

P Q	$\neg P$	$P \vee Q$	$P \wedge Q$	$P \rightarrow Q$	$P \leftrightarrow Q$
T T	F	T	T	T	T
T F	F	T	F	F	F
F T	T	T	F	T	F
F F	T	F	F	T	T

2. 量词

谓词逻辑中引入了两个量词：全称量词和存在量词，用来刻画谓词与个体之间的关系。

① 全称量词（$\forall x$）：表示"对个体域中的所有（或任一个）个体 x"。例如：

"所有的机器人都是白色的"可表示为

$$(\forall x)[\text{Robot}(x) \rightarrow \text{Color}(x, \text{White})]$$

"所有的工人都修理引擎"，可表示为

$$(\forall x)[\text{Worker}(x)\rightarrow\text{Fix}(x,\text{Engine})]$$

② 存在量词（∃x）：表示"在个体域中存在个体 x"。例如：

"2 号房间有个人"可表示为

$$(\exists x)\text{InRoom}(x,\text{p1})$$

"某个工人操作引擎"可表示为

$$(\exists x)[\text{Worker}(x)\rightarrow\text{Fix}(x,\text{Engine})]$$

全称量词和存在量词可以同时出现在命题中。例如，设谓词 $F(x,y)$ 表示 x 与 y 是朋友，则：

$(\forall x)(\exists y)F(x,y)$ 表示对于个体域中的任何个体 x，都存在个体 y，使得 x 与 y 是朋友。

$(\exists x)(\forall y)F(x,y)$ 表示在个体域中存在个体 x，与个体域中的任何个体 y 都是朋友。

$(\exists x)(\exists y)F(x,y)$ 表示在个体域中存在两个个体 x 和 y，使得 x 与 y 是朋友。

$(\forall x)(\forall y)F(x,y)$ 表示对于个体域中的任何两个个体 x 和 y，都有 x 与 y 是朋友。

当全称量词和存在量词同时出现在一个命题中时，量词的顺序会影响命题的意义。例如：

$(\forall x)(\exists y)(\text{Employee}(x)\rightarrow\text{Manager}(y,x))$ 表示"每个被雇佣者都有一个直属经理"；

$(\exists y)(\forall x)(\text{Employee}(x)\rightarrow\text{Manager}(y,x))$ 则表示"有一个人经理管理所有被雇佣者"。

又如：

$(\forall x)(\exists y)\text{Love}(x,y)$ 表示"每个人都有喜欢的人"；

$(\exists y)(\forall x)\text{Love}(x,y)$ 则表示"有的人是大家都喜欢的"。

3. 谓词公式

定义 2.2 谓词公式是按照如下规则构造的表达式，其中包含谓词符号、常量符号、变量符号、函数符号以及括号、逗号等符号：

① 单个谓词是原子谓词公式，也是谓词公式。

② 如果 A 是谓词公式，那么 ¬A 也是谓词公式。

③ 如果 A 和 B 都是谓词公式，那么 $A\land B$、$A\lor B$、$A\rightarrow B$、$A\leftrightarrow B$ 也都是谓词公式。

④ 如果 A 是谓词公式，那么（∀x）A、（∃x）A 也都是谓词公式。

⑤ 有限次地使用①～④中的规则生成的表达式也是谓词公式。

⑥ 在谓词公式中，连接词的优先级别由高到低依次为

$$\neg,\ \land,\ \lor,\ \rightarrow,\ \leftrightarrow$$

4. 量词的辖域

量词后面跟着的单个谓词或者用括号括起来的谓词公式称为量词的辖域。在辖域内，与量词相同的变量称为约束变量，而不受量词约束的变量称为自由变量。

例如：

$$(\exists x)(P(x,y))\lor R(x,y)$$

$(\exists x)(P(x,y))\lor R(x,y)$ 是（∃x）的辖域，辖域内的变量 x 是受（∃x）约束的变量，而 $R(x,y)$ 中的 x 是自由变量。公式中所有的 y 都是自由变量。

在谓词公式中，变量的名称是任意的，可以用一个名称替换另一个名称。但是，当对量词辖域内的约束变量更名时，必须把同名的约束变量都统一改成相同的名称，并且不能与辖

域内的自由变量同名；当对辖域内的自由变量更名时，不能改成与约束变量相同的名称。例如，对于公式（∃x）（P(x,y)），可以更名为（∃z）（Q(z,t)），这里把约束变量 x 改成了 z，把自由变量 y 改成了 t。再例如，对于公式（∀t)Q(t,x)，可以更名为（∀y)P(y,z)，这里把约束变量 t 改成了 y，把自由变量 x 改成了 z。

2.2.4　谓词公式的性质

1. 谓词公式的解释

在命题逻辑中，对命题公式中每个命题变量赋予一个真值（T 或 F）的过程称为命题公式的一个解释。给定一个命题公式，根据连接词的定义就可以计算出它的真值。

在谓词逻辑中，由于公式中可能含有个体变量和函数，因此不能像命题公式那样直接进行真值赋值，而需要先确定个体变量和函数在个体域中的对应关系，然后再根据每个谓词的含义为其赋予真值。由于存在多种可能的对应关系，所以一个谓词公式可能有多个解释。对于每个解释，谓词公式都可以得到一个真值（T 或 F）。

2. 谓词公式的永真性、可满足性、不可满足性

定义 2.3　对于谓词公式 P，如果它在个体域 D 上的所有解释下都为真，则称 P 在 D 上是永真的；如果 P 在任意非空个体域上都是永真的，则称 P 是永真的。

定义 2.4　对于谓词公式 P，如果它在个体域 D 上的所有解释下都为假，则称 P 在 D 上是永假的；如果 P 在任意非空个体域上都是永假的，则称 P 是永假的。

由此可见，要判断一个公式是否永真，需要对每个个体域上的所有解释进行检验。当解释的数量无限时，公式的永真性就难以确定了。

定义 2.5　对于谓词公式 P，如果存在至少一个解释使得 P 在该解释下为真，则称 P 是可满足的；否则，称 P 是不可满足的。

3. 谓词公式的等价性

定义 2.6　设 P 和 Q 是两个谓词公式，它们具有相同的个体域 D。如果对于 D 上的任意一个解释，P 和 Q 都具有相同的真值，那么称 P 和 Q 在 D 上是等价的。如果对于任意的个体域 D，P 和 Q 都是等价的，那么称 P 和 Q 是等价的，并记作 $P \equiv Q$。

下面列出经常会用到的一些主要等价式：

（1）交换律

$$P \lor Q \Leftrightarrow Q \lor P$$
$$P \land Q \Leftrightarrow Q \land P$$

（2）结合律

$$(P \lor Q) \lor R \Leftrightarrow P \lor (Q \lor R)$$
$$(P \land Q) \land R \Leftrightarrow P \land (Q \land R)$$

（3）分配律

$$P \lor (Q \land R) \Leftrightarrow (P \lor Q) \land (P \lor R)$$
$$P \land (Q \lor R) \Leftrightarrow (P \land Q) \lor (P \land R)$$

（4）德摩根律

$$\neg(P \lor Q) \Leftrightarrow \neg P \land \neg Q$$
$$\neg(P \land Q) \Leftrightarrow \neg P \lor \neg Q$$

（5）双重否定率（对合率）

$$\neg\neg P \Leftrightarrow P$$

（6）吸收率

$$P \vee (P \wedge Q) \Leftrightarrow P$$
$$P \wedge (P \vee Q) \Leftrightarrow P$$

（7）补余率（否定率）

$$P \vee \neg P \Leftrightarrow T$$
$$P \wedge \neg P \Leftrightarrow F$$

（8）连接词化规律

$$P \rightarrow Q \Leftrightarrow \neg P \vee Q$$

（9）逆否律

$$P \rightarrow Q \Leftrightarrow \neg Q \rightarrow \neg P$$

（10）量词转化律

$$\neg(\exists x)P \Leftrightarrow (\forall x)(\neg P)$$
$$\neg(\forall x)P \Leftrightarrow (\exists x)(\neg P)$$

（11）量词分配律

$$(\forall x)(P \wedge Q) \Leftrightarrow (\forall x)P \wedge (\forall x)Q$$
$$(\exists x)(P \vee Q) \Leftrightarrow (\exists x)P \vee (\forall x)Q$$

4. 谓词公式的永真蕴涵

定义 2.7 如果 P 和 Q 是两个谓词公式，D 是它们的共同个体域，那么当 D 上的任何一个解释都使 $P \rightarrow Q$ 为真时，我们说公式 P 永真蕴涵 Q，记作 $P \rightarrow Q$，并称 Q 是 P 的逻辑结论，P 是 Q 的前提。

以下是一些常用的永真蕴涵式：

（1）假言推理

$$P, P \rightarrow Q \Rightarrow Q$$

（2）拒取式推理

$$\neg Q, P \rightarrow Q \Rightarrow \neg P$$

（3）假言三段论

$$P \rightarrow Q, Q \rightarrow R \Rightarrow P \rightarrow R$$

（4）全称固化

$$(\forall x)P(x) \Rightarrow P(y)$$

其中，y 是个体域中的任一个体，利用此永真蕴涵式可消去公式中的全称量词。

（5）存在固化

$$(\exists x)P(x) \Rightarrow P(y)$$

其中，y 是个体域中某一个可使 $P(y)$ 为真的个体。利用此永真蕴涵式可消去公式中的存在量词。

（6）反证法

定理 2.1 Q 为 $P_1, P_2, \cdots, P_n$ 的逻辑结论，当且仅当 $(P_1 \wedge P_2 \wedge \cdots \wedge P_n) \wedge \neg Q$ 是不可满足的。

该定理是归结反演的理论依据。

上面列出的等价式及永真蕴涵式是进行演绎推理的重要依据，因此这些公式又称为推理规则。

2.2.5 一阶谓词逻辑知识表示法

在前面的介绍中，已经看到了用谓词逻辑表示知识的一些例子，一般来说，应该怎样用谓词公式来表达想要的知识呢？通常，需要遵循以下三个步骤：

1）明确谓词和个体的含义，给出每个谓词和个体的准确定义。

2）根据想要表达的事物或概念，给谓词中的变量赋予具体的值。

3）根据语义，用合适的连接符号把各个谓词连接起来，构成谓词公式。

例 2.1 用一阶谓词逻辑表示"每个储蓄钱的人都得到利息"。

解 定义谓词：$save(x)$ 表示 x 储蓄钱，$interest(x)$ 表示 x 获得利息。

则"每个储蓄钱的人都得到利息"表示为

$$(\forall x)(save(x) \rightarrow interest(x))$$

用一阶谓词逻辑表示知识并不是唯一的方法。有时候，可以用不同的谓词和变量来表达同样的意思。比如例 2.1，也可以用另一种方式来表示。

首先，定义谓词：$save(x,y)$ 表示 x 储蓄 y，$money(y)$ 表示 y 是钱，$interest(y)$ 表示 y 是利息，$obtain(x,y)$ 表示 x 获得 y。然后，用全称量词和存在量词把四个谓词连接起来，得到：

$$(\forall x)(\exists y)(money(y) \wedge save(x,y)) \rightarrow (\exists u)(interest(u) \wedge obatin(x,u))$$

这也是用一阶谓词逻辑表示"每个储蓄钱的人都得到利息"的一种公式。

其实，还可以用一阶谓词逻辑来表示关系数据库。关系数据库是一种存储数据的方式，它把数据组织成表格的形式。例如，下面这个关系数据库就包含了两个表格。

住户	房间		电话号码	房间
Zhang	201		491	201
Li	201		492	201
Wang	202		451	202
Zhao	203		451	203

表中有两个关系：

OCCUPANT（给定用户和房间的居住关系）

TELEPHONE（给定电话号码和房间的电话关系）

用一阶谓词表示为

OCCUPANT(Zhang,201)，OCCUPANT(Li,201)，…

TELEPHONE(491,201)，TELEPHONE(492,201)，…

2.2.6 一阶谓词逻辑表示法的特点

1. 一阶谓词逻辑表示法的优点

（1）接近自然语言

一阶谓词逻辑是一种形式化的语言，它用谓词、变量、量词和连接符号来表达知识。这种语言比较接近日常使用的自然语言，所以可以比较容易地理解和表达知识。

（2）表达精确的知识

一阶谓词逻辑是一种二值逻辑，它只有两种真值：真和假。这意味着可以用它来表达精确的知识，而不需要考虑模糊或不确定的情况。而且，可以保证用它进行演绎推理得到的结论也是精确的。

（3）有严格的定义和规则

一阶谓词逻辑有明确的语法和语义，它规定了谓词公式的形式和含义。它还有一套完备的推理规则和定理证明技术，它们可以帮助从已知的事实推出新的事实，或者证明假设是否成立。

（4）易于实现和管理

用一阶谓词逻辑表示的知识可以比较容易地转换为计算机能够处理的内部形式，例如子句集。这样，就可以用计算机来存储、检索和修改知识。而且，还可以把知识分成不同的模块，便于管理和维护。

2. 一阶谓词逻辑表示法的局限性

（1）不能处理不确定的知识

一阶谓词逻辑只能处理精确的知识，它不能处理不精确或模糊的知识。但是，人类的知识往往是不确定的，有时只能用概率或程度来描述知识。这就限制了一阶谓词逻辑表示知识的范围和适用性。

（2）组合爆炸

在用一阶谓词逻辑进行推理的过程中，如果事实的数量很多，或者没有选择合适的推理规则，就有可能导致组合爆炸。组合爆炸是指推理过程中产生的中间结论数量呈指数级增长，导致推理无法继续或耗费过多的时间和空间。为了避免组合爆炸，人们提出了一些有效的方法，比如定义一个过程或启发式控制策略来选取合适的规则等。

（3）效率低

用一阶谓词逻辑表示知识时，其推理是基于形式逻辑的，它只关注谓词公式的形式和真值，而不关注其背后的语义和含义。这就使得推理过程很长，而且可能忽略了一些重要的信息和知识。这样就降低了系统的效率和智能性。

虽然一阶谓词逻辑表示法有以上一些局限性，但它仍然是一种重要的表示方法，许多专家系统都采用了谓词逻辑来表达知识，例如格林等人开发的用于求解化学问题的 QA3 系统，菲克斯等人开发的用于机器人行动规划的 STRIPS 系统，菲尔曼等人开发的用于机器证明的 FOL 系统等。

2.3 产生式表示法

产生式表示法又称为产生式规则表示法。

产生式表示法是一种用规则来表示知识的方法。这个名词最早是由美国数学家波斯特在 1943 年提出的，他用一系列的替换规则定义了一种计算模型，每一条替换规则就叫作一个产生式。后来，这个概念经过了多次改进和扩展，被应用到了不同的领域，比如描述形式语言的语法，模拟人类思维的认知过程等。1972 年，纽厄尔和西蒙在研究人类认知模型时开发了基于规则的产生式系统。现在，它已经成为人工智能中最常用的一种知识表示模型，许多成功的专家系统都采用它来表示知识，例如化学分子结构专家系统 DENDRAL、传染病诊断专家系统 MYCIN 等。

2.3.1　产生式

产生式表示法是一种用规则来表示知识的方法。它可以表示事实、规则以及它们的不确定性，适用于事实性知识和规则性知识。

1. 确定性规则知识的产生式表示

确定性规则知识的产生式表示有一个基本的格式，就是

$$\text{IF } P \text{ THEN } Q$$

或者

$$P \rightarrow Q$$

式中，P 是产生式的条件，用来判断这个规则是否适用；Q 是产生式的结果，用来说明当条件 P 成立时，应该得出什么结论或做什么操作。一个产生式的意思就是：如果条件 P 满足了，那么就可以得到结果 Q 或执行结果 Q 指定的操作。例如：

$$r_4: \text{IF 动物会飞　AND　会下蛋　THEN　该动物是鸟}$$

这就是一个产生式。其中，r 是这个产生式的编号；"动物会飞 AND 会下蛋"是条件 P；"该动物是鸟"是结果 Q。

2. 不确定性规则知识的产生式表示

不确定性规则知识可以用产生式的形式来表示，其基本格式如下：

$$\text{IF } P \text{ THEN } Q \text{（置信度）}$$

或者

$$P \rightarrow Q \text{（置信度）}$$

式中，P 是前提条件；Q 是结论；置信度是一个 0 到 1 之间的数，表示结论的可信程度。

例如，在专家系统 MYCIN 中有这样一条产生式：

IF　本微生物的染色斑是革兰氏阴性

　　本微生物的形状呈杆状

　　病人是中间宿主

THEN　该微生物是绿脓杆菌，置信度为 0.6。

这意味着，如果当前提示中列出的三个条件都成立，那么结论"该微生物是绿脓杆菌"的可信程度为 0.6。这里，0.6 表示了知识的强度。

3. 确定性事实性知识的产生式表示

确定性事实一般用三元组表示：

$$\text{（对象，属性，值）}$$

或者

$$\text{（关系，对象1，对象2）}$$

例如，老李的年龄是 40 岁，表示为（Li，Age，40）。老李和老王是朋友，表示为（Friend，Li，Wang）。

4. 不确定性事实性知识的产生式表示

不确定性事实一般用四元组表示：

（对象，属性，值，置信度）

或者

（关系，对象 1，对象 2，置信度）

例如，老李的年龄很可能是 40 岁，表示为（Li，Age，40，0.8）。老李和老王不是朋友，表示为（Friend，Li，Wang，0）。

产生式是一种用来表示知识的形式，它由前提和结论两部分组成，也可以称为规则或产生式规则。前提是产生式的条件部分，也可以叫作条件、前提条件、前件或左部等；结论是产生式的结果部分，也可以叫作后件或右部等。这些术语在本书中通用，不再特别说明。

产生式和谓词逻辑中的蕴涵式有相似之处，但蕴涵式只是产生式的一种特例。产生式比蕴涵式更广泛，有以下两个方面的原因：

1）除了逻辑蕴涵，产生式还可以包含各种操作、规则、变换、算子、函数等。例如，"如果炉温超过上限，则立即关闭风门"就是一个产生式，但不是一个蕴涵式。产生式描述了事物之间的一种对应关系（包括因果关系和蕴涵关系），其应用范围很广泛。逻辑中的逻辑蕴涵式和等价式、程序设计语言中的文法规则、数学中的微分和积分公式、化学中分子结构式的分解变换规则、体育比赛中的规则、国家的法律条文、单位的规章制度等都可以用产生式表示。

2）蕴涵式只能表示确定性知识，其真值只能是真或假，而产生式不仅可以表示确定性的知识，还可以表示不确定性的知识。要判断一条知识是否可用，需要检查当前是否有已知事实与前提中的条件相匹配。对于谓词逻辑的蕴涵式来说，匹配必须是精确的。而在产生式表示知识的系统中，匹配可以是精确的，也可以是不精确的，只要按照某种算法计算出的相似度在预先指定的范围内就认为是可匹配的。

由于产生式与蕴涵式存在这些区别，因此它们在处理方法及应用等方面也有较大的差别。

为了严格地描述产生式，下面用巴克斯范式（Backus Normal Form，BNF）给出它的形式进行描述：

<产生式>::=<前提>→<结论>

<前提>::=<简单条件>|<复合条件>

<结论>::=<事实>|<操作>

<复合条件>::=<简单条件>AND<简单条件>[AND<简单条件>]

          |<简单条件>OR<简单条件>[OR<简单条件>]

<操作>::=<操作名>[（<变元>，…）]

其中，符号"::="表示"定义为"，符号"|"表示"或者是"，符号"[ ]"表示"可省略"。

2.3.2 产生式系统

把一些规则组合起来，让它们相互协作，共同解决问题，其中一个规则得出的结论，可以作为另一个规则的前提条件，这样就可以一步步推导出答案。这种用规则来解决问题的方法，叫作规则系统。

一般来说，一个规则系统由三个部分组成：规则库、控制系统（也叫推理机）和综

合数据库。产生式系统的基本结构关系如
图 2-1 所示。

1. 规则库

规则库是存放各种专业知识的地方。
这些知识是用规则的形式表达的，每条规
则都有一个前提条件和一个结论或操作。
规则库是规则系统解决问题的基础，所以
要保证规则库中的知识是完整的、一致的、
准确的和灵活的。要对规则库中的知识进行合理的组织和管理，避免出现重复或矛盾的知
识，以提高知识的利用率。

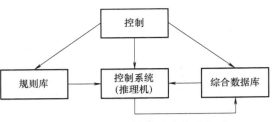

图 2-1　产生式系统的基本结构关系

2. 控制系统

控制系统是控制整个规则系统运行的程序。它负责从规则库中选择合适的规则，解决可
能出现的冲突，执行规则中的结论或操作，检查是否达到推理终止条件等。控制系统主要完
成以下几项工作：

1）按照一定的策略从规则库中挑选出与综合数据库中的信息相匹配的规则。匹配就是
把规则的前提条件和综合数据库中的信息进行比较，看看它们是否一致或者近似一致。如果
匹配成功，就说明这条规则可以被使用；如果匹配不成功，就说明这条规则不适用于当前的
问题。

2）消解冲突。有时，匹配成功的规则可能不止一条，这就产生了冲突。此时，控制系
统要调用相应的消解冲突策略，从多个匹配成功的规则中选出一条执行。

3）执行规则。如果某条规则中有结论，就把结论加入综合数据库中；如果某条规则中
有操作，就执行操作。对于不确定性知识，还要计算结论或操作的不确定性程度。

4）检查推理终止条件。检查综合数据库中是否已经包含了最终结论，决定是否停止推
理过程。

3. 综合数据库

综合数据库是存放问题求解过程中各种当前信息的地方。这些信息包括问题的初始状
态、原始证据、中间结论和最终结论等。综合数据库是规则系统进行推理的依据，它会随着
推理过程而不断变化。当某条规则的前提条件与综合数据库中的某些信息相匹配时，这条规
则就可以被使用，它会把推出的结论或操作加入综合数据库中，为后面的推理提供新的
信息。

2.3.3 产生式系统的例子——动物识别系统

下面以一个动物识别系统为例，介绍产生式系统求解问题的过程。这个动物识别系统是
识别虎、金钱豹、斑马、长颈鹿、企鹅、鸵鸟、信天翁 7 种动物的产生式系统。

首先根据这些动物识别的专家知识，建立如下规则库：

r_1：IF 该动物有毛发　　　　THEN 该动物是哺乳动物

r_2：IF 该动物有奶　　　　　THEN 该动物是哺乳动物

r_3：IF 该动物有羽毛　　　　THEN 该动物是鸟

r_4：IF 该动物会飞　　　　　AND 会下蛋　THEN 该动物是鸟

r_5：IF 该动物吃肉　　　　　　THEN 该动物是食肉动物

r_6：IF 该动物有犬齿　　　　　AND 有爪　 AND 眼盯前方
　　　　　　　　　　　　　　　THEN 该动物是食肉动物

r_7：IF 该动物是哺乳动物　　　AND 有蹄
　　　　　　　　　　　　　　　THEN 该动物是有蹄类动物

r_8：IF 该动物是哺乳动物　　　AND 是反刍动物
　　　　　　　　　　　　　　　THEN 该动物是有蹄类动物

r_9：IF 该动物是哺乳动物　　　AND 是食肉动物
　　　　　　　　　　　　　　　AND 是黄褐色
　　　　　　　　　　　　　　　AND 身上有暗斑点
　　　　　　　　　　　　　　　THEN 该动物是金钱豹

r_{10}：IF 该动物是哺乳动物　　AND 是食肉动物
　　　　　　　　　　　　　　　AND 是黄褐色
　　　　　　　　　　　　　　　AND 身上有黑色条纹
　　　　　　　　　　　　　　　THEN 该动物是虎

r_{11}：IF 该动物是有蹄类动物　AND 有长脖子
　　　　　　　　　　　　　　　AND 有长腿
　　　　　　　　　　　　　　　AND 身上有暗斑点
　　　　　　　　　　　　　　　THEN 该动物是长颈鹿

r_{12}：IF 该动物是有蹄类动物　AND 身上有黑色条纹
　　　　　　　　　　　　　　　THEN 该动物是斑马

r_{13}：IF 该动物是鸟　　　　　AND 有长脖子
　　　　　　　　　　　　　　　AND 有长腿
　　　　　　　　　　　　　　　AND 不会飞
　　　　　　　　　　　　　　　AND 有黑白两色
　　　　　　　　　　　　　　　THEN 该动物是鸵鸟

r_{14}：IF 该动物是鸟　　　　　AND 会游泳
　　　　　　　　　　　　　　　AND 不会飞
　　　　　　　　　　　　　　　AND 有黑白两色
　　　　　　　　　　　　　　　THEN 该动物是企鹅

r_{15}：IF 该动物是鸟　　　　　AND 善飞
　　　　　　　　　　　　　　　THEN 该动物是信天翁

　　这个系统能够识别 7 种动物，但它并不是只用了 7 条规则，而是用了 15 条。它的设计思路是这样的：先根据一些简单的特征，比如有毛发、有羽毛、会飞等把动物分成几大类，比如哺乳动物、鸟等。然后再根据更多的特征，逐步缩小范围，最后确定是哪一种动物。这样做有两个好处：一是如果已知的特征不够全面，也能得到一个大概的分类；二是如果要增加对其他动物（比如牛、马等）的识别，只需要添加一些跟它们有关的规则，比如 $r_9 \sim r_{15}$ 那样，而不用改动其他的规则，这样就不会增加太多的规则。$r_1 \sim r_{15}$ 是给每条规则的编号，方便引用。

假设综合数据库里有这样一些已知特征：这个动物有暗斑点、长脖子、长腿、奶、蹄，并假设综合数据库中的已知事实与规则库中的知识是从第一条开始逐条进行匹配的，则当推理开始时，推理机构的工作过程如下所述。

首先从规则库中选取第一条规则 r_1，看看它的前提条件是否能和综合数据库中已有的事实相匹配。结果发现，综合数据库中并没有"该动物有毛发"这一事实，所以 r_1 不能用来推理。接着选取第二条规则 r_2，进行同样的操作。很明显，r_2 的前提条件"该动物有奶"和综合数据库中已有的事实是一致的。继续检查其他规则，发现从 $r_3 \sim r_{15}$ 都不能匹配。因此，只能执行 r_2 这一条规则，并把它的结论"该动物是哺乳动物"添加到综合数据库中。同时，还要给 r_2 打上一个标记，表示它已经被使用过了，以免重复匹配。这样一来，综合数据库中的内容就变成了：该动物的特征为有暗斑点、长脖子、长腿、奶、蹄、哺乳动物。检查一下综合数据库中的内容，发现还不能确定该动物是什么种类，所以还需要继续推理。

接下来，分别用 r_1、r_3、r_4、r_5、r_6 和综合数据库中的事实进行匹配，都没有成功。但当用 r_7 进行匹配时，就成功了。再检查其他规则，发现从 $r_8 \sim r_{15}$ 都不能匹配。因此，只能执行 r_7 这一条规则，并把它的结论"该动物是有蹄类动物"添加到综合数据库中，并给 r_7 打上一个标记，表示它已经被使用过了。这样一来，综合数据库中的内容就变成了：该动物的特征为有暗斑点、长脖子、长腿、奶、蹄、哺乳动物、有蹄类动物。再次检查一下综合数据库中的内容，发现还是不能确定该动物是什么种类，所以还需要继续推理。

在这个过程中，除了已经用过的 r_2、r_7 之外，只有 r_{11} 能够和综合数据库里的已知事实相匹配。因此，把 r_{11} 的结论加入综合数据库里。这样，综合数据库里的内容就变成了：这种动物有暗色的斑点、长长的脖子和腿、奶、蹄，是哺乳动物、有蹄类动物和长颈鹿。检查一下综合数据库里的内容，发现要识别的动物长颈鹿已经包含在里面了。所以，得出了"这种动物是长颈鹿"的最终结论。这样，问题就解决了。

上面的问题解决过程是一个不断地从规则库里选择可用规则和综合数据库里的已知事实进行匹配的过程。每一次规则成功匹配，都会让综合数据库增加一些新的内容，并且让问题更接近解决。这个过程叫作推理，是专家系统的核心内容。当然，上面的过程只是一个简单的推理过程，后面还会对推理的相关问题进行全面的介绍。可以用普通编程语言（比如 C、C++）里的 if 语句来实现产生式系统。但是当产生式规则很多时，就会出现新的问题。比如，要检查哪条规则被匹配，就需要花很长时间遍历所有的规则。所以，人们开发了一些专门用来匹配规则触发条件的快速算法，如 RETE。这种系统内置了解决多个冲突的算法。近年来，还开发了专门用于计算机游戏开发的 RC++。它是 C++ 语言的超集，增加了控制角色行为的产生式规则，提供了反应式控制器的专用子集。

2.3.4　产生式表示法的特点

1. 产生式表示法的主要优点

（1）自然性

产生式表示法用"如果…，那么…"的形式来表达知识，这是人们常用的一种描述因果关系的方式，既直观、自然，又便于推理。正因为如此，产生式表示法成为人工智能中最重要和最常用的一种知识表示方法。

（2）模块性

产生式是规则库中最基本的知识单元，它们与推理机制相对独立，而且每条规则都有相同的形式。这样就方便了对规则进行模块化处理，为知识的增加、删除、修改带来了便利，为规则库的建立和扩展提供了可管理性。

（3）有效性

产生式表示法既可以表示确定性知识，也可以表示不确定性知识；既有利于表示启发式知识，也可以方便地表示过程性知识。目前已经成功建造的专家系统中，大部分是用产生式来表达它们的过程性知识的。

（4）清晰性

产生式有固定的格式。每一条产生式规则都由前提和结论这两部分组成，而且每一部分包含的知识量都比较少。这既便于对规则进行设计，又易于对规则库中知识的一致性和完整性进行检测。

2. 产生式表示法的主要缺点

（1）效率不高

产生式系统求解问题的过程是这样的：先用产生式的前提部分和综合数据库中已知事实进行匹配，找出可用的规则；然后在这些规则中按一定的策略选择一个执行；最后把执行的结果加入综合数据库中。这个过程要反复进行，直到找到问题的答案或无法继续为止。因为规则库一般都很大，而匹配又很耗时，所以这个过程的效率不高，而且可能会出现组合爆炸的问题。

（2）不能表达具有结构性的知识

产生式适合于表达具有因果关系的过程性知识，是一种非结构化的知识表示方法。但是对于具有结构关系的知识，例如事物之间的分类、属性、关联等，产生式就无法很好地表示。它不能把具有结构关系的事物间的区别和联系表示出来（后面介绍的框架表示法可以解决这方面的问题）。因此，产生式表示法除了可以单独使用外，还经常和其他表示法结合起来表示特定领域的知识。例如，在专家系统 PROSPECTOR 中用产生式和语义网络相结合，在 Alkins 中把产生式和框架表示法结合起来等。

3. 产生式表示法适合表示的知识

从上面关于产生式表示法的特点可以看出，产生式表示法适合于表示具有以下几种特点的领域知识：

1）由许多相对独立的知识元组成的领域知识，彼此间关系不密切，不存在结构关系，如化学反应方面的知识。

2）具有经验性和不确定性的知识，而且相关领域中对这些知识没有严格、统一的理论，如医疗诊断、故障诊断等方面的知识。

3）领域问题的求解过程可以被表示为一系列相对独立的操作，而且每个操作可以被表示为一条或多条产生式规则。

2.4　框架表示法

1975 年，美国人工智能领域的权威明斯基提出了框架理论。他认为，人类对世界上各种事物的认识，都是以一种类似于框架的结构储存在记忆中的。当遇到一个新事物时，人类就会从记忆中找出一个合适的框架，并根据实际情况对其细节进行调整和补充，从而形成对当前事物的认识。比如，一个人在走进一个教室之前，就能根据以往对"教室"的认识，想象出这个教室大概有四面墙、门窗、天花板和地板、课桌椅、讲台、黑板等。尽管他对这个教室的具体细节，如大小、门窗个数、桌椅数量颜色等还不清楚，但对教室的基本结构是可以预见的。这是因为他通过以往看到的教室，已经在记忆中建立了关于教室的框架。这个框架不仅包含了事物的名称（教室），还包含了事物各方面的属性（如有四面墙、课桌、黑板等）。通过查找这个框架，就很容易得到教室的各个特征。当他进入教室后，通过观察得到了教室的具体细节，把它们填入教室框架中，就得到了一个具体的教室实例。这是他对这个具体教室的视觉形象，称为实例框架。

2.4.1　框架的一般结构

框架是一种用来描述对象（事物、事件或概念）属性的数据结构。

一个框架由若干个称为"槽"的结构组成，每个槽又可以根据需要划分为若干个"侧面"。槽用来描述对象的某一方面的属性，侧面用来描述属性的某一方面。槽和侧面的属性值分别称为槽值和侧面值。在一个用框架表示知识的系统中，通常有多个框架，每个框架都有多个不同的槽和侧面，分别用不同的框架名、槽名和侧面名表示。

下面是框架的一般表示形式：

<框架名>		
槽名 1:	侧面名$_{11}$	侧面值$_{111}$，侧面值$_{112}$，…，侧面值$_{11p_1}$
	侧面名$_{12}$	侧面值$_{121}$，侧面值$_{122}$，…，侧面值$_{12p_2}$
	⋮	⋮
	侧面名$_{1m}$	侧面值$_{1m1}$，侧面值$_{1m2}$，…，侧面值$_{1mp_m}$
槽名 2:	侧面名$_{21}$	侧面值$_{211}$，侧面值$_{212}$，…，侧面值$_{21p_1}$
	侧面名$_{22}$	侧面值$_{221}$，侧面值$_{222}$，…，侧面值$_{22p_2}$
⋮	⋮	⋮
	侧面名$_{2m}$	侧面值$_{2m1}$，侧面值$_{2m2}$，…，侧面值$_{2mp_m}$
槽名 n:	侧面名$_{n1}$	侧面值$_{n11}$，侧面值$_{n12}$，…，侧面值$_{n1p_1}$
	侧面名$_{n2}$	侧面值$_{n21}$，侧面值$_{n22}$，…，侧面值$_{n2p_2}$
	⋮	⋮
	侧面名$_{nm}$	侧面值$_{nm1}$，侧面值$_{nm2}$，…，侧面值$_{nmp_m}$
约束:	约束条件$_1$	
	约束条件$_2$	⋮
	⋮	
约束条件$_n$		

框架是一种表示知识的方式，它由若干个槽和侧面组成。一个框架可以有任意个槽，每个槽可以有任意个侧面，每个侧面可以有任意个值。槽值或侧面值可以是数值、字符串、布尔值等基本类型，也可以是一个动作或过程，用于在满足某个条件时执行，还可以是另一个框架的名字，从而实现框架之间的引用，表示出它们的关联。约束条件是可选的，如果没有

指定约束条件，则表示没有限制。

2.4.2 用框架表示知识的例子

下面举一些例子，说明框架的建立方法。

例 2.2 教师框架

框架名：<教师>

姓名：单位（姓、名）

年龄：（岁）

性别：范围（男、女）

　　默认：男

职称：范围（教授、副教授、讲师、助教）

　　默认：讲师

部门：单位（系、研究室）

住址：<住址框架>

工资：<工资框架>

开始工作时间：单位（年、月）

截止时间：单位（年、月）

　　默认：现在

对于上述这个框架，当把具体的信息填入槽或侧面后，就得到了相应框架的一个事例框架。例如，把某教师的一组信息填入"教师"框架的各个槽，就可得到：

这个框架描述了"教师"这一概念的 9 个属性，每个属性对应一个槽。每个槽里都有一些信息，用于限制槽值的范围。例如，"职称"槽的值只能是"教授""副教授""讲师"或"助教"中的一个，"性别"槽如果没有填写值，就默认为"男"。如果给这个框架填入具体的信息，就可以得到一个"教师"框架的实例。

例如，下面是一个"教师"框架的实例：

框架名：<教师-1>

姓名：夏冰

年龄：36

性别：女

职称：副教授

部门：计算机系软件教研室

住址：<adr-1>

工资：<sal-1>

开始工作时间：1988，9

截止时间：1996，7

例 2.3 中的框架用 13 个槽来描述"教室"的 13 个属性。每个槽里都有一些信息，用于限制槽值的范围。

例 2.3 教室框架

框架名：<教室>

　墙数：

　窗数：

　门数：

　座位数：

　前墙：<墙框架>

　后墙：<墙框架>

　左墙：<墙框架>

　右墙：<墙框架>

　门：<门框架>

　窗：<窗框架>

　黑板：<黑板框架>

　天花板：<天花板框架>

　讲台：<讲台框架>

例 2.4 关于自然灾害的新闻报道中所涉及的事实经常是可以预见的，这些可以预见的事实就可以作为代表所报道的新闻中的属性。例如，将如下一则地震消息用框架表示："某年某月某日，某地发生 6.0 级地震，若以膨胀注水孕震模式为标准，则三项地震前兆中的波速比为 0.45，水氧含量为 0.43，地形改变为 0.60。"

解 例 2.4 中的"地震框架"是"自然灾害框架"的子框架，它用 9 个槽来表示一则地震新闻的内容。这些槽值中有些是数值，有些是子框架，如"地形改变"槽的值就是一个子框架。如果给这个框架填入具体的信息，就可以得到一个"地震框架"的实例。

图 2-2 所示为自然灾害框架。

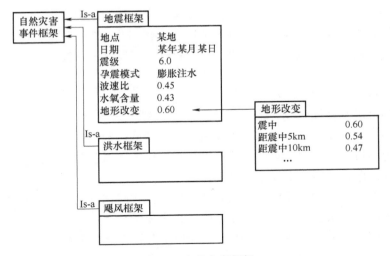

图 2-2　自然灾害框架

产生式规则也可以用框架表示。例如，产生式"如果头痛且发烧，则患感冒"，用框架

表示为

框架名：<诊断 1>

　前提：条件 1 头痛

　　　　条件 2 发烧

　结论：感冒

2.4.3　框架表示法的特点

1. 结构性

框架表示法的特点是能够表达结构性知识，即知识的内部结构关系和知识之间的联系。这是产生式表示法所不具备的。产生式表示法的知识单位是产生式规则，它只能表示因果关系，而且规则太小，难以处理复杂问题。框架表示法的知识单位是框架，它可以通过不同的槽来表示更复杂的关系。例如，因果关系可以用 Infer 槽或 Possible-reason 槽来表示，其他类型的关系也可以用相应的槽来表示。框架还可以有子框架，从而形成层次结构。

2. 继承性

框架表示法可以通过让一个框架的槽值指向另一个框架的名字，来实现不同框架之间的联系，从而构建复杂知识的框架网络。在这个网络中，下层框架可以继承上层框架的槽值，也可以对其进行补充和修改。这样既可以减少知识的重复，又可以保证知识的一致性。

3. 自然性

框架表示法与人在观察事物时的思维活动是一致的，比较自然。

2.5　小结

1. 知识的概念

知识是指将相关信息联系起来形成的信息结构。

知识具有相对正确性、不确定性、可表示性和可利用性等特征。

造成知识不确定性的原因主要有随机性、模糊性、经验性和不完全性。

2. 命题与一阶谓词公式

命题是指能够判断真假的陈述句。

谓词是一种表示某种性质或关系的符号，它的一般形式是 $P(x_1, x_2, \cdots, x_n)$，其中 P 是谓词名，$x_1, x_2, \cdots, x_n$，是个体。个体可以是常量、变量或函数。

可以用否定、析取、合取、蕴涵、等价等逻辑连接词，以及全称量词、存在量词把简单命题连接成复合命题，以表达更复杂的含义。

量词后面跟着的单个谓词或用括号括起来的谓词公式叫作量词的辖域，辖域内与量词中同名的变量叫作约束变量，不受约束的变量叫作自由变量。

对于一个谓词公式 P，如果存在至少一个解释使得 P 在这个解释下为真，那么称 P 是可满足的，否则称 P 是不可满足的。

当且仅当 $(P_1 \wedge P_2 \wedge \cdots \wedge P_n) \wedge \neg Q$ 是不可满足的，那么 Q 就是 $P_1, P_2, \cdots, P_n$ 的逻辑结论。

一阶谓词逻辑表示法具有自然、精确、严密、易于实现等优点，但也有表示不确定知识困难、组合爆炸问题、效率低下等缺点。

3. 产生式表示法

产生式是一种广泛应用的知识表示模型，许多成功的专家系统都采用它来表示知识。

产生式通常用于表示事实、规则及其不确定性度量。谓词逻辑中的蕴涵式只是产生式的一种特例。

产生式不仅可以表示确定性规则，还可以表示各种操作、规则、变换、算子、函数等。产生式不仅可以表示确定性知识，而且还可以表示不确定性知识。

产生式表示法具有自然性、模块性、有效性、清晰性等优点，但也存在效率不高、不能表达具有结构性的知识等缺点，其适合表示由许多相对独立的知识元组成的领域知识、具有经验性和不确定性的知识，也可以表示为一系列相对独立的求解问题的操作。

一个产生式系统由规则库、和控制系统（推理机）综合数据库三部分组成。产生式系统求解问题的过程是一个不断地从规则库中选择可用规则与综合数据库中的已知事实进行匹配的过程，规则的每一次成功匹配都使综合数据库增加了新的内容，并朝着问题的解决方向前进了一步。这一过程称为推理，是专家系统中的核心内容。

4. 框架表示法

一个框架由若干个称为"槽"的结构组成，每个槽又可以根据需要划分为若干个"侧面"。槽用于描述对象的某一方面的属性，侧面用于描述相应属性的一个方面。槽和侧面的属性值分别称为槽值和侧面值。

框架表示法具有结构性、继承性、自然性等特点，但也存在效率不高、不能表达结构性知识等缺点，其适合表示由许多相对独立的知识元组成的领域知识、具有经验性和不确定性的知识，也可以表示一系列相对独立的求解问题的操作。

框架是一种用于描述对象（事物、事件或概念）属性的数据结构。

思考题

2.1 什么是知识？它有哪些特性？有哪几种分类方法？

2.2 什么是知识表示？如何选择知识表示方法？

2.3 什么是命题？请写出三个真值为 T 及真值为 F 的命题。

2.4 什么是谓词？什么是谓词个体及个体域？函数与谓词的区别是什么？

2.5 谓词逻辑和命题逻辑的关系如何？有何异同？

2.6 什么是谓词的项？什么是谓词的阶？请写出谓词的一般形式。

2.7 什么是谓词公式？什么是谓词公式的解释？

2.8 一阶谓词逻辑表示法是结构化知识还是非结构化知识？适合于表示哪种类型的知识？它有哪些特点？

2.9 请写出用一阶谓词逻辑表示法表示知识的步骤。

2.10 产生式的基本形式是什么？它与谓词逻辑中的蕴涵式有什么共同处和不同处？

2.11 产生式系统由哪几部分组成？

2.12 试述产生式系统求解问题的一般步骤。

2.13 在产生式系统中，推理机的推理方式有哪几种？在产生式推理过程中，如果发生策略冲突，如何解决？

2.14 试述产生式表示法的特点。

2.15 框架的一般表示形式是什么？

2.16 框架表示法有何特点？请叙述用框架表示法表示知识的步骤。

2.17 试构造一个描述读者的办公室或卧室的框架系统。

2.18 试构造一个描述计算机主机的框架系统。

2.19 设有下列语句，请用相应的谓词公式把它们表示出来：

1）有的人喜欢梅花，有的人喜欢菊花，有的人既喜欢梅花又喜欢菊花。

2）他每天下午都去玩足球。

3）所有人都有饭吃。

4）喜欢玩篮球的人必喜欢玩排球。

5）要想出国留学，必须通过外语考试。

2.20 分别指出下列谓词公式中各量词的辖域，并指出哪些是约束变元，哪些是自由变元。

1）$(\forall x)(P(x,y) \vee (\exists y)(Q(x,y) \wedge R(x,y)))$。

2）$(\exists z)(\forall y)(P(z,y) \vee Q(z,x)) \vee R(u,v)$。

3）$(\forall x)(\neg P(x,f(x)) \vee (\exists z)(Q(x,z) \wedge \neg R(z,y)))$。

4）$(\forall z)((\exists y)((\exists t)(P(z,t) \vee Q(y,t))) \wedge R(z,y))$。

2.21 设 $D=\{1,2\}$，试给出谓词公式 $(\exists x)(\forall y)(P(x,y) \rightarrow Q(x,y))$ 的一个解释，并且指出该谓词公式的真值。

2.22 试用谓词逻辑描述下列推理：

1）如果张三比李四大，那么李四比张三小。

2）甲和乙结婚了，则或者甲为男，乙为女；或者甲为女，乙为男。

3）如果一个人是老实人，他就不会说谎；张三说谎了，所以张三不是一个老实人。

2.23 用产生式表示异或（XOR）逻辑。

第 3 章

确定性推理方法

本章首先从定义分类方向策略等方面介绍了确定性推理的基本概念，并进一步讨论了自然演绎推理、谓词公式化为子句集、鲁滨逊归结原理和归结反演等方法。

3.1 推理的基本概念

3.1.1 推理的定义

当人们面对各种问题，需要分析、综合和决策时，通常会根据已有的事实，运用已掌握的知识，发现事实之间的联系，或者总结出新的事实。这个过程就叫作推理，也就是从一些初始的证据开始，按照一定的规则，利用知识库里的知识，一步一步地推导出结论的过程。

在人工智能系统里，推理是由程序来完成的，这个程序叫作推理机。推理需要两个基本要素：事实和知识。事实也叫证据，它们是推理的起点和指导，告诉人们应该用什么知识来推理；知识是推理的动力和依据，它们让人们能够根据事实推进推理，逐渐接近目标[2]。比如，在医疗诊断专家系统里，专家的经验和医学常识以一种特定的形式保存在知识库里。当为病人诊断和治疗疾病时，推理机就是从综合数据库里存储的病人的症状和化验结果等初始证据开始，按照一种搜索规则，在知识库里寻找能够匹配的知识，得出一些中间结论，然后再以这些中间结论为证据，在知识库里寻找能够匹配的知识，得出更进一步的中间结论，这样不断重复，直到最后得出结论，也就是病人的病因和治疗方案。

3.1.2 推理方式及其分类

人类智能有多种思维模式，人工智能也有多种推理方法。可以从不同的角度来对它们进行分类。

1. 演绎推理、归纳推理、默认推理

推理是根据已知的信息来得出新的结论的过程。推理有不同的类型，根据推出结论的方法，可以分为演绎推理、归纳推理和默认推理。

演绎推理是从一般到个别的推理，它是用通用的知识或假设来推出适用于特定情况的结论。

演绎推理是人工智能领域的一种常用的推理方法，许多智能系统都采用了这种方法。演绎推理有多种形式，其中最常见的是三段论。三段论是由以下三个部分组成的推理结构：

1）大前提：已知的一般性知识或假设。
2）小前提：关于具体情况或个别事实的判断。
3）结论：根据大前提和小前提推出的新判断。

下面是一个三段论推理的例子：

1）大前提：足球运动员的身体都是强壮的。
2）小前提：高波是一名足球运动员。
3）结论：高波的身体是强壮的。

归纳推理是一种从个别事例中总结出一般性结论的推理过程，是人工智能领域常用的一种推理方法。根据归纳时所选事例的广泛性，归纳推理可以分为完全归纳推理和不完全归纳推理两种。

完全归纳推理是指在进行归纳时考察了相应事物的所有对象，并根据这些对象是否都具有某种属性，从而推出这个事物是否具有这个属性。例如，某厂进行产品质量检查，如果对每一件产品都进行了严格检查，并且都是合格的，则推导出结论"该厂生产的产品是合格的"。

不完全归纳推理是指在进行归纳时只考察了相应事物的部分对象，就得出了结论。例如，检查产品质量时，只是随机地抽查了部分产品，只要它们都合格，就得出结论"该厂生产的产品是合格的"。

不完全归纳推理推出的结论不一定正确，属于非必然性推理，而完全归纳推理推出的结论则是必然正确的，属于必然性推理。但由于要考察事物的所有对象通常都比较困难，因而大多数归纳推理都是不完全归纳推理。归纳推理是人类思维活动中最基本、最常用的一种推理形式。人们在由个别到一般的思维过程中经常要用到它。

默认推理又称为缺省推理，是在知识不完全的情况下假设某些条件已经具备所进行的推理。

例如，在条件 A 已成立的情况下，如果没有足够的证据能证明条件 B 不成立，则默认 B 是成立的，并在此默认的前提下进行推理，推导出某个结论。例如，要设计一种鸟笼，但不知道要放的鸟是否会飞，则默认这只鸟会飞，因此，推出这个鸟笼要有盖子的结论。

由于这种推理允许默认某些条件是成立的，所以在知识不完全的情况下也能进行。在默认推理的过程中，如果到某一时刻发现原来所做的默认条件不正确，则要撤销所做的默认条件以及由此默认条件推出的所有结论，重新按新情况进行推理。

2. 确定性推理、不确定性推理

推理可以根据所用知识的确定性分为确定性推理和不确定性推理两种。

确定性推理是指在推理时所用的知识和证据都是确定的，推出的结论也是确定的，其真值只有真或假两种可能。

本章将讨论的经典逻辑推理就属于这一类。经典逻辑推理是最早提出的一类推理方法，是根据经典逻辑（命题逻辑和一阶谓词逻辑）的逻辑规则进行的一种推理，主要有自然演绎推理、归结演绎推理、与/或形演绎推理等。

不确定性推理是指在推理时所用的知识和证据不都是确定的，推出的结论也是不确定的。

现实世界中的事物和现象大都是不确定或模糊的，很难用精确的数学模型来表示和处理。不确定性推理又分为似然推理和近似推理或模糊推理，前者是基于概率论的推理，后者是基于模糊逻辑的推理。人们经常在知识不完全、不精确的情况下进行推理，因此，要使计算机能模拟人类的思维活动，就必须使它具有不确定性推理的能力。

3. 单调推理、非单调推理

推理可以根据推出的结论是否越来越接近最终目标来分为单调推理和非单调推理两种。

单调推理是指在推理过程中随着推理向前推进及新知识的加入，推出的结论越来越接近最终目标。

单调推理的推理过程中不会出现反复的情况，即不会由于新知识的加入否定了前面推出的结论，从而使推理又退回到前面的某一步。本章将要介绍的基于经典逻辑的演绎推理属于单调推理。

非单调推理是指在推理过程中由于新知识的加入，不仅没有加强已推出的结论，反而要否定它，使推理退回到前面的某一步，然后重新开始。

非单调推理一般是在知识不完全的情况下发生的。由于知识不完全，为使推理进行下去，就要先做某些假设，并在假设的基础上进行推理。当以后由于新知识的加入发现原来的假设不正确时，就需要撤销该假设以及由此假设推出的所有结论，再用新知识重新进行推理。显然，默认推理是一种非单调推理。

在人们的日常生活及社会实践中，很多情况下进行的推理都是非单调推理。明斯基举了一个非单调推理的例子：当知道 X 是一只鸟时，一般认为 X 会飞，但之后又知道 X 是企鹅，而企鹅是不会飞的，则撤消先前加入的 X 会飞的结论，而加入 X 不会飞的结论。

4. 启发式推理、非启发式推理

推理可以根据是否运用与推理有关的启发性知识来分为启发式推理和非启发式推理两种。

如果推理过程中运用与推理有关的启发性知识，则称为启发式推理，否则称为非启发式推理。

启发式推理是指在推理过程中运用与推理有关的启发性知识，以加快推理速度，求得问题的最优解。所谓启发性知识是指与问题有关且能指导推理方向的知识。例如，推理的目标是要在脑膜炎、肺炎、流感这三种疾病中选择一个，又设有 r_1、r_2、r_3 这三条产生式规则可供使用，其中 r_1 推出的是脑膜炎，r_2 推出的是肺炎，r_3 推出的是流感。如果希望尽早地排除脑膜炎这一危险疾病，应该先选用 r_1；如果本地区目前正在盛行流感，则应考虑首先选择 r_3。这里，"脑膜炎危险"及"目前正在盛行流感"是与问题求解有关的启发性信息。

非启发式推理是指在推理过程中不运用与推理有关的启发性知识，只根据逻辑规则进行推理。非启发式推理一般是在知识完全的情况下进行的。由于知识完全，不需要做任何假设，也不会出现因为新知识的加入而撤销之前的结论的情况。本章将要介绍的基于经典逻辑的演绎推理属于非启发式推理。

3.1.3　推理的方向

推理过程是求解问题的过程。问题求解的质量与效率不仅取决于所采用的求解方法（如匹配方法、不确定性的传递算法等），还取决于求解问题的策略，即推理的控制策略。

推理的控制策略主要包括推理方向、搜索策略、冲突消解策略、求解策略及限制策略等。推理方向根据推理过程中知识和目标之间的关系，分为正向推理、逆向推理、混合推理及双向推理四种。

1. 正向推理

正向推理是一种从已知事实出发，寻找问题解答的方法。

正向推理的基本原理是：首先，根据用户提供的初始事实，在知识库中找出能够应用的知识，形成一个知识集合。然后，按照一定的规则从知识集合中选择一条知识进行推理，并把推理出来的新事实加入数据库中。接着，再在知识库中寻找能够应用的知识，重复上述过程，直到找到问题的答案或者没有可用的知识为止。

正向推理的基本步骤如下：

1）把用户提供的初始事实放入数据库（DB）中。

2）检查数据库中是否已经有了问题的答案，如果有，就结束推理，并给出结果；如果没有，就继续下一步。

3）根据数据库中的事实，查找知识库（KB）中能够与之匹配的知识，如果有，就进入下一步；如果没有，就进入第 6）步。

4）把知识库中所有能够匹配的知识都选出来，形成一个知识集合（KS）。

5）如果知识集合不为空，就按照一定的规则从中选择一条知识进行推理，并把推理出来的新事实加入数据库中，然后回到第 2）步；如果知识集合为空，就进入第 6）步。

6）询问用户是否还能提供更多的事实，如果能，就把新事实加入数据库中，然后回到第 3）步；如果不能，就表示无法找到答案，推理失败。

正向推理示意图如图 3-1 所示。

正向推理要想实现，还有许多具体问题要解决。比如，要从知识库中找出能够应用的知识，并要把知识库中的知识和数据库中的事实进行比较，看看是否能够匹配。为了比较，就要确定比较的方法。但是，比较往往不是完全一致的，所以还要确定什么样的比较才算是成功的。

2. 逆向推理

逆向推理是一种从结果推出原因的思维方式。

逆向推理的基本方法是：先假设一个可能的结果，然后寻找能够证明这个结果的事实。如果能找到足够的事实，就说明这个结果是正确的；如果找不到任何事实，就说明这个结果是错误的，需要换一个假设。

逆向推理的步骤可以用下面的算法表示：

1）提出一个想要证明的结果（假设）。

2）检查这个结果是否已经在数据库中存在，如果存在，就说明这个结果是正确的，结束推理或者验证下一个假设；如果不存在，就继续下一步。

3）判断这个结果是否是事实，也就是说，它是否需要用户来确认，如果是，就询问用户；如果不是，就继续下一步。

4）在知识库中找出所有能推出这个结果的知识，形成一个可用的知识集合 KS，然后继续下一步。

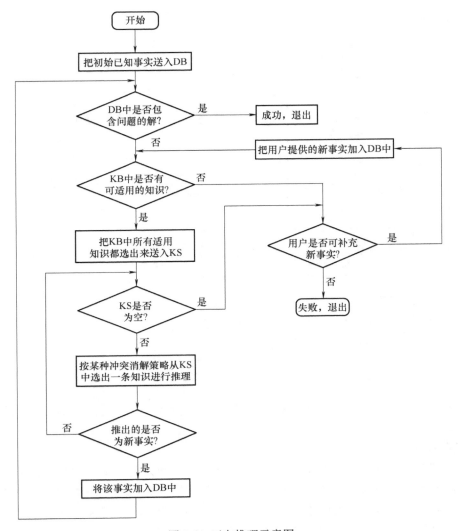

图 3-1 正向推理示意图

5）从 KS 中选择一条知识，并把这条知识的条件作为新的假设，然后回到步骤 2）。

逆向推理示意图如图 3-2 所示。

逆向推理比正向推理要复杂一些，上面的算法只是概括了大概步骤，还有很多细节没有说明。比如，怎么判断一个假设是不是事实？当有多条知识能推出一个假设时，怎么决定先用哪一条？还有，一条知识的条件通常有好几个，当验证了一个条件后，怎么自动地换成验证另一个条件？再者，在验证一个条件时，需要把它当作新的假设，并找出能推出这个假设的知识，这样就会产生一组新的条件，形成一个树形结构。当到达树的末端（也就是数据库中有对应的事实或者用户能确认对应的事实等）时，又要一层一层地往上回去。回去的过程中可能又要往下一层走，这样来来回回很多次，才能得出原假设是不是正确的答案。这是一个很复杂的推理过程。

逆向推理的主要优点是只用和目标有关的知识，有明确的目的，而且还能给用户提供解

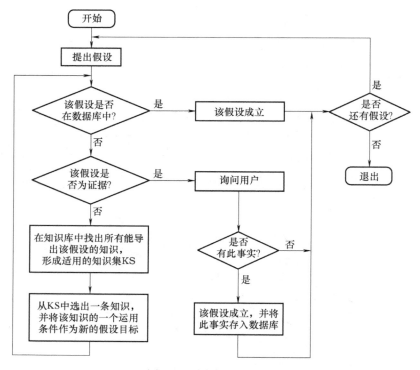

图 3-2 逆向推理示意图

释。它的主要缺点是开始的目标选得不好，可能不符合实际情况，就要多次更换假设，影响
系统的效率。

3. 混合推理

正向推理有一个缺点，就是会盲目地推出很多和问题无关的中间结果，浪费时间和资
源。逆向推理也有一个缺点，就是如果开始的假设不对，也会降低系统的效率。为了解决这
些问题，可以把正向推理和逆向推理结合起来，让它们互相配合，发挥各自的优点，弥补各
自的缺点。这种既用正向又用逆向的推理叫作混合推理。在以下几种情况下，通常也需要用
到混合推理。

（1）事实不充分

当数据库中的事实不够多时，用这些事实去匹配知识的条件进行正向推理，可能找不
到一条合适的知识，就无法继续推理。这时，可以先用正向推理找出那些条件不完全匹配的
知识，并把这些知识能推出的结果作为假设，然后对这些假设进行逆向推理。在逆向推理
中，可以向用户询问相关的事实，这样就可能让推理继续下去。

（2）结论不够可信

用正向推理进行推理时，虽然得到了结论，但可信度可能不高，不符合要求。为了得
到一个可信度高的结论，可以把这些结论作为假设，然后进行逆向推理，通过向用户询问更
多的信息，有可能得到一个可信度高的结论。

（3）结论不够多

在逆向推理过程中，因为要和用户对话，有针对性地向用户提问，这样就可能获得一

些原来不知道的有用信息。这些信息不仅可以用来证明假设，还可以用来推出其他结论。所以，在用逆向推理证明了一个假设之后，可以再利用逆向推理中得到的信息进行正向推理，推出更多的结论。比如，在医疗诊断系统中，先用逆向推理证明一个病人有某种病，然后再利用逆向推理中得到的信息进行正向推理，就可能发现这个病人还有其他病。

总之，混合推理有两种方式：一种是先用正向推理从已知事实推出部分结果，帮助选择一个目标，然后再用逆向推理证明这个目标或提高它的可信度；另一种是先假设一个目标进行逆向推理，然后再利用逆向推理中得到的信息进行正向推理，以得到更多的结果。

先正向后逆向混合推理示意图如图 3-3 所示。先逆向后正向混合推理示意图如图 3-4 所示。

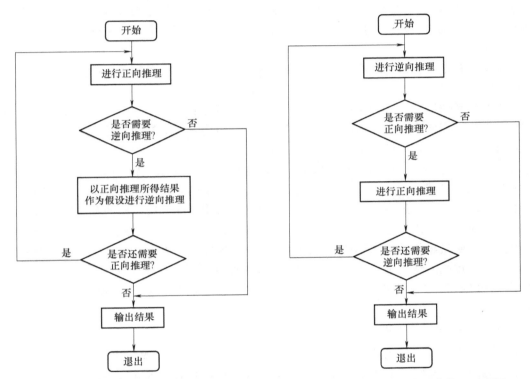

图 3-3　先正向后逆向混合推理示意图　　　　图 3-4　先逆向后正向混合推理示意图

4. 双向推理

在机器证明定理等问题中，常会用到双向推理。双向推理就是让正向推理和逆向推理同时进行，而且在推理的过程中能够"碰头"的一种推理。它的基本方法是：一方面从已知事实开始进行正向推理，但不一定要推到最终目标；另一方面从一个假设目标开始进行逆向推理，但不一定要推到原始事实，而是让它们在中间某个地方相遇，也就是说正向推理得到的中间结果正好是逆向推理需要的证据，这时候推理就可以结束了，逆向推理的假设就是推理的最终结果。

双向推理的难点在于怎么判断"碰头"。另外，怎么平衡正向推理和逆向推理的比例，也就是说怎么确定"碰头"的时机也是一个难点。

3.1.4 冲突消解策略

在推理过程中，系统要不断地把已知的事实和知识库中的知识进行比较。这时可能出现以下三种情况：

1）已知的事实只能和知识库中的一条知识比较成功。

2）已知的事实和知识库中的任何知识都比较不成功。

3）已知的事实能和知识库中的多条知识比较成功。或者多个（组）已知的事实都能和知识库中的某一条知识比较成功；或者有多个（组）已知的事实能和知识库中的多条知识比较成功。

这里已知的事实和知识库中的知识比较成功的意思是，对于正向推理来说，是指产生式规则的条件和已知的事实比较成功；对于逆向推理来说，是指产生式规则的结果和假设比较成功。

对于第一种情况，因为只有一条知识能比较成功，所以它就是可以用的知识，可以直接用它进行当前的推理。

对于第二种情况，因为找不到能和已知事实比较成功的知识，所以推理无法继续下去。这可能是因为知识库中缺少一些必要的知识，或者是因为要解决的问题超出了系统能力范围等。此时，可以根据当前的实际情况做相应的处理。

对于第三种情况，和第二种情况相反，推理过程中不是只有一条知识能比较成功，而是有多条知识能比较成功，这就叫作发生了冲突。按照一定的方法从比较成功的多条知识中挑出一条用于当前推理的过程叫作冲突消解。解决冲突时用到的方法叫作冲突消解方法。对于正向推理来说，它会决定选择哪一组已知事实来激活哪一条产生式规则，让它用于当前推理，得到结果所指出的结论或执行相应的操作。对于逆向推理来说，它会决定哪一个假设和哪一个产生式规则的结果进行比较，从而得到相应的条件，作为新的假设。

现在已经有很多种消解冲突的方法，它们都是基于对知识进行排序。常用的有以下几种。

1. 按规则的针对性排序

这种方法是优先选择条件更多的产生式规则。如果 r_2 的条件包括了 r_1 的所有条件，而且还有其他条件，就说 r_2 比 r_1 更有针对性，r_1 比 r_2 更有通用性。所以，当 r_2 和 r_1 发生冲突时，优先选择 r_2。因为其条件更多，其结果更接近目标，一旦满足了，就可以缩短推理过程。

2. 按已知事实的新鲜性排序

在产生式系统的推理过程中，每用一条产生式规则就会得到一个或多个结论或者执行某个操作，数据库就会增加新的事实。另外，推理时还会向用户询问相关的信息，也会改变数据库的内容。一般把数据库中后来出现的事实叫作新鲜的事实，也就是说后出现的事实比先出现的事实更新鲜。如果一条规则用了之后得到了多个结论，可以认为这些结论有相同的新鲜度，也可以认为排在前面（或后面）的结论更新鲜，根据具体情况而定。

假设规则 r_1 能和事实组 A 比较成功，规则 r_2 能和事实组 B 比较成功，那么 A 和 B 中哪一组更新鲜，就用哪一条规则先进行推理。

怎么判断 A 和 B 中哪一组事实更新鲜呢？常用的方法有以下三种：

1）将 A 和 B 中的事实一个一个地比较它们的新鲜度，如果 A 中有更多的事实比 B 中的事实更新鲜，就认为 A 比 B 新鲜。比如，假设 A 和 B 中各有 5 个事实，而 A 中有 3 个事实比 B 中的事实更新鲜，就认为 A 比 B 新鲜。

2）把 A 中最新鲜的事实和 B 中最新鲜的事实进行比较，哪一个更新鲜，就认为对应的事实组更新鲜。

3）把 A 中最不新鲜的事实和 B 中最不新鲜的事实进行比较，哪一个更不新鲜，就认为对应的事实组更不新鲜。

3. 按匹配度排序

在不确定性推理中，需要计算已知事实和知识的相似度，当它们的相似度达到一定的标准时，就认为它们是可以比较成功的。如果产生式规则 r_1 和 r_2 都能比较成功，就优先选择相似度更高的产生式规则。

4. 条件个数排序

如果有多条产生式规则得到的结果一样，就优先选择条件少的产生式规则，因为条件少的规则比较时用的时间少。

在实际应用中，可以把上面的几种方法结合起来，尽量减少冲突的出现，让推理更快且更有效。

3.2　自然演绎推理

自然演绎推理是指从一组已知为真的事实出发，运用经典逻辑的推理规则，直接得出结论的过程。经典逻辑的推理规则包括 P 规则、T 规则、假言推理、拒取式推理等。其中，假言推理和拒取式推理是常用的两种形式。

假言推理的一般形式是

$$P, P \rightarrow Q \Rightarrow Q$$

它表示：如果已知 $P \rightarrow Q$ 为真，并且 P 也为真，那么可以推出 Q 为真。

例如，已知"如果 x 是金属，那么 x 能导电"为真，并且"铜是金属"也为真，那么可以推出"铜能导电"的结论。

拒取式推理的一般形式是

$$P \rightarrow Q, \neg Q \Rightarrow \neg P$$

它表示：如果已知 $P \rightarrow Q$ 为真，并且 Q 为假，那么可以推出 P 为假。

例如，已知"如果下雨，那么地上就湿"为真，并且"地上不湿"为假，那么可以推出"没有下雨"的结论。

在使用这两种推理时，要注意避免两种常见的错误：肯定后件和否定前件。

肯定后件是指，在已知 $P \rightarrow Q$ 为真的情况下，通过肯定 Q 为真来推出 P 为真。这是不合逻辑的。

例如，伽利略在论证哥白尼的日心说时，曾使用了如下推理：

1）如果行星系统是以太阳为中心的，那么金星会显示出位相变化。

2）金星显示出位相变化（肯定后件）。

3）所以，行星系统是以太阳为中心。

这里使用了肯定后件的推理，违反了经典逻辑规则，因此受到了批评。

否定前件是指，在已知 $P{\rightarrow}Q$ 为真的情况下，通过否定 P 为假来推出 Q 为假。这也是不合逻辑的。

例如，下面的推理就使用了否定前件的推理，违反了逻辑规则：

1）如果下雨，那么地上是湿的。

2）没有下雨（否定前件）。

3）所以，地上不湿。

这显然是不正确的。因为即使没有下雨，地上也可能因为其他原因而湿。事实上，只要仔细分析蕴涵 $P{\rightarrow}Q$ 的定义，就会发现当 $P{\rightarrow}Q$ 为真时，肯定后件或否定前件所得的结论都不能确定，可能为真也可能为假。

下面举例说明自然演绎推理方法。

例 3.1 设已知如下事实：

1）凡是容易的课程小张（Zhang）都喜欢。

2）A 班的课程都是容易的。

3）C++是 A 班的一门课程。

求证：小张喜欢 C++这门课程。

证明 首先定义谓词：

EASY(x)：x 是容易的；

LIKE(x,y)：x 喜欢 y；

$A(x)$：x 是 A 班的一门课程。

把上述已知事实及待求证的问题用谓词公式表示出来：

($\forall x$)(EASY(x)→LIKE(Zhang,x))　　　凡是容易的课程小张都是喜欢的；

($\forall x$)($A(x)$→EASY(x))A 班的课程都是容易的；

A(C++)C++是 A 班的课程；

LIKE(Zhang,C++)　　　　　　　小王喜欢 C++这门课程是待求证的问题。

应用推理规则进行推理：

因为

$$(\forall x)(EASY(x)\rightarrow LIKE(Zhang,x))$$

所以由全称固化得

$$EASY(z)\rightarrow LIKE(Zhang,z)$$

因为

$$(\forall x)(A(x)\rightarrow EASY(x))$$

所以由全称固化得

$$A(y)\rightarrow EASY(y)$$

由 P 规则及假言推理得

$$A(C++),A(y)\rightarrow EASY(y)\Rightarrow EASY(C++)$$
$$EASY(C++),EASY(z)\rightarrow LIKE(Zhang,z)$$

由 T 规则及假言推理得

$$\text{LIKE}(\text{Zhang}, \text{C}++)$$

即小张喜欢 C++ 这门课程。

通常情况下，从已知事实推出的结论可能有很多，只要其中有要证明的结论，就说明问题解决了。

自然演绎推理的优点是表达定理证明过程很自然，容易理解，而且它有很多推理规则，推理过程灵活，可以在它的推理规则中加入领域相关的启发式知识。但它也有一个缺点，就是容易导致组合爆炸，也就是说推理过程中产生的中间结论会呈指数级增长，这对于一个大的推理问题来说是非常不利的。

3.3 谓词公式化为子句集的方法

在谓词逻辑中，有这样一些定义：

原子谓词公式是一个最简单的命题，不能再分成更小的部分。

原子谓词公式和它的否定，都叫作文字。P 是一个正文字，表示 P 是真的。$\neg P$ 是一个负文字，表示 $\neg P$ 是假的。P 和 $\neg P$ 互相矛盾，叫作互补文字。

如果把一些文字用或连接起来，就得到一个子句。任何一个文字自己也可以看作一个子句。

如果把一些子句放在一起，就得到一个子句集。

一种特殊的子句，里面什么文字都没有，叫作空子句，用 NIL 表示。

空子句没有任何内容，所以它永远是假的，不能被任何情况满足，叫作不可满足的。

在谓词逻辑中，可以用一些等价关系和推理规则，把任何一个谓词公式变成一个相应的子句集。这样就可以更容易地判断谓词公式是否不可满足。下面用一个具体的例子，来说明把谓词公式化为子句集的方法。

例 3.2 将下列谓词公式化为子句集：

$$(\forall x)((\forall y)P(x,y)) \rightarrow \neg(\forall y)(Q(x,y) \rightarrow R(x,y))$$

解：

（1）消去谓词公式中的"→"和"↔"符号

利用谓词公式的等价关系：

$$P \rightarrow Q \Leftrightarrow \neg P \vee Q$$

$$P \leftrightarrow Q \Leftrightarrow (P \wedge Q) \vee (\neg P \wedge \neg Q)$$

上例等价变换为

$$(\forall x)(\neg(\forall y)P(x,y) \vee \neg(\forall y)(\neg Q(x,y) \vee R(x,y)))$$

（2）把否定符号移到紧靠谓词的位置上

利用谓词公式的等价关系：

双重否定律 $\qquad\qquad\qquad \neg(\neg P) \Leftrightarrow P$

德摩根律 $\qquad\qquad\qquad \neg(P \wedge Q) \Leftrightarrow \neg P \vee \neg Q$

$$\neg(P \vee Q) \Leftrightarrow \neg P \wedge \neg Q$$

量词转换律 $\qquad \neg(\forall x)P \Leftrightarrow (\exists x)\neg P$

$\neg(\exists x)P \Leftrightarrow (\forall x)\neg P$

把否定符号移到紧靠谓词的位置上，减少了否定符号的辖域。

上例等价变换为

$$(\forall x)((\exists y)\neg P(x,y) \lor (\exists y)(Q(x,y) \land \neg R(x,y)))$$

（3）变量标准化

变量标准化的意思是给变量换个名字，让每个量词用不同的变量，这样就不会混淆不同量词的作用范围。这是因为在一个量词的作用范围内，被这个量词限制的变量是一个哑变量（假想的变量），它可以在这个范围内用另一个没有用过的任意变量替换，而不会影响谓词公式的真假。

$$(\forall x)P(x) \equiv (\forall y)P(y)$$
$$(\exists x)P(x) \equiv (\exists y)P(y)$$

上例等价变换为

$$(\forall x)((\exists y)\neg P(x,y) \lor (\exists z)(Q(x,z) \land \neg R(x,z)))$$

（4）消去存在量词

分两种情况：

有时候，存在量词不受全称量词的影响。这种情况下，我们可以用一个具体的个体来代替存在量词所限定的变量，从而消去存在量词。这样做是合理的，因为如果原来的语句是真的，那么总能找到一个个体，使得代替后的语句也是真的。这个个体就叫作 Skolem 常数，它是一个没有变量的常数。

有时候，存在量词受到一个或多个全称量词的影响。这种情况下，我们可以用一个函数来代替存在量词所限定的变量，从而消去存在量词。这样做是合理的，因为我们可以认为存在的个体是由全称量词所限定的个体决定的，它们之间的关系由函数来描述。这个函数就叫作 Skolem 函数，它是一个含有变量的函数。

对于一般情况

$$(\forall x_1)(\forall x_2)\cdots(\forall x_n)(\exists y)P(x_1,x_2,\cdots,x_n,y)$$

存在量词 y 的 Skolem 函数记为

$$y=f(x_1,x_2,\cdots,x_n)$$

可见，Skolem 函数把每个 $x_1,x_2,\cdots,x_n$ 值，映射到存在的那个 y。

用 Skolem 函数代替每个存在量词量化的变量的过程称为 Skolem 化。Skolem 函数所使用的函数符号必须是新的。

对于上面的例子，存在量词（$\exists y$）及（$\exists z$）都位于全称量词（$\forall x$）的辖域内，所以都需要用 Skolem 函数代替。设 y 和 z 的 Skolem 函数分别记为 $f(x)$ 和 $g(x)$，则替换后得到

$$(\forall x)(\neg P(x,f(x)) \lor (Q(x,g(x)) \land \neg R(x,g(x))))$$

（5）化为前束形

所谓前束形，就是把所有的全称量词都移到公式的前面，使每个量词的辖域都包括公式后的整个部分，即

前束形 =（前缀）｜母式｜

其中，（前缀）是全称量词串，|母式|是不含量词的谓词公式。

对于上面的例子，因为只有一个全称量词，而且已经位于公式的最左边，所以，这一步不需要做任何工作。

（6）化为 Skolem 标准形

Skolem 标准形的一般形式是

$$(\forall x_1)(\forall x_2)\cdots(\forall x_n)M$$

式中，M 是子句的合取式，称为 Skolem 标准形的母式。

一般利用

$$P \vee (Q \wedge R) \Leftrightarrow (P \vee Q) \wedge (P \vee R)$$

或

$$P \wedge (Q \vee R) \Leftrightarrow (P \wedge Q) \vee (P \wedge R)$$

把谓词公式化为 Skolem 标准形。

对于上面的例子，有

$$(\forall x)((\neg P(x,f(x)) \vee Q(x,g(x))) \wedge (\neg P(x,f(x)) \vee \neg R(x,g(x))))$$

（7）略去全称量词

由于公式中所有变量都是全称量词量化的变量，因此，可以略去全称量词。母式中的变量仍然认为是全称量词量化的变量。

对于上面的例子，有

$$(\neg P(x,f(x)) \vee Q(x,g(x))) \wedge (\neg P(x,f(x)) \vee \neg R(x,g(x)))$$

（8）消去合取词，把母式用子句集表示

对于上面的例子，有

$$\{\neg P(x,f(x)) \vee Q(x,g(x))) \wedge (\neg P(x,f(x)) \vee \neg R(x,g(x)))\}$$

（9）子句变量标准化，即使每个子句中的变量符号不同

谓词公式的性质有

$$(\forall x)[P(x) \wedge Q(x)] \equiv (\forall x)P(x) \wedge (\forall y)Q(y)$$

对于上面的例子，有

$$\{\neg P(x,f(x)) \vee Q(x,g(x)), \neg P(y,f(y)) \vee \neg R(y,g(y))\}$$

显然，在子句集中各子句之间是合取关系。

上面介绍了将谓词公式化为子句集的步骤。下面再举几个例子进一步说明。

例 3.3　将下列谓词公式化为子句集：

$$(\forall x)\{[\neg P(x) \vee \neg Q(x)] \rightarrow (\forall y)[S(x,y) \wedge Q(x)]\} \wedge (\forall x)[P(x) \vee B(x)]$$

解：

（1）消去蕴涵符号

$$(\forall x)\{\neg[\neg P(x) \vee \neg Q(x)] \vee (\exists y)[S(x,y) \wedge Q(x)]\} \wedge (\forall x)[P(x) \vee B(x)]$$

（2）把否定符号移到每个谓词的前面

$$(\forall x)\{[P(x) \wedge Q(x)] \vee (\exists y)[S(x,y) \wedge Q(x)]\} \wedge (\forall x)[P(x) \vee B(x)]$$

（3）变量标准化

$$(\forall x)\{[P(x) \wedge Q(x)] \vee (\exists y)[S(x,y) \wedge Q(x)]\} \wedge (\forall w)[P(w) \vee B(w)]$$

（4）消去存在量词

设 y 的 Skolem 函数是 $f(x)$，则

$(\forall x)(\forall w)\{[P(x)\wedge Q(x)]\vee[S(x,f(x))\wedge Q(x)]\}\wedge(\forall w)[P(w)\vee B(w)]$

（5）化为前束形

$(\forall x)(\forall w)\{\{[P(x)\wedge Q(x)]\vee[S(x,f(x))\wedge Q(x)]\}\wedge[P(w)\vee B(w)]\}$

（6）化为 Skolem 标准形

根据

$$P\wedge(Q\vee R)\Leftrightarrow(P\wedge Q)\vee(P\wedge R)$$

或者

$$(P\wedge Q)\vee(P\wedge R)\Leftrightarrow P\wedge(Q\vee R)$$

可以得到

$(\forall x)(\forall w)\{\{[Q(x)\wedge P(x)]\vee[Q(x)\wedge S(x,f(x))]\}\wedge[P(w)\vee B(w)]\}$

$\qquad(\forall x)(\forall w)\{Q(x)\wedge[P(x)\vee S(x,f(x))]\wedge[P(w)\vee B(w)]\}$

（7）略去全称量词

$$Q(x)\wedge[P(x)\vee S(x,f(x))]\wedge[P(w)\vee B(w)]$$

（8）消去合取词，把母式用子句集表示

$$\{Q(x),P(x)\vee S(x,f(x)),P(w)\vee B(w)\}$$

（9）子句变量标准化，即使每个子句中的变量符号不同

$$\{Q(x),P(y)\vee S(y,f(y)),P(w)\vee B(w)\}$$

例 3.4 将下列谓词公式化为子句集：

$(\forall x)\{P(x)\rightarrow\{(\forall y)[P(y)\rightarrow P(f(x,y))]\wedge\neg(\forall y)[Q(x,y)\rightarrow P(y)]\}\}$

解：

（1）消去蕴涵符号

$(\forall x)\{\neg P(x)\vee\{(\forall y)[\neg P(y)\vee P(f(x,y))]\wedge\neg(\forall y)[\neg Q(x,y)\vee P(y)]\}\}$

（2）把否定符号移到每个谓词的前面

$(\forall x)\{\neg P(x)\vee\{(\forall y)[\neg P(y)\vee P(f(x,y))]\wedge(\exists y)[\neg[\neg Q(x,y)\vee P(y)]]\}\}$

$\qquad(\forall x)\{\neg P(x)\vee\{(\forall y)[\neg P(y)\vee P(f(x,y))]\wedge(\exists y)[Q(x,y)\wedge\neg P(y)]\}\}$

（3）变量标准化

$(\forall x)\{\neg P(x)\vee\{(\forall y)[\neg P(y)\vee P(f(x,y))]\wedge(\exists w)[Q(x,w)\wedge\neg P(w)]\}\}$

（4）消去存在量词

设 w 的 Skolem 函数是 $g(x)$，则

$(\forall x)\{\neg P(x)\vee\{(\forall y)[\neg P(y)\vee P(f(x,y))]\wedge[Q(x,g(x))\wedge\neg P(g(x))]\}\}$

（5）化为前束形

$(\forall x)(\forall y)\{\neg P(x)\vee\{[\neg P(y)\vee P(f(x,y))]\wedge[Q(x,g(x))\wedge\neg P(g(x))]\}\}$

（6）化为 Skolem 标准形

$(\forall x)(\forall y)\{[\neg P(x)\vee\neg P(y)\vee P(f(x,y))]\wedge[\neg P(x)\vee Q(x,g(x))]\wedge[\neg P(x)\vee\neg P(g(x))]\}$

（7）略去全称量词

$\{[\neg P(x)\vee\neg P(y)\vee P(f(x,y))]\wedge[\neg P(x)\vee Q(x,g(x))]\wedge[\neg P(x)\vee\neg P(g(x))]\}$

（8）消去合取词，把母式用子句集表示

$$\{\neg P(x)\vee\neg P(y)\vee P(f(x,y)),\neg P(x)\vee Q(x,g(x)),\neg P(x)\vee\neg P(g(x))\}$$

（9）子句变量标准化，即使每个子句中的变量符号不同

$$\{\neg P(x_1)\vee\neg P(y)\vee P(f(x_1,y)),\neg P(x_2)\vee Q(x_2,g(x_2)),\neg P(x_3)\vee\neg P(g(x_3))\}$$

例 3.5　将下列谓词公式化为不含存在量词的前束形：

$$(\exists x)(\exists y)((\forall z)(P(z)\wedge\neg Q(x,z))\rightarrow R(x,y,f(a)))$$

解：

消去存在量词，得

$$(\exists y)((\forall z)(P(z)\wedge\neg Q(b,z))\rightarrow R(b,y,f(a)))$$

消去蕴涵符号，得

$$(\exists y)(\neg(\forall z)(P(z)\wedge\neg Q(b,z))\vee R(b,y,f(a)))$$
$$(\exists y)((\forall z)(\neg P(z)\vee Q(b,z))\vee R(b,y,f(a)))$$

设 z 的 Skolem 函数是 $g(y)$，则有

$$(\exists y)(\neg P(g(y))\vee Q(b,g(y)))\vee R(b,y,f(a)))$$

上面把谓词公式化成了相应的子句集，下面的定理表明两者的不可满足性是等价的。

定理 3.1　谓词公式不可满足的充要条件是其子句集不可满足。

由此定理可知，要证明一个谓词公式是不可满足的，只要证明相应的子句集是不可满足的就可以了。如何证明一个子句集是不可满足的呢？下面介绍一下鲁滨逊归结原理。

3.4　鲁滨逊归结原理

经过分析，谓词公式的不可满足性分析可以转化为子句集中子句的不可满足性分析。那么，如何判定一个子句集是否不可满足呢？首先，需要对子句集中的每个子句进行判定。其次，需要对个体域上的所有解释进行检验。只有当一个子句对任何非空个体域上的任何解释都不可满足时，才能说这个子句是不可满足的。这是一项非常困难的任务，要在计算机上实现它的证明过程更是难上加难。1965 年，鲁滨逊提出了归结原理，为机器定理证明开辟了新的途径。

鲁滨逊归结原理也叫消解原理，是一种证明子句集不可满足性的理论和方法，是机器定理证明的基础。

从谓词公式转化为子句集的过程可以看出，子句集中的子句是合取关系，只要有一个子句不可满足，就意味着整个子句集不可满足。由于空子句是不可满足的，所以如果一个子句集中包含空子句，那么这个子句集一定是不可满足的。鲁滨逊归结原理就是基于这个思想提出来的。它的基本方法是：检查子句集 S 中是否包含空子句，如果包含，就说明 S 不可满足；如果不包含，就在子句集中选择合适的子句进行归结，直到通过归结得到空子句为止，这时就可以判定 S 是不可满足的。

1. 命题逻辑中的归结原理

定义 3.1　设 C_1 和 C_2 是子句集中的任意两个子句，如果 C_1 中的文字 L_1 和 C_2 中的文字 L_2 互补，那么从 C_1 和 C_2 中分别消去 L_1 和 L_2，并将两个子句中剩余的部分析取，构成一个

新子句 C_{12}，这一过程称为归结。C_{12} 称为 C_1 和 C_2 的归结式，C_1 和 C_2 称为 C_{12} 的亲本子句。

下面举例说明具体的归结方法。

例如，在子句集中取两个子句 $C_1 = P$，$C_2 = \neg P$，可见，C_1 与 C_2 中的文字是互补的，则通过归结可得归结式 $C_{12} = \text{NIL}$。这里 NIL 代表空子句。

又如，设 $C_1 = \neg P \lor Q \lor R$，$C_2 = \neg Q \lor S$，可见，这里 $L_1 = Q$，$L_2 = \neg Q$，通过归结可得归结式 $C_{12} = \neg P \lor R \lor S$。

例如，设 $C_1 = \neg P \lor Q$，$C_2 = \neg Q \lor R$，$C_3 = P$。

首先对 C_1 和 C_2 进行归结，得到

$$C_{12} = \neg P \lor R$$

然后再用 C_{12} 与 C_3，进行归结，得到

$$C_{123} = R$$

如果首先对 C_1 和 C_3 进行归结，然后再把其归结式与 C_2 进行归结，将得到相同的结果。归结过程可用树形图直观地表示出来，如图 3-5 所示。

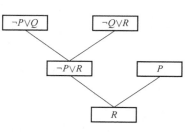

图 3-5　归结过程的树形表示

定理 3.2　归结式 C_{12} 是其亲本子句 C_1 与 C_2 的逻辑结论。即如果 C_1 与 C_2 为真，则 C_{12} 为真。

证明　设 $C_1 = L \lor C_1'$，$C_2 = L \lor C_2'$

通过归结可以得到 C_1 和 C_2 的归结式 $C_{12} = C_1' \lor C_2'$。

因为

$$C_1' \lor L \Leftrightarrow \neg C_1' \to L$$

$$\neg L \lor C_2' \Leftrightarrow L \to C_2'$$

所以

$$C_1 \land C_2 = (\neg C_1' \to L) \land (L \to C_2')$$

根据假言三段论得到

$$(\neg C_1' \to L) \land (L \to C_2') \Rightarrow \neg C_1' \to C_2'$$

因为

$$\neg C_1' \to C_2' \Leftrightarrow C_1' \lor C_2' = C_{12}$$

所以

$$C_1 \land C_2 \Rightarrow C_{12}$$

由逻辑结论的定义即由 $C_1 \land C_2$ 的不可满足性可推出 C_{12} 的不可满足性，可知 C_{12} 是其亲本子句 C_1 和 C_2 的逻辑结论。

（证毕）

这个定理是归结原理中的一个很重要的定理。由它得到如下两个重要的推论。

推论 1　设 C_1 和 C_2 是子句集 S 中的两个子句，C_{12} 是它们的归结式，若用 C_{12} 代替 C_1 和 C_2 后得到新子句集 S_1，则由 S_1 的不可满足性可推出原子句集 S 的不可满足性，即

$$S_1 \text{ 的不可满足性} \Rightarrow S \text{ 的不可满足性}$$

推论 2　设 C_1 和 C_2 是子句集 S 中的两个子句，C_{12} 是它们的归结式，若把 C_{12} 加入原子句集 S 中，得到新子句集 S_2，则 S 与 S_2 在不可满足的意义上是等价的，即

$$S_2 \text{ 的不可满足性} \Rightarrow S \text{ 的不可满足性}$$

这两个推论说明：为了证明子句集 S 的不可满足性，只要对其中可进行归结的子句进行归结，并把归结式加入子句集 S，或者用归结式替换它的亲本子句，然后对新子句集（S_1 或 S_2）证明不可满足性就可以了。注意到空子句是不可满足的，因此，如果经过归结能得到空子句，则可立即得到原子句集 S 是不可满足的结论。这就是用归结原理证明子句集不可满足性的基本思想。

2. 谓词逻辑中的归结原理

在谓词逻辑中，由于子句中含有变元，所以不能像命题逻辑那样直接消去互补文字，而需要先用最一般合一对变元进行代换，然后才能进行归结。

例如，设有如下两个子句

$$C_1 = P(x) \vee Q(x)$$
$$C_2 = \neg P(a) \vee R(y)$$

由于 $P(x)$ 与 $P(a)$ 不同，所以 C_1 与 C_2 不能直接进行归结，但若用最一般合一

$$\sigma = \{a/x\}$$

对两个子句分别进行代换

$$C_1\sigma = P(a) \vee Q(a)$$
$$C_2\sigma = \neg P(a) \vee R(y)$$

就可对它们进行直接归结，消去 $P(a)$ 与 $\neg P(a)$，得到如下归结式

$$Q(a) \vee R(y)$$

下面给出谓词逻辑中关于归结的定义。

定义 3.2　设 C_1 与 C_2 是两个没有相同变元的子句，L_1 和 L_2 分别是 C_1 和 C_2 中的文字，若 σ 是 L_1 和 $\neg L_2$ 的最一般合一，则称

$$C_{12} = (C_1\sigma - \{L_1\sigma\}) \vee (C_2\sigma - \{L_2\sigma\})$$

为 C_1 和 C_2 的二元归结式。

例 3.6　设 $C_1 = P(a) \vee \neg Q(x) \vee R(x), C_2 = \neg P(y) \vee Q(b)$，求其二元归结式。

解：若选 $L_1 = P(a), L_2 = \neg P(y)$，则 $\sigma = \{a/y\}$ 是 L_1 与 $\neg L_2$ 的最一般合一。因此，

$$C_1\sigma = P(a) \vee \neg Q(x) \vee R(x)$$
$$C_2\sigma = \neg P(a) \vee Q(b)$$

根据定义可得

$$\begin{aligned} C_{12} &= (C_1\sigma - \{L_1\sigma\}) \vee (C_2\sigma - \{L_2\sigma\}) \\ &= (\{P(a), \neg Q(x), R(x)\} - \{P(a)\}) \vee (\{\neg P(a), Q(b)\} - \{\neg P(a)\}) \\ &= (\{\neg Q(x), R(x)\}) \vee (\{Q(b)\}) \\ &= \{\neg Q(x), R(x), Q(b)\} \\ &= \neg Q(x) \vee R(x) \vee Q(b) \end{aligned}$$

若选 $L_1 = \neg Q(x), L_2 = Q(b), \sigma = \{b/x\}$，则可得

$$\begin{aligned} C_{12} &= (\{P(a), \neg Q(x), R(b)\} - \{\neg Q(b)\}) \vee (\{\neg P(y), Q(b)\} - \{Q(b)\}) \\ &= (\{P(a), R(b)\}) \vee (\{\neg P(y)\}) \end{aligned}$$

$$= \{P(a), R(b), \neg P(y)\}$$
$$= P(a) \vee R(b) \vee \neg P(y)$$

例 3.7 设 $C_1 = P(x) \vee Q(a)$，$C_2 = \neg P(b) \vee R(x)$，求其二元归结式。

解： 由于 C_1 与 C_2 有相同的变元，不符合定义的要求。为了进行归结，需修改 C_2 中的变元的名字，令 $C_2 = \neg P(b) \vee R(y)$。此时，$L_1 = P(x), L_2 = \neg P(b)$。

L_1 与 $\neg L_2$ 的最一般合一 $\sigma = \{b/x\}$，则

$$C_{12} = (\{P(b), Q(a)\} - \{P(b)\}) \vee (\{\neg P(b), R(y)\} - \{P(b)\})$$
$$= \{Q(a), R(y)\}$$
$$= Q(a) \vee R(y)$$

如果在参加归结的子句内部含有可合一的文字，则在归结之前应对这些文字先进行合一。

例 3.8 设有如下两个子句 $C_1 = P(x) \vee P(f(a)) \vee Q(x)$，$C_2 = \neg P(y) \vee R(b)$，求其二元归结式。

解： 在 C_1 中有可合一的文字 $P(x)$ 与 $P(f(a))$，若用它们的最一般合一 $\theta = \{f(a)/x\}$ 进行代换，得到 $C_1\theta = P(f(a)) \vee Q(f(a))$。此时可对 $C_1\theta$ 和 C_2 进行归结，从而得到 C_1 与 C_2 的二元归结式。

对 $C_1\theta$ 和 C_2 分别选 $L_1 = P(f(a))$，$L_2 = \neg P(y)$。L_1 和 $\neg L_2$ 的最一般合一是 $\sigma = \{f(a)/y\}$，则 $C_{12} = R(b) \vee Q(f(a))$。

在上例中，把 $C_1\theta$ 称为 C_1 的因子。一般来说，若子句 C 中有两个或两个以上的文字具有最一般合一 σ，则称 $C\sigma$ 为子句 C 的因子。如果 $C\sigma$ 是一个单文字，则称它为 C 的单元因子。

应用因子的概念，可对谓词逻辑中的归结原理给出如下定义。

定义 3.3 子句 C_1 和 C_2 的归结式是下列二元归结式之一：

1）C_1 与 C_2 的二元归结式。
2）C_1 的因子 $C_1\sigma_1$ 与 C_2 的二元归结式。
3）C_1 与 C_2 的因子 $C_2\sigma_2$ 的二元归结式。
4）C_1 的因子 $C_1\sigma_1$ 与 C_2 的因子 $C_2\sigma_2$ 的二元归结式。

与命题逻辑中的归结原理相同，谓词逻辑的归结式也是由它的亲本子句推导出来的。如果用归结式替换子句集 S 中的亲本子句，那么新的子句集和原来的子句集一样，都是不可满足的。

对于一阶谓词逻辑，归结原理还具有完备性，也就是说，如果一个子句集不可满足，那么一定能从它推导出空子句；反过来，如果能从一个子句集推导出空子句，那么这个子句集也不可满足。归结原理的完备性可以用海伯伦的理论来证明，这里不再详述。

需要指出的是，如果没有推导出空子句，不能断定 S 是不是可满足的。

因为有两种可能：一种是 S 确实是可满足的，所以推导不出空子句；另一种是 S 不可满足，但没有找到正确的推导步骤。但是，如果确定不存在任何方法能推导出空子句，那么就可以肯定 S 是可满足的。

归结原理虽然强大，但也有一定的局限性。

3.5　归结反演

归结原理是一种证明子句集不可满足性的方法。要证明 Q 是 $P_1, P_2, \cdots, P_n$ 的逻辑结论，只要证明 $(P_1 \land P_2 \land \cdots \land P_n) \land \neg Q$ 是不可满足的就行了。

根据定理 3.1，谓词公式的不可满足性和它的子句集的不可满足性是等价的。所以，我们可以用归结原理来自动证明定理。

用归结原理证明定理的过程叫作归结反演。归结反演的一般步骤如下：

1) 把已知前提用谓词公式 F 表示。
2) 把要证明的结论用谓词公式 Q 表示，并取反得到 $\neg Q$。
3) 把谓词公式集 $\{F, \neg Q\}$ 转化为子句集 S。
4) 用归结原理对子句集 S 中的子句进行归结，并把每次归结得到的归结式都加入 S 中。重复这个过程，直到出现空子句，就证明了 Q 是真的。

例 3.9　某公司招聘工作人员，A，B，C 三人应试，经面试后公司表示如下想法：

1) 三人中至少录取一人。
2) 如果录取 A 而不录取 B，则一定录取 C。
3) 如果录取 B，则一定录取 C。

求证：公司一定录取 C。

证明　设用谓词 $P(x)$ 表示录取 x，则把公司的想法用谓词公式表示如下：

（1）$P(A) \lor P(B) \lor P(C)$

（2）$P(A) \land \neg P(B) \rightarrow P(C)$

（3）$P(B) \rightarrow P(C)$

把要求证的结论用谓词公式表示出来并否定，得

（4）$\neg P(C)$

把上述公式化成子句集

（1）$P(A) \lor P(B) \lor P(C)$

（2）$\neg P(A) \lor P(B) \lor P(C)$

（3）$\neg P(B) \lor P(C)$

（4）$\neg P(C)$

应用归结原理进行归结

（5）$P(B) \lor P(C)$　　　　（1）与（2）归结

（6）$P(C)$　　　　　　　　（3）与（5）归结

（7）NIL　　　　　　　　　（4）与（6）归结

所以公司一定录取 C。

上述归结过程可用图 3-6 的归结树表示。

例 3.10　已知如下信息：

规则 1：任何人的兄弟不是女性。

规则 2：任何人的姐妹必是女性。

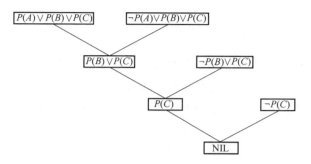

图 3-6   例 3.9 的归结树

事实：Mary 是 Bill 的姐妹。

求证：Mary 不是 Tom 的兄弟。

解：定义谓词：

brother(x,y)：x 是 y 的兄弟

sister(x,y)：x 是 y 的姐妹

woman(x)：x 是女性

把已知规则与事实表示成谓词公式，得

规则 1：$\forall x \forall y(\text{brother}(x,y) \rightarrow \neg \text{woman}(x))$

规则 2：$\forall x \forall y(\text{sister}(x,y) \rightarrow \text{woman}(x))$

事实：sister(Mary, Bill)

把要求证的结论表示成谓词公式，得

求证：$\neg$ brother(Mary, Tom)

化规则 1 为子句

$$\forall x \forall y(\neg \text{brother}(x,y) \vee \neg \text{woman}(x))$$

$$C_1 = \neg \text{brother}(x,y) \vee \neg \text{woman}(x)$$

化规则 2 为子句

$$\forall x \forall y(\neg \text{sister}(x,y) \vee \text{woman}(x))$$

$$C_2 = \neg \text{sister}(x,y) \vee \text{woman}(x)$$

事实原来就是子句形式

$$C_3 = \text{sister}(\text{Marry}, \text{Bill})$$

C_2 与 C_3 归结为

$$C_{23} = \text{woman}(\text{Marry})$$

C_{23} 与 C_1 归结为

$$C_{123} = \neg \text{brother}(\text{Marry}, y)$$

设 $C_4 = \text{brother}(\text{Marry}, \text{Tom})$，则

$$C_{1234} = \text{NIL}$$

所以，得证。

3.6　小结

1. 推理的概念

推理是指根据初始证据，利用知识库中的已知知识，按照一定的策略，逐步推导出结论的过程。推理有不同的类型，可以根据不同的标准进行分类。

按照推理的方向，可以分为演绎推理和归纳推理。演绎推理是从一般性知识出发，推出适用于某个具体情况的结论。这是一种由一般到个别的推理。归纳推理是从大量的具体事例中总结出一般性结论的推理。这是一种由个别到一般的推理。

按照推理中所涉及的知识和证据的确定性，可以分为确定性推理和不确定性推理。确定性推理是指在推理过程中，所用的知识和证据都是确定无疑的，因此得出的结论也是确定无疑的。不确定性推理是指在推理过程中，所用的知识和证据有一定的不确定性，因此得出的结论也有一定的不确定性。

按照推理中所使用的启发性知识的有无，可以分为启发式推理和非启发式推理。启发式推理是指在推理过程中，运用与推理相关的启发性知识来指导或优化推理过程。非启发式推理是指在推理过程中，不使用任何启发性知识，只依靠逻辑规则进行推理。

按照推理中所得到的结论是否随着新知识的加入而改变，可以分为单调推理和非单调推理。单调推理是指在推理过程中，随着新知识的加入，所得到的结论越来越多，越来越接近最终目标，但不会改变或否定之前已经得到的结论。非单调推理是指在推理过程中，由于新知识的加入，可能会导致之前已经得到的结论不再成立，需要撤销或修改它们，然后重新开始推理。

按照推理开始时所依据的信息来源，可以分为正向推理和逆向推理。正向推理是以已知事实为出发点，向前进行推理，直到达到某个目标或无法继续为止。逆向推理是以某个假设目标为出发点，向后进行推理，直到找到支持或反驳它的事实或无法继续为止。正向和逆向相结合的推理称为混合推理。

2. 推理的方法

自然演绎推理是一种从已知的真实事实出发，按照经典逻辑的规则，直接得出结论的思维方式。

由一个原子谓词公式或它的否定构成的表达式叫作文字。文字之间用或连接起来的表达式叫作子句。

任何一个谓词公式都可以转化成一组子句。如果一个谓词公式永远不可能成立，那么它对应的子句集也永远不可能成立。

鲁滨逊归结原理是一种用来证明子句集不可能成立的理论和方法，也是机器定理证明的基础。它的基本步骤是：把要证明的定理写成谓词公式，然后转化成子句集，接着对子句集进行归结操作，如果归结出了空子句，就说明定理成立。

📠 **思考题**

3.1　什么是推理、正向推理、逆向推理、混合推理？试列出常用的几种推理方式并列出每种推理方式的特点。

3.2 什么是冲突? 在产生式系统中解决冲突的策略有哪些?

3.3 什么是子句? 什么是子句集? 请写出求谓词公式子句集的步骤。

3.4 谓词公式与它的子句集等价吗? 在什么情况下它们才会等价?

3.5 引入鲁滨逊归结原理有何意义? 什么是归结原理? 什么是归结式?

3.6 设已知下述事实: A; B; $A \to C$; $B \land C \to D$; $D \to Q$。求证: Q 为真。

3.7 将下列谓词公式化为相应的子句集。

$$\neg \exists x \forall y \exists z \forall w P(x,y,z,w)$$

3.8 将下列逻辑表达式化为不含存在量词的前束式。

$$(\exists x)(\forall y)[(\forall z)P(x,z) \to R(x,y,f(a))]$$

3.9 把下列谓词公式分别化为相应的子句集

1) $(\forall z)(\forall y)(P(z,y) \land Q(z,y))$。

2) $(\forall x)(\forall y)(P(x,y) \to Q(x,y))$。

3) $(\forall x)(\exists y)(P(x,y) \lor Q(x,y) \to R(x,y))$。

4) $(\forall x)(\forall y)(P(x,y) \lor Q(x,y) \to R(x,y))$。

5) $(\forall x)(\forall y)(\exists z)(P(x,y) \to Q(x,y) \lor R(x,z))$。

6) $(\exists x)(\forall z)(\exists u)(\forall v)(\exists w)(P(x,z,u,v,w) \land (Q(x,z,u,v,w) \lor \neg R(x,z,u,v,w)))$。

7) $(\forall x)\{(\forall y)P(x,y) \to \neg (\forall y)[Q(x,y) \to R(x,y)]\}$。

3.10 判断下列子句集中哪些是不可满足的。

1) $S = \{\neg P \lor Q, \neg Q, P, \neg P\}$。

2) $S = \{P \lor Q, \neg P \lor Q, P \lor \neg Q, \neg P \lor \neg Q\}$。

3) $S = \{P(y) \lor Q(y), P(f(x)) \lor R(a)\}$。

4) $S = \{\neg P(x) \lor Q(x), \neg P(y) \lor R(y), P(a), S(a), \neg S(z) \lor \neg R(z)\}$。

5) $S = \{\neg P(x) \lor \neg Q(y) \lor \neg L(x,y), P(a), \neg R(z) \lor L(a,z), R(b), Q(b)\}$。

3.11 对下列各题分别证明 G 为 $F_1, F_2, \cdots, F_n$ 的逻辑结论。

1) $F_1: (\exists x)(\exists y)P(x,y)$

  $G: (\forall y)(\exists x)P(x,y)$。

2) $F_1: (\forall x)(P(x) \land (Q(a) \lor Q(b)))$

  $G: (\exists x)(P(x) \land Q(x))$。

3) $F_1: (\exists x)(\exists y)(P(f(x)) \land Q(f(y)))$

  $G: P(f(a)) \land P(y) \land Q(y)$。

4) $F_1: (\forall x)(P(x) \to (\forall y)(Q(y) \to \neg L(x,y)))$

  $F_2: (\exists x)(P(x) \land (\forall y)(R(y) \to L(x,y)))$

  $G: (\forall x)(R(x) \to \neg Q(x))$。

5) $F_1: (\forall x)(P(x) \to (Q(x) \land R(x)))$

  $F_2: (\exists x)(P(x) \land S(x))$

  $G: (\exists x)(S(x) \land R(x))$。

6) $F_1: (\forall z)(A(z) \land \neg B(z) \to (\exists y)(D(z,y) \land C(y)))$

$F_2:(\exists z)(E(z) \wedge A(z) \wedge (\forall y)(D(z,y) \rightarrow E(y)))$

$F_3:(\forall z)(E(z) \rightarrow \neg B(z))$

$G:(\exists z)(E(z) \wedge C(z))$。

3.12 已知：

1）能够阅读的都是有文化的。

2）海豚是没有文化的。

3）某些海豚是有智能的。

用归结原理证明：某些有智能的并不能阅读。

3.13 已知前提：每个储蓄钱的人都获得利息。

用归结原理证明：如果没有利息，那么就没有人去储蓄钱。

第 4 章

智能算法及其应用

本章首先介绍了智能算法中进化算法的产生与发展，然后再用较大篇幅讨论了遗传算法及其改进算法，最后针对粒子群优化算法和蚁群算法进行了分析讨论。

4.1 进化算法的产生与发展

4.1.1 进化算法的概念

进化算法是基于自然选择和自然遗传等生物进化机制的一种搜索算法。进化算法以达尔文的生物进化论为基础，通过模拟生物进化过程与机制的求解问题的自组织自适应的人工智能技术。这是一种借鉴生物界自然选择和自然遗传机制的随机搜索算法，这些方法本质上对达尔文的自然选择进行了各个方面的模拟，非常适合去解决传统算法难以解决的复杂的非线性问题。生物进化是通过繁殖、变异、竞争和选择实现的，而进化计算则是通过选择、重组、变异实现的优化问题的方法。

进化算法是一个算法簇，包括遗传算法、遗传规划、进化策略和进化规划等。尽管它有很多变化，有不同的遗传基因表达式，不同的交叉和变异算子，特殊算子的引用，以及不同的再生和选择方法。但产生的灵感一般都来自于大自然的自然选择和进化规则，进化算法的框架是基于遗传算法的描述。

与普通算法一样，进化算法也是一种迭代算法。不同的是在最优解搜索过程中，普通算法是从单一一个初始点开始搜索，而进化算法是从原问题的一组解出发去寻找另一组更优的解，然后再从这一组解去寻找一个更优的解，依次进行。而且进化算法不是对具体问题的某些特定参数进行处理，而是当原问题建立模型以后，还必须对原问题的解进行编码。

进化算法在搜索过程中利用结构化和随机性的信息，是满足目标的决策获得最大生存可能，是一种概率性算法在进化搜索中用目标函数的导数信息或具体问题有关的知识，因而进化算法具有广泛的应用性以及高度的非线性性、易修改性和可并行性。因此，与传统的基于微积分的方法和穷举法等优化算法相比，进化算法是一种具有高健壮性和广泛适用性的全局优化方法，具有自组织、自适应、自学习的特性，能够不受问题性质的限制，能适应不同的环境和不同的问题，有效地处理传统优化算法难以解决的大规模复杂优化问题。

4.1.2　进化算法的生物背景

进化算法类似于生物进化，生物进化是生物通过繁殖、变异，面对自然环境产生生物竞争然后再进行选择。能够生存并且繁衍下来的族群肯定是最适合自然环境条件下的。而进化算法则是通过模拟生物进化的进程，通过迭代的形式，从一个解到另一个更优的解最终找到最优解。因此，了解生物进化的过程，有助于理解遗传算法的工作过程。

物竞天择、适者生存，这揭露了在生物进化过程中，最适应自然法则的群体往往会更容易生存和繁衍下去进而获得最大的后代群体。

生物遗传物质的主要载体是染色体，DNA 是染色体上主要的遗传物质。染色体上的基因的位置被称为基因座，而基因所取的值又叫作等位基因。基因和基因座决定了染色体的特征，也决定了生物个体的性状。如眼睛的颜色是黑色、棕色或者蓝色等。

那我们以一个初始的生物群体为例，首先是生物的基因会产生变异，而这些变异会产生自然竞争，在自然选择的作用下会有一部分群体无法适应当前的环境而被淘汰，被淘汰的那部分将无法再进入自然选择的循环圈，而被选择留下的那部分群体则会形成一个种群。自然选择的过程遵循的是物竞天择、适者生存的自然法则，所以都有一个标准，那就是适应自然环境条件的得以存活。当然适应程度很高的个体并不是一定会进入这个循环圈，只是说进入这个循环圈的概率更大一些，而适应程度低的也不一定进不了这个循环圈，只是进入的概率低很多。这样就保存了物种的多样性。

生物进化中，种群经过婚配产生子代群体（简称子群）。在进化的过程中，可能会因为变异而产生新的个体。每个基因编码了生物机体的某种特征，如头发的颜色、耳朵的形状等。综合变异的作用使子群成长为新的群体而取代旧群体。在新的一个循环过程中，新的群体代替旧的群体而成为循环的开始。

4.1.3　进化算法的设计原则

一般来说进化算法分为以下几个步骤：先设置一组初始的解；然后去评估这组解的性能；从这组解中选择一些更适合的解作为迭代后的解的基础；接着以此为基础进行一系列操作获得迭代后的解；若这些解满足了条件的需要，则终止迭代；如果迭代后的解并不能满足需要，则将迭代后的解作为初始解再次迭代，直到获得满意的解。

设计进化算法的原则如下：

1）适应性原则：一个算法的适应性是指它能适应解决的问题的种类。它取决于算法所需的限制和假定优化的问题不同则处理的原则也不同。

2）可靠性原则：一个算法的可靠性是指算法对于所设计的问题，以适当的精度求解其中大多数问题的能力。因为演化计算的结果带有一定的随机性和不确定性，所以在设计算法时应尽量经过较大样本的检验，以确认算法是否具有较大的可靠度。

3）收敛性原则：指算法能否收敛到全局最优。在收敛的前提下，希望算法具有较快的收敛速度。

4）稳定性原则：指算法对其控制参数及问题的数据的敏感度。如果算法对其控制参数或问题的数据十分敏感，则依据它们取值的不同，将可能产生不同的结果，甚至过早地收敛到某一局部最优解。所以，在设计算法时应尽量使得算法对一组固定的控制参数能在较广泛的问题的数据范围内解题，而且对一组给定的问题数据，算法对其控制参数的微小扰动不很敏感。

5）生物类比原则：因为进化算法的设计思想是基于生物演化过程的，所以那些在生物界被认为是有效的方法及操作可以通过类比的方法引入算法中，有时会带来较好的结果。

4.2 遗传算法

所谓遗传算法顾名思义就是利用自然界的生物遗传和生物进化的过程，通过模仿这一规律而形成的算法。与自然环境的多边类似，我们处理的问题可能也面临条件发生变化，因此针对不同的问题也要进行不同的编码，以此来达到我们的目的。但是大多数的基本的遗传算法都是有共同特点的，就是通过生物进化遗传过程中的机理，即选择、交叉、变异来进行的，最终完成对问题最优解的自适应搜索过程。基于这个共同的特点，Goldberg 总结了基本遗传算法[4]，就是利用选择算子、交叉算子和遗传算子三种基本遗传算子，其遗传过程操作简单，极易理解，同时他也给其他遗传算法搭建了一个基本框架，进化算法的基本框架就是以此搭建而成的。

4.2.1 遗传算法的基本思想

遗传算法就是以达尔文的生物进化论为基础，利用了生物进化过程中适者生存的规律。在遗传算法中，数据和数组对应的就是生物遗传过程中的染色体，这通常是由一维的数据串结构来表示的。同样，数据串上的各个位置对应的就是染色体上的基因座，位置所包含的遗传信息就是染色体上的基因信息。遗传算法处理的是染色体，也可以成为基因型个体。首先是选择一个群体，当生物到了一定数量就会形成种群，种群中的生物数量称为种群规模，也就是种群的大小。种群中的各个个体对于环境的适应状况称为适应度。适应度大的个体则会有更大的生存下去的可能，因此将会有更大的可能被选择，适应度小的个体并不是不会被选择，只是被选择的可能性要小很多，这就好比在生物进化当中对环境适应度小的个体生存下去的可能性就会很小，但并不是就一定会死亡，凡事总有偶然的可能性，这就体现了物竞天择、适者生存的原理。选择两串数据进行交叉然后会产生一组新的数据串，这就类似生物进化过程中两个适应度大的个体会被选择然后繁衍出新的个体。在编码过程中某个份量的变化对应的其实就是生物遗传过程中的变异。

遗传算法包含两个数据转换的操作，从表现型到基因型的转换，将搜索空间中的参数或解转换为遗传空间中的染色体或个体，这一过程称为编码。另一种是从基因型到表现型的转化，把个体转化为搜索空间的参数，这个过程叫作解码。

遗传算法求解问题是从选择开始的，也就意味着一开始问题的求解有多个可能性，因此遗传算法是从多个解开始的，通过各种限制条件也就是所谓法则，然后一步一步地排除劣质的解，当然这个过程中也可能产生新的解，通过法则进行逐步的迭代，最终会形成一个最优解的集合，我们称为种群，记为 $F(t)$，这里 t 是指迭代步，就是演化的代数。一般地，$F(t)$ 中元素的个数是在整个迭代过程中固定的，因此可将种群的规模记为 M，种群中的元素称为染色体或者个体，记为 $x_1(t)$，$x_2(t)$，$x_3(t)$，$x_4(t)$，$x_5(t)$ 等在演化进行时，要选择当前解，然后进行交叉产生新一代的解。这些当前的解称为父解，新产生的解称为后代解。

4.2.2　遗传算法的发展历史

遗传算法是模拟达尔文生物进化论的自然选择和遗传学机理的生物进化过程的计算模型，是一种通过模拟自然进化过程搜索最优解的方法，它最初是由美国 Michigan 大学 J. Holland 教授于 1975 年提出来的，并出版了颇有影响的专著《Adaptation in Natural and Artificial Systems》，遗传算法这个名称才逐渐为人所知，J. Holland 教授所提出的遗传算法通常为简单遗传算法。

遗传算法兴盛于 20 世纪 80~90 年代，但它的历史可以追溯到 20 世纪 60~70 年代。一开始对遗传算法的研究是通过计算机对自然遗传系统进行模拟，特点主要是对某些复杂操作的研究。20 世纪 50 年代中期开始仿生学研究，这是连接生物与技术的桥梁，同时也为遗传算法的提出奠定了基础。20 世纪 60 年代，Holland，Bremermann 等人提出了遗传算法，Rechenberg，Schwefel 等人提出了进化策略，Fogel，Owens，Walsh 等人提出了进化规划。尽管这一时期提出了一些让人印象深刻的优化方法，但是对于遗传算法的研究都是没有明确的目标方向，缺乏带有指导性的理论和计算工具。直到 20 世纪 70 年代中期，由于密歇根大学的 J. Halland 和 DeJong 的创造性作品的出版，情况才有所改变。当然，早期的研究成果对遗传算法的发展仍有一定的影响，特别是一些有代表性的技术和方法被后来的遗传算法所吸收和发展。

1971 年，Hollstien 提出了第一个用于函数优化的遗传算法。在他的论文中，计算机控制系统对人工遗传自适应方法提出了一种用于数字反馈控制方法的遗传算法，但实际上主要讨论了两个变函数优化问题，其中，针对基因控制的优势、交叉和突变，以及各种编码技术进行了深入的研究。

1975 年是遗传算法研究史上非常重要的一年。Holland 在这一年出版了他的专著《自然系统和人工系统的自适应》，第一次系统地阐述了遗传算法，因此人们认为遗传算法诞生于 1975 年。Holland 在书中系统地阐述了遗传算法的基本理论和方法，并提出了遗传算法理论和发展重要模式理论的研究。该理论首次证实了重组遗传操作以获得隐式并行性的重要性。同年，K. A. De Jong 完成了他的博士论文《一类遗传自适应系统的行为分析》，可以看成是遗传算法研究历史上的一个里程碑，这是因为他把 Holland 的模式理论和他自己的计算实验结合到了一起，他的研究为遗传算法及其应用打下了坚实的基础，他的一些理论至今仍具有普遍指导意义。

进入 20 世纪 80 年代，遗传算法迎来了兴盛发展的时期，无论是理论研究还是应用研究都是十分火热的课题。1985 年，在美国召开了第一届遗传算法的国际学术会议，并且成立了遗传算法国际学术会，规定会议每两年举办一次。

1989 年，Holland 的学生 Goldberg 发表了自己的专著《搜索、优化和机器学习中的遗传算法》，该专著总结了此前遗传算法中的主要成果，对遗传算法进行了系统而全面的概括。

在欧洲，从 1990 年开始每两年举办一次"Parallel Problem Solving from Nature"学术年会，其中遗传算法是该会议极其重要的课题之一。此外，以遗传算法理论基础为中心的学术年会"Foundations of Genetic Algorithms"也是从 1990 年开始每两年举办一次。这些国际会议及论文反映了当时遗传算法的最新动向和发展前沿。

1991 年，D. Whitey 在他的论文中提出了基于领域交叉的交叉算子，这个算子是特别针对用符号表示的基因个体的交叉，并将其应用到了 TSP 问题当中，通过实验进行了验证。D. H. Ackley 提出的迭代遗传爬山法采用了一种复杂的概率选举机制，此机制中由 m 个投票者来共同决定新个体的值。实验结果表明此方法与单点交叉、均匀交叉的神经遗传算法相比，所测出来的数据具有更好的性能，也更有竞争力。

国内不少学者也对遗传算法的交叉算子进行了改进，例如 2002 年戴晓明等人应用多种群遗传并行进化的思想，对不同的种群基于不同的遗传策略并利用种群间迁移算子来进行遗传交流，以此来解决经典的遗传算法中收敛到局部的最优解问题。

随着应用领域的扩大，遗传算法的研究出现了一些引人注目的新趋势：一是基于遗传算法的机器学习，遗传算法搜索空间的新研究课题从传统的离散优化搜索算法扩展到具有独特生成规则的新型机器学习算法。在这种新的学习机制中，为解决人工智能优化提炼了知识获取的瓶颈问题，给知识带来了希望。二是遗传算法、神经网络和模糊计算等智能计算独立发展、相互渗透，对 21 世纪人工智能有很大的推动作用。三是并行处理的遗传算法的研究十分活跃。四是人工生命也开始登上科技舞台。五是遗传算法、进化策略、进化规划三大算法独立发展，同时又日益紧密结合，也给未来的人工智能发展带来了更多的可能。

4.2.3　编码

遗传算法中包含五个基本要素：参数编码、初始群体设定、适应度函数设计、遗传操作设计和控制参数设定。

编码的过程如图 4-1 所示。

图 4-1　编码的过程

遗传编程是一种自动化的方法，从一个高级问题声明创建一个工作计算机程序的问题。基因编程从一个"需要做什么"的高级声明开始，并自动创建一个计算机程序来解决这个问题。由于遗传算法不能直接处理问题空间的参数，因此必须通过编码将需要解决的问题表示成遗传空间的染色体或者个体。它们由基因按照一定的结构组成，由于遗传算法的健壮性，因此对于编码的要求并不苛刻。针对某一个问题，我们如何利用遗传算法去编码是一个重要的问题。目前还不存在一种通用的编码方法，特殊的问题一般采用针对性的编码去解决。

编码的原则如下：

1）完备性：问题空间的所有解都可以表示为所设计的基因型。

2）健全性：任何基因型都对应一个可能的解。

3）非冗余性：问题空间（表现型）和表达空间（基因型）一一对应。

1. 二进制编码

个体基因型使用二值符号集 $\{0,1\}$ 来构成，整个基因型是一个二进制编码符号串。二进制编码符号串的长度与问题所要求的求解精度有关。

优点：二进制算法的编码更接近于染色体的组成，从而使其与自然遗传特点更加贴近，可以更好地诠释生物自然遗传规律，并使得选择、交叉、变异更容易实现，更容易理解。此外，采用二进制算法，处理算法的模式也是最多的。

缺点：

1）对于一些连续函数的优化问题，由于其随机性使其局部搜索能力差，当接近最优解时，表现型的变异差距很大，而且不连续，导致最终远离最优解。

2）相邻整数的二进制编码可能具有较大的 Hamming 距离。例如，15 和 16 的二进制表示形式是 01111 和 10000。因此，要将算法从 15 改进为 16，必须更改所有位。这个缺陷会产生 Hamming 悬崖，这将降低遗传操作员的搜索效率。

3）二进制算法必须在一开始就要给出求解的精度，单精度给出后该算法在寻求最优解的过程中缺乏微调的功能，但是若给出的精度很高则会导致字符串过长，使算法的效率降低。

4）二进制算法在高维优化的过程中，编码字符串会很长，导致搜索效率降低。

2. Gray 编码

Gray 编码是其连续的两个整数所对应的编码之间只有一个码位是不同的，其余码位均相同，Gray 编码是将二进制编码进行一个转换而得到的编码。

有二进制编码到 Gray 编码的转换公式：

假设二进制编码 $B = b_m, b_{m-1}, \cdots, b_2, b_1$，对应的 Gray 编码 $G = g_m, g_{m-1}, \cdots, g_2, g_1$

$$g_m = b_m$$
$$g_i = (b_{i+1}) \oplus (b_i), i = m-1, m-2, \cdots, 2, 1$$

由 Gray 编码转二进制编码的公式为

$$b_m = g_m$$
$$b_i = (b_{i+1}) \oplus (g_i), i = m-1, m-2, \cdots, 2, 1$$

Gray 编码的特点是克服了二进制编码的 Hamming 悬崖的缺点，增强了遗传算法的局部搜索能力，便于连续函数的空间的局部搜索。

4.2.4　实数编码和浮点数编码

为克服二进制编码的缺点，对于问题的变量是实向量的情况，可以直接采用实数去编码。

实数编码是采用多个实数去表示问题中的基因型，然后在实数空间里进行操作。

浮点数编码是指个体的每个基因值用某一范围内的一个浮点数来表示，而个体的编码长度等于其决策变量的个数。因为这种编码方法使用的是决策变量的真实值，所以也称之为真值编码方法。

在浮点数编码方法中，必须保证基因值在给定的区间限制范围内，遗传算法中所使用的交叉、变异等遗传算子也必须保证其运算结果所产生的新个体的基因值也在这个区间限制范围内。

此外还有多参数级联编码、复数编码、DNA 编码、符号编码等，在此就不一一展开了。

4.2.5　群体设定

遗传算法是针对某个问题提出来若干个解，也就是需要对一个种群进行操作。种群的设定主要有两方面：初始种群的产生和种群规模的确定。

1. 初始种群的产生

与自然遗传中种群产生的方式类似，遗传算法中初始种群的产生是随机的，但是最好采用一定的方法和策略，如下所述：

1）根据所求问题的相关知识，把握该问题的最优解看可能出现的位置分布范围，通过这个范围进而可以锁定一个初始的最优解种群。

2）然后就上面的种群我们可以随机地去产生一定数目的个体，再从里面去挑选最优质的个体添加到初始种群里，这些个体会不断交叉迭代，直到初始种群中的个体数目达到了所需要的确定值。

2. 种群规模的确定

种群中个体的数量称为种群规模。种群规模会影响到遗传优化的最终结果，若种群规模太小，会导致最优解的集合太小，优化效率一般比较低，造成局部最优解的现象；若种群规模太大，或许不会造成局部最优解的情况，但是会造成优化过程冗余复杂。因此可知，选择在遗传操作中的种群规模的确会对最终优化结果产生影响。

模式定理：低阶、短定义和平均适应度高于种群平均适应度的模型的后代呈指数增长。模式定理保证了更好的模式（遗传算法的最优解）的指数增长，为解释遗传算法的机理提供了数学基础。

积木块假设：根据遗传算法的定义是指将短距离、低阶和具有极高平均适应度的模型（构建块），在遗传操作下相互结合，最终接近全局最优解。

模式定理保证了更好的指数增长样本，从而存在寻找全局最优的遗传算法；并指出积木块假设在遗传算子的作用下，可以生成全局最优解。

显然，如果种群规模越大则我们可以进行的遗传操作就会更多，可产生更多的基因型，从而可以找到更优质的解的可能性也就大大提高了。若种群规模小，那么我们在迭代过程中生成的基因型就会受限，优化可能会停止在未成熟的阶段，这样就会使算法陷入局部最优解之中，所以必须保持种群基因的多样性，这样才能在交叉中出现更多的可能性，才有更大的出现最优解的可能性。

另外，种群规模过大也会带来一系列问题。如果基因型种类过于繁多，而交叉后又会出现更多的基因型，那么虽然说出现最优解的可能性也大大增加了，但是要在如此多的个体里面去找最优质的个体是一项非常复杂的工作，这就造成了遗传操作过于复杂，影响算法效率。此外，种群中的个体生存下来的概率大多采用和适应度成比例的方法，当种群个体非常多时，少量适应度很高的个体会被选择而生存下来，但是大多数适应度小的个体会被淘汰，这会影响基因库的多样性，从而影响交叉操作。

种群规模一般取 $20 \sim 100$。

4.2.6 适应度函数

遗传算法遵循的是自然界的优胜劣汰、适者生存的法则，在进化搜索中几乎不需要外部信息，每个个体的适应度值就代表了它可以存在的概率，从而称为遗传操作的依据。适应度是评价基因型优劣的依据，若适应度高，基因型被选择的概率就高，若适应度低的话，基因型被淘汰的概率也会大大增加。适应度函数是用来表达种群当中基因型优劣好坏的标准，是用来驱动算法演化的，是自然选择的唯一依据。改变群体内部的结构一般是通过改变适应度的值来控制的，因此适应度函数对于优化过程的重要性是不可否认的。

在实际应用当中，适应度函数还是要根据问题的实际情况去设计。一般情况下，问题的目标函数经过变换可以获得适应度函数。下面将讨论如何将目标函数变换为适应度函数。

1. 将目标函数映射成为适应度函数

最直观的方法就是将所要求解的目标函数直接当作适应度函数。

若是目标函数最大化问题，则适应度函数可取为

$$\text{Fit}(f(x)) = f(x) \tag{4-1}$$

若是目标函数最小化问题，则适应度函数可取为

$$\text{Fit}(f(x)) = \frac{1}{f(x)} \tag{4-2}$$

2. 适应度函数的尺度变换

在遗传算法中，局部收敛和选择操作存在矛盾。没有选择操作的遗传算法运行性能差；而选择操作又容易使遗传算法得到局部最优解。为了解决两者之间的矛盾，提出了适应度尺度变换方法，通过不同的适应度评价标准来影响选择操作。因此，适应度尺度变换对于防止优化过程中过早收敛、陷入局部最优解，能产生明显的效果。

在遗传算法中，将所有妨碍适应度值高的个体的产生，继而影响优化过程中遗传操作的问题称为欺骗问题。

在遗传操作过程中，所选择的种群的基因型数目可能只有几十或者几百个，这与实际当中的情况可能相差很大，这就需要在交叉过程中去调节个体的数量。在遗传算法初期运行中，为了维护种群基因的多样性，可以降低种群个体的适应度差异程度；在算法运行后期，为了保证优质的基因型遗传下去，要提高个体之间的适应度差异程度。针对以上需求，我们提出了线性尺度变换、乘幂尺度变换和指数尺度变换。

（1）线性尺度变换

设原适应度函数为 F，定标后的适应度函数为 F'，线性变换采用以下公式表示：

$$F' = aF + b \tag{4-3}$$

式中，系数 a 和 b 可以有多种途径的设定，但要满足以下两个条件：

1）线性尺度变换后的新适应度的平均值要等于原适应度平均值。

$$F'_{\text{avg}} = F_{\text{avg}} \tag{4-4}$$

2）线性尺度变换后的最大适应度要等于新的平均适应度的指定倍数。

$$F'_{\text{max}} = C_{\text{mult}} F_{\text{avg}} \tag{4-5}$$

式中，C_{mult} 是为得到所期待的最优种群的个体数量的复制数，实验表明对于不太大的种群（$20 \sim 100$），C_{mult} 可以取 $1.2 \sim 2$ 范围内的值。

根据上述条件，可以确定线性变换的系数为

$$b = \frac{(F_{\text{max}} - C_{\text{mult}} F_{\text{avg}}) F_{\text{avg}}}{F_{\text{max}} - F_{\text{avg}}} \tag{4-6}$$

$$a = \frac{(C_{\text{mult}} - 1) F_{\text{avg}}}{F_{\text{max}} - F_{\text{avg}}} \tag{4-7}$$

线性变换法变换了适应度之间的差距，保持了种群内部基因型的多样性，计算简便，易

于实现。如果种群的某些个体的适应度远低于平均值，线性变换后可能会出现适应度的值为负的情况，为了避免最小适应度的值是负值的情况，可以进行以下变换：

$$a = \frac{F_{\text{avg}}}{(F_{\text{avg}} - F_{\text{min}})} \tag{4-8}$$

$$b = \frac{-F_{\text{min}} * F_{\text{avg}}}{F_{\text{avg}} - F_{\text{min}}} \tag{4-9}$$

（2）乘幂尺度变换和指数尺度变换

1）乘幂尺度变换法变换公式为

$$F' = F^k \tag{4-10}$$

式中，幂指数 k 与求解的问题相关，并且在算法运行过程中可以修正。

2）指数尺度变换法变换公式为

$$F' = F^{-aF} \tag{4-11}$$

这种变换方法来自模拟退火过程，式中的系数决定了复制的强制性，a 的值越小，其复制的强制性就会越接近那些适应度高的个体。

4.2.7 选择

从群体中选择优胜的个体，淘汰劣质的个体的操作叫作选择，选择也称为复制操作。选择算子又可以称为再生算子，选择的目的是把优化的个体（或解）直接遗传给下一代或通过交叉配对后产生新的个体再遗传给下一代。选择操作是建立在群体中个体适应度评估的基础上的，因此适应度越高则被选择的可能性就越大。

需要注意的是：如果总是选择最优个体，就称为确定性优化方法，遗传算法会使种群过快收敛到局部最优解。如果仅仅作为随机选择，遗传算法就变成了完全随机的方法，需要很长时间才能收敛，甚至不收敛。因此，选择方法的关键是找到一种策略，既要使种群迅速收敛，又要保持种群的多样性。

目前常用的选择算子有以下几种：轮盘赌、锦标赛、截断选择、蒙特卡洛选择、概率选择、线性排序、指数排序、玻尔兹曼、随机遍历、精英选择等，接下来做详细介绍。

1. 个体选择概率分配

（1）蒙特卡洛法

蒙特卡洛法也称为适应度比例法，是目前遗传算法过程中最常用也是最基础的方法。蒙特卡洛法选择个体的概率与该个体的适应度成比例，设种群规模的大小为 M，个体 n 的适应度的值为 F_n，则个体被选择的概率为

$$P_{sn} = \frac{F_n}{\sum\limits_{n=1}^{M} F_n} \tag{4-12}$$

（2）排序方法

排序方法是计算每个个体的适应度后，根据适应度大小顺序对种群中的个体进行排序，然后把事先设计好的概率分配给个体，作为各自的选择概率。被选择的概率往往取决于个体在种群中的序位，而不是实际的适应度的值。

它的优点是克服了适应度比例选择策略的过早收敛和停滞现象，还可以针对最大或最小

的问题，不需要对自适应度值做标准化和调节，可以直接使用原有的适应度排序选择。排序法比比例法具有更好的鲁棒性，是较好的选择方法。

1）线性排序。

当适应度值差别很大时，轮盘赌选择将会出现问题。如果最优染色体的适应度值占适应度值总和的90%，即其占据了轮盘上90%的周长，那么其他染色体被选择的概率就很低。在线性排序选择中，首先按照适应度值对个体进行排序，最劣个体排在第1位，最优个体排在第 N 位，根据排位先后，线性地分派给染色体 i 的选择概率 $P(i)$ 为

$$P(i) = \frac{1}{N}\left(n^- + (n^+ - n^-)\frac{i-1}{N-1} \right) \tag{4-13}$$

$\frac{n^-}{N}$ 是最劣染色体的选择概率，$\frac{n^+}{N}$ 是最优染色体的选择概率。值得注意的是，所有的个体得到不同的排名，分别得到不同的选择概率，即使它们拥有相同的适应度值。

2）非线性排序。

非线性排序的一种方案就是使用指数函数为排序后的个体分配生存概率：

$$P(i) = (c-1)\frac{c^{i-1}}{c^N - 1} \tag{4-14}$$

其中，c 必须位于区间 $[0,1)$ 内，c 越小则最优个体被选择的概率越大，如果 $c=0$，则最优个体被选择的概率为1而其他个体被选择的概率为0，c 越接近1，个体间的选择概率就越接近。注意：在计算概率前，需要按照适应度的值对种群进行降序排序。

2. 选择个体的方法

选择操作是根据个体被选择的概率来确定在种群当中哪些个体将会被选择进行交叉、变异等操作，基本的选择方法如下：

（1）轮盘赌选择

轮盘赌选择法是依据个体的适应度值计算每个个体在子代中出现的概率，并按照此概率随机选择个体构成子代种群，因此该方法也被称为适应度比例法。轮盘赌选择策略的出发点是适应度值越好的个体被选择的概率越大。因此，在求解最大化问题的时候，我们可以直接采用适应度值来进行选择。但是在求解最小化问题的时候，我们必须首先将问题的适应度函数进行转换（如采用倒数或相反数），以将问题转化为最大化问题。

为了计算选择概率 $P(i)$，需要用到每个个体 i 的适应度值 F_i：

$$P(i) = \frac{F_i}{\sum\limits_{j}^{N-1} F_j} \tag{4-15}$$

从给定的种群中选择 Q 个个体就等价于要将转盘旋转 Q 次，在选择个体前实际上不必对种群的个体进行排序，上式中假定所有个体的适应度的值均为正数，且适应度的值的和不为0。为了处理适应度为负的情况，我们还可以用下面的公式：

$$P'(i) = \frac{F_i - F_{\min}}{\sum\limits_{j=0}^{N-1} (F_j - F_{\min})} \tag{4-16}$$

其中，$F_{\min} = \min_{i \in [0,N)}\{F_i, 0\}$。

设最劣的个体适应度的值为 $F_{\min}$，如果有个体的适应度概率为负，则被选择的概率为 0。而对于校正后适应度之和为 0 的情况，可以将所有个体的概率设为 $\dfrac{1}{N}$。

（2）锦标赛选择

锦标赛选择方法是从种群中随机选择 m 个个体，将其中适应度最高的个体保存至下一代，只有适应度值高于其他 $m-1$ 个个体才能赢得锦标赛，这一过程会在算法过程中反复进行，直到保存到下一代的个体数量达到了预先设定的值为止。m 称为竞赛规模。最劣的个体永远不会被保存，而最优的个体将总是会赢得锦标赛。

在锦标赛选择方法中，选择压力可以通过改变个体数量 m 的大小来改变，当 m 的值较大时，种群中适应度值较差的个体将很难被选择，常见的有二元锦标赛、三元锦标赛等。与适应度比例选择相比，锦标赛选择由于缺乏随机噪声，在实际应用中经常使用，同时锦标赛选择与遗传算法的适应度函数的尺度没有关系，因为仅仅是比较绝对值的大小，无关正负值。

锦标赛选择方法克服了适应度比例法的基于适应度的值以及排名的选择在种群规模特别大时计算的复杂性，因此可以得到更加多样化的种群。

（3）随机遍历选择

随机遍历选择是一种给定概率以最小化波动概率的方式选择个体的方法（见图 4-2）。可以将其看作是一种特殊的轮盘赌游戏，在轮盘上有 n 个等间距的点进行旋转选择。随机遍历选择使用一个随机值在等间隔的空间间隔里选择个体，相比于适应度比例法，该方法中适应度值较差的个体也有很大的被选择的概率，从而奖励了不公平性。该方法是由 James Baker 提出的，展示了其原理，其中 m 为要选择的个体数量。随机遍历选择保证了选出的子代，比轮盘赌选择更接近真实的情况。

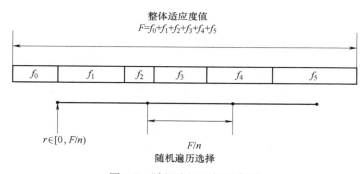

图 4-2 随机遍历选择示意图

（4）玻尔兹曼选择

玻尔兹曼选择器的选择概率定义如下：

$$P(i) = \frac{e^{bF_i}}{Z} \tag{4-17}$$

式中，b 是控制选择强度的参数；Z 的定义如下：

$$Z = \sum_{i=1}^{n} F_i \tag{4-18}$$

当 $b>0$ 时，高适应度值的个体被选择的概率将会被增大；当 $b<0$ 时则概率被降低；当

$b=0$ 时，所有个体被选择的概率为 $\frac{1}{N}$。

（5）最佳个体保存方法

最佳个体保存方法或者称为精英选择法是把种群中适应度最高的个体或者多个个体不经过交叉而直接复制到下一代（通过精英主义被保留下来的仍有资格被选为下一代的父代），这样就保证了当遗传算法结束时最终的子代的个体中都是历代适应度最高的个体。使用这种方法可以明显提高遗传算法的效率，但是由于使得快速收敛可能会导致局部最优解。实验结果显示当保存种群个体数量的 2%~5% 的最高适应度个体时，其方法的效果最为理想。

因此，在使用其他方法时通常会同时使用最佳个体保存方法使得最优个体不会丢失。

4.2.8　交叉

当自然界的生物有机体交配或者复制时，其遗传物质会相互混合从而产生拥有新的基因组成的染色体的个体，遗传物质重组的过程就叫作交叉。

交叉之后后代可能会继承双方优良的基因，从而表现出更好的适应度，但也不排除继承了双方的缺点，从而难以生存下去，甚至无法复制自己。在这些后代中，越能适应环境的后代则越有机会将自己的基因遗传给后代，这就会形成一种趋势，每一代都会比其父母这一代生存和复制得更好。

在遗传算法中起到核心作用的是交叉算子，也叫基因重组，就是把两个父体部分结构加以替换，生成新的个体的操作，习惯上对实数编码的操作叫作重组，对二进制编码的操作称为交叉。子代可以部分或者全部继承来自父代的结构特征和有效基因。

1. 基本交叉算子

（1）一点交叉

一点交叉又称为简单交叉。其操作就是在所选择的交叉个体的染色体上随机选择一个交叉点，交叉时该点的前或后的部分结构进行交叉替换从而形成两个个体。

（2）两点交叉

与上面提到的一点交叉很相似，两点交叉则是在交叉的染色体上随机选择两个点，两点之间的部分结构进行交叉替换，从而形成两个新的染色体。与此类似，多点交叉也是如此。

（3）部分映射交叉

第一步，随机选择一对染色体（父代）中的几个基因的起止位置（两个染色体被选的位置相同）：

1	2	3	4	5	6	7	8	9

5	4	6	9	2	1	7	8	3

第二步，交换这两组基因的位置：

1	2	6	9	2	1	7	8	9

5	4	3	4	5	6	7	8	3

第三步，做冲突检测，根据交换的基因建立一个映射关系，以 1-6-3 这一个映射关系为例，可以看到第二步结果中子代 1 存在两个基因 1，这时将其通过映射关系转变为基因 3，以此类推至没有冲突为止，最后所有冲突的基因都会经过映射，保证形成新的一对子代基因无冲突。

最终结果为

3	5	6	9	2	1	7	8	4

2	9	3	4	5	6	7	8	1

（4）有序交叉

第一步与部分映射交叉一样，随机选择一对染色体（父代）中的基因的起止位置（两个染色体被选的位置相同）：

1	2	3	4	5	6	7	8	9

第二步，生成一个子代，并保证子代被选中的基因位置与父代相同：

		3	4	5	6			

第三步（可再分两个小步），先找出第一步选中的基因在另一个父代中的位置，再将其余基因按顺序放入上一代生成的子代中：

7	9	3	4	5	6	1	2	8

5	7	4	9	1	3	6	2	8

需要注意的是，这种算法也会产生两个子代，另一个子代生成的过程则完全相同，只需要将两个父代染色体交换位置，第一步选中的基因型位置相同，本例中的另一个子代为 254913678。

与部分映射交叉不同的是，不用进行冲突检测工作（实际上也只有部分映射交叉需要冲突检测工作）。

（5）定位交叉

第一步，选择一对染色体（父代）中的几个基因，位置不可以连续，两个染色体被选择的位置要相同：

1	2	3	4	5	6	7	8	9

第二步，与有序交叉的第二步相同，并保证子代被选中的位置与父代相同：

	2			5	6			9

第三步，也与有序交叉的第三步相同，先找出选中的基因在另一个父代染色体上的位置，再将其余基因按顺序放入上一步生成的子代当中：

4	2	3	1	5	6	7	8	9

5	4	6	3	1	9	2	7	8

与以上两个算法不同的是，这里选择的基因位置是可以不连续的，除了这一点外，其他均与有序交叉相同，本例的另外一个子代为243519678。

2. 修正的交叉方法

在交叉过程中，会产生一些不满足约束条件的非法染色体。为了解决这种情况，可以构造惩罚函数的方法，但是效果不佳，因为这将会使得原本就复杂的算法变得更加复杂，使算法的运算效率降低。另一种方法就是对交叉变异等操作进行修正，使非法染色体经过修正后自动满足优化问题的约束条件。

4.2.9　变异

变异是生物进化的根本动力，如果不存在变异，那么即使经过成千上万代的交叉遗传，生物的适应能力依然是不会进步的，例如眼睛的大小顶多维持在原种群眼睛最大的个体的程度而不会有进步。而从生物进化的角度来看，生物各种适应能力（包括人类一代又一代变大的眼睛）是在加强的，所以也就是说存在某种打破当前基因型的一种力量，使得生物可以在一代又一代的交叉中不断地突破自我。发生变异的概率通常都很小，但是经过很多代的持续变异以后将会产生巨大的变化。当然，变异并不会朝着生物的意愿而产生，变异是没有规律的，很多变异都是对生物不利的，也有一部分变异对生物的适应性没有影响，但也有一部分会给生物带来好处，使它们的能力远超其他个体，物竞天择，因此便会在生物进化中脱颖而出。此外，生物进化的机制不仅可以改进已有的能力特征，还可能会产生新的特征。

在遗传算法中，变异是将个体编码的一些位进行随即变换，变异的目的是为了维持个体基因的多样性，对选择和交叉过程中丢失的一些基因进行修复和补充。变异算子是对群体中的某些个体串的基因座上的基因值进行变动，变异操作是按位进行的，即把某一位的内容进行变异，变异的概率是一个染色体中按位进行变化的概率，主要有以下几种变异：

（1）位点变异

位点变异是对群体中的个体码串，随机地去挑选一个或者多个位置，并对这些位置的基因值以变异概率 P_m（一般不能很大）进行变动。对于二进制编码的个体来说，若某个位置的原基因值为1，那么变异以后的值为0，反之也是这样。对于正数编码，则是依据其值变异后出现的概率进行选择，此外为了消除编译过程中出现的非法染色体，我们会将其他位置的基因值变为被选择基因。

（2）逆转变异

在选择的个体码串上随机地选择两个点，将两个点之间的基因值进行逆转排序然后再插入原位置上。

（3）插入变异

在选择的个体码串上随机选择一个编码，然后插入得到选择插入点的位置。

（4）互换变异

在选择的个体码串中选择两个位置基因值进行简单的交换。

（5）移动变异

随机地选择一个基因值，然后随机向左或向右移动随机位数。

4.2.10 遗传算法的一般步骤

1）对于自变量一般选择随机生成方法或其他方法，产生一个有 M 个染色体的初始群体，pop（1），$t=1$，这一步叫作初始化群体。

2）对群体 $p(t)$ 中的每个染色体 $\mathrm{pop}_i(t)$，计算它的适应度值

$$F_i = \mathrm{fitness}(\mathrm{pop}_i(t)) \tag{4-19}$$

3）若满足停止条件，则算法停止；否则，以概率

$$P_i = F_i \Big/ \sum_{j=1}^{M} F_j \tag{4-20}$$

从 $\mathrm{pop}(t)$ 中随机选择一些个体构成一个新的群体

$$\mathrm{newpop}(t+1) = \{\mathrm{pop}_i(t) \mid i=1,2,\cdots,M\} \tag{4-21}$$

4）以 P_c 的概率去进行交叉产生一些新的染色体，得到一个新的群体

$$\mathrm{crosspop}(t+1)$$

以较小的概率 P_m 使染色体的一个基因发生异变，形成 $\mathrm{mutpop}(t+1)$；$t:=1$，成为一个新的群体 $\mathrm{pop}(t) = \mathrm{mutpop}(t+1)$，然后返回步骤 2）。

4.2.11 遗传算法的特点

遗传算法比起其他普通的优化搜索，采用了许多独特的方法和技术，总结起来主要有以下几个特点：

1）遗传算法从问题解的串集开始搜索，而不是从单个解开始。这是遗传算法与传统优化算法的极大区别。传统优化算法是从单个初始值迭代求最优解的，容易误入局部最优解。遗传算法从串集开始搜索，覆盖面大，利于全局择优。

2）遗传算法同时处理群体中的多个个体，即对搜索空间中的多个解进行评估，减少了陷入局部最优解的风险，同时算法本身易于实现并行化。

3）遗传算法基本上不用搜索空间的知识或其他辅助信息，而仅用适应度函数值来评估个体，在此基础上进行遗传操作。适应度函数不仅不受连续可微的约束，而且其定义域可以任意设定。这一特点使得遗传算法的应用范围大大扩展。

4）遗传算法不是采用确定性规则，而是采用概率的变迁规则来指导它的搜索方向。

5）具有自组织、自适应和自学习性。遗传算法利用进化过程获得的信息自行组织搜索时，适应度大的个体具有较高的生存概率，并获得更适应环境的基因结构。

6）此外，算法本身也可以采用动态自适应技术，在进化过程中自动调整算法控制参数和编码精度，比如使用模糊自适应法。

4.3　遗传算法的改进算法

4.3.1　改进算法

为了使遗传算法的性能更加优越，人们提出了许多改进算法。下面将对几种改进算法进行介绍。

上文所阐述的为单倍体遗传算法，即 Holland 提出的基本遗传算法，该算法的每个基因型由一条染色体组成（基因型为 AB，分别只有一个等位基因 A 和 B）。自然界中只有少部分的植物是单倍体遗传，大多数动物和高级植物都是采用双倍体遗传（也就是基因型为 AaBb），即每个基因型都由一对染色体来决定，这就导致显隐性遗传问题的出现。由于双倍遗传体拥有显隐性染色体，因此该算法提供了一种记忆以前有用的基因块的功能：在某些低适应度的染色体中，其局部的基因块十分有用，是最优解中的基因片段，但由于基因块在当前染色体中的位置不适等因素，导致当前染色体适应度不高，因此保留这些基因块，将有利于提高物种的适应能力。

双倍体遗传采用显性遗传，该遗传延长了有用的基因块的寿命，提高了算法的收敛能力，且即使变异的概率很低，仍能保持种群一定水平的多样性。Goldberg 用动态 Knapsack 问题进行了比较研究，试验结果表明双倍体比单倍体的动态跟踪能力更强。

双倍体遗传算法的设计步骤为：

1）编码：对于双倍体遗传算法，群体中的每个个体都拥有两个染色体，一个为显性染色体，另一个为隐性染色体，双倍体遗传的染色体编码跟基本遗传算法是相同的。

2）复制算子：在进行复制操作时，计算显性染色体的适应度，需要按照显性染色体的概率将个体基因复制到下一代群体当中。

3）交叉算子：从种群中取出两个个体，两个个体的显性染色体进行交叉操作，隐性染色体也进行交叉操作，显性染色体的交叉概率和隐性染色体的交叉概率可以是不同的，但是工程上为了实验的方便，通常会使显隐性染色体的交叉率相同，然后进入下一代。

4）变异算子：对于双倍体遗传算法，显性染色体的变异概率按照 P_m 进行，而隐性染色体则按照较大的概率进行。

5）双倍体遗传算法显隐性重排算子：当三个遗传算子都执行完以后，将个体染色体的显隐性进行重新排列，个体适应度高的染色体被设定为显性染色体，个体适应度低的染色体被设定为隐性染色体。

4.3.2　双种群遗传算法

1. 基本思想

双种群遗传算法意在突破基本遗传算法的平衡态，基本遗传算法通过复制种群，然后进行交叉、变异等操作，类似于人类的进化过程。在一个种群当中的人随着时间的推移而不断地进化，长时间的进化会使某些特征趋于更加优良的状态，这体现了算法在全力逼近全局的最优解。但是由于这个种群的生长、演化以及环境和原始祖先的局限性，使其达到一个临界点后进化会趋于停止，该种群的特性就不会再变化，我们称该状态为平衡态。而双种群就是为了打破这种平衡态，增加了一步杂交操作，即交换种群之间优秀个体所携带的遗传信息，以打破种群的平衡态从而达到更高的平衡态，有利于算法跳出局部最优。就本质而言，多种群算法是一种并行算法，可以提高算法的效率。

2. 双种群遗传算法的设计

建立两个独立的种群，然后两个种群独立地进行选择、交叉、变异等操作，同时每一代运行结束以后，选择两种群中的随即个体以及最优个体进行交换（见图4-3）。

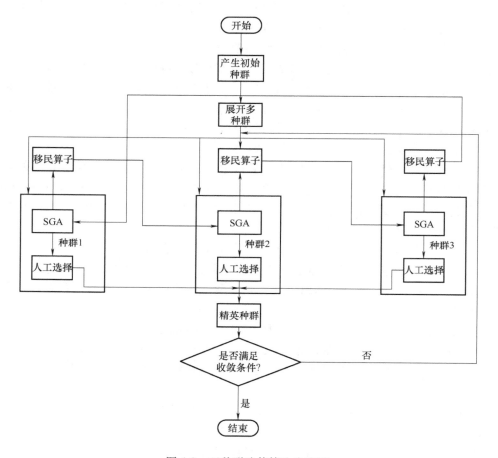

图4-3 双种群遗传算法流程图

1）编码/解码设计：编码和解码与基本遗传算法相同。

2）交叉和变异算子：与基本遗传的操作相同，但双种群遗传算法有两个种群独立地进行选择、交叉、变异等操作，且交叉概率、变异概率不同。

3）杂交算子：具体来说，设种群 A 和种群 B，当两种群均完成了选择、交叉和变异操作后，产生一个随机数 num，随机选择 A 中 num 个个体与 A 中最优个体，随机选择 B 中 num 个个体与 B 中最优个体，交换两者，打破平衡态。"产生随机数 num"又一次体现了算法的随机性。

4.3.3　自适应遗传算法

1. 基本思想

自适应遗传算法影响算法和行为的改进关键点在于交叉概率 P_c 和变异概率 P_m，直接影响算法的收敛性。一般情况下，交叉概率越大，新的个体产生的概率就越大，但是交叉概率过大会增加导致遗传模式被破坏的可能性，从而使得具有高适应度的个体结构被快速破坏；然而交叉概率太小又会导致搜索的过程过于缓慢而停滞不前。对于变异概率，当变异概率太小时，种群不易产生新的个体结构，但是当变异概率过大时，会使遗传算法变成纯粹的随机搜索算法。针对不同的问题，我们需要不同的交叉概率和变异概率，这就导致需要反复地去确定 P_m 和 P_c 的值，而自适应算法就是使得 P_c 和 P_m 能够随适应度自动变化，这样即可保证算法可以跳出局部最优情况，也可以利于优良个体的生存。所以，自适应遗传算法在保持群体多样性的同时，也能保证遗传算法的收敛性。

2. 自适应遗传算法的设计步骤

1）编码/解码：自适应遗传算法的编码和解码与基本遗传算法的相同。

2）选择：用初始种群的选择方法去产生 N 个个体（N 为偶数），组成初始解集合。

3）创建函数：定义适应度函数为 $f = 1/ob$，计算适应度为 f_i。

4）按照轮盘赌的规则去选择 N 个个体，观察种群的最大适应度为 f_{max}，平均适应度为 f_{avg}。

5）交叉：让种群中的个体按一定的概率 P_c 去交叉然后改变原来的序列。这里的 P_c 是按照自适应公式得到的，以此为交叉概率进行交叉操作，随机地产生 $R(0,1)$，如果 $R < P_c$ 则进行染色体的交叉操作。

6）变异：种群中的个体按照自适应变异公式计算自适应变异概率 P_m，以 P_m 为变异概率进行变异操作，即随机产生 $R(0,1)$，如果 $R < P_m$ 则对该染色体进行交叉操作。

7）计算由交叉和变异生成新个体的适应度，新个体与父代一起构成新种群。

8）判断是否达到预定的迭代次数，如果是的话则结束寻优过程，否则转到步骤4）。

3. 自适应算法的交叉概率和变异概率

确定种群交叉概率和变异概率的一种方法是：观察种群的最大适应度的值和平均适应度值之间的关系，也就是 $f_{max} - f_{avg}$ 的值的大小情况。这个值越小说明平均适应度越向最大适应度靠拢，表明种群在不断进化，解会向最优解靠拢。

通过图 4-4，我们也可以发现对于收敛到一个最优解的种群可能比一个分散在解空间的种群的 $f_{max} - f_{avg}$ 更小（如上图中 A 点比 B 点还要低）。可知遗传算法收敛到局部最优时，P_c 和 P_m 的值必须增加，也就是说，当 $f_{max} - f_{avg}$ 减小的时候，P_c 和 P_m 要增加（与 $f_{max} - f_{avg}$ 的相反），也就是说 $f_{max} - f_{avg}$ 的值与 P_c 和 P_m 的值成反比。

P_c 和 P_m 的表达式如下：

$$P_m = \begin{cases} \dfrac{k_3(f_{max} - f)}{f_{max} - f_{avg}}, & f > f_{avg} \\ k_4, & f \leqslant f_{avg} \end{cases} \tag{4-22}$$

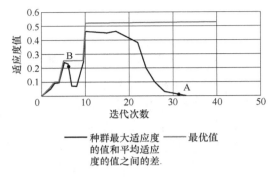

图 4-4　种群迭代情况

$$P_c = \begin{cases} \dfrac{k_1(f_{max}-f')}{f_{max}-f_{avg}}, f>f_{avg} \\ k_2, f \leqslant f_{avg} \end{cases} \tag{4-23}$$

式中，f_{max} 是群体中最大的适应度值；f_{avg} 是每代群体的平均适应度值；f' 是要交叉的两个个体中较大的适应度值；f 是要变异的个体的适应度值。k 是（0,1）之间的常数。

4.4　粒子群优化算法

4.4.1　粒子群优化算法的基本原理

1995 年，受到鸟群觅食行为的规律性启发，美国普渡大学的 Kennedy 和 Eberhart 建立了一个简化的算法模型且经过多年改进最终形成了粒子群优化（Particle Swarm Optimization，PSO）算法[5]，也可以称为粒子群算法。PSO 算法是一种基于群智能理论的全局优化算法，通过群体间的合作与竞争产生的群体智能指导优化搜索。

PSO 算法的思想源于鸟群觅食行为的研究，鸟群通过集体的信息共享使群体找到最优的目的地。设想这样一个场景：鸟群在森林里寻找食物，它们想要获得能够得到食物最多的位置，但是都不知道哪个位置最容易获得食物，因此只能感受到大概的方位。于是鸟群中的个体按照自己的判断开始寻找食物，并且在寻找过程中记录下找到食物最多的位置，同时鸟群中的每只鸟都将共享每次所找到食物的位置和食物的量，所以鸟群便可以得知哪个位置的食物量最多。在搜索的过程中每只鸟都会根据自己记忆中食物量最多的位置和当前鸟群记录的食物量最多的位置，从而调整自己接下来搜索的方向。鸟群经过一段时间的搜索后，就可以知道森林中哪个位置的食物量最多（全局最优解）。

PSO 算法与其他进化算法相似，根据个体对环境的适应度将群体中的个体移动到好的区域，但是它不像其他演化算法一样对个体使用演化算子，而是将每个个体看作是 n 维空间里一个没有体积质量的粒子，在搜索空间里按一定的速度飞行。

在粒子群优化算法中，在 n 维连续搜索空间中，对粒子群的第 i（$i=1,2,\cdots,m$）个粒子，定义 n 维当前位置向量 $x^i(k)=[x_1^i,x_2^i,\cdots,x_n^i]$ 表示搜索空间中粒子的当前位置，n 维最优位置向量 $p_{best}^i(k)=[p_1^i,p_2^i,\cdots,p_n^i]$ 表示该粒子至今所能获得的具有最优适应度 $f_p^i(k)$ 的位置，n 维速度向量 $v^i(k)=\left[v_1^i,v_2^i,\cdots,v_n^i\right]$ 表示该粒子的搜索方向。

每个粒子经历过最优位置（p_{best}）记为 $p_{\text{best}}^i(k)=\left[p_1^i,p_2^i,\cdots,p_n^i\right]$，群体经历过的最优位置（$p_{\text{best}}$）记为 $p_{\text{best}}^g(k)=\left[p_{1,\text{best}}^g,p_{2,\text{best}}^g,\cdots,p_{n,\text{best}}^g\right]$，则基本的 PSO 算法为

$$v_j^i(k+1)=\omega(k)v_j^i(k)+q_1\text{rand}(0,a_1)\left(p_{\text{best},j}^i(k)-x_{\text{best},j}^i(k)\right)+q_2\text{rand}(0,a_2)\left(p_{\text{best},j}^g(k)-x_{\text{best},j}^i(k)\right)$$

$$(4\text{-}24)$$

$$x_j^i(k+1)=x_j^i(k)+v_j^i(k+1) \qquad\qquad (4\text{-}25)$$

$$i=1,2,\cdots,m$$

$$j=1,2,\cdots,n$$

式中，ω 是惯性权重因子；q_1，q_2 是加速度常数，均为非负值；$\text{rand}(0,a_1)$ 和 $\text{rand}(0,a_2)$ 为 $[0,a_1]$、$[0,a_2]$ 范围内的具有均匀分布的随机数；a_1 与 a_2 为相应的控制参数。

上面第一个式子右边的第一部分是粒子在前一时刻的速度，由惯性权重和粒子自身速度构成，表示粒子对先前自身运动状态的信任；第二部分为个体认知分量，表示粒子本身的思考及粒子自己经验的部分，可理解为粒子当前与自身历史最优位置之间的距离和方向；第三部分为群体社会分量，表示粒子之间的信息共享与合作，即来源于群体中其他优秀粒子的经验，可理解为粒子当前位置与群体历史最优位置之间的距离和方向。q_1 和 q_2 分别控制个体认知分量和群体社会分量相对贡献的学习率。引入 $\text{rand}(0,a_1)$ 和 $\text{rand}(0,a_2)$ 将增加认知以及社会搜索方向的随机性和算法多样性。

基于学习率 q_1 和 q_2，Kennedy 给出以下四种类型的 PSO 模型：

1）若 $q_1>0$，$q_2>0$，则称该算法为 PSO 全模型。

2）若 $q_1>0$，$q_2=0$，则称该算法为 PSO 认知模型。

3）若 $q_1=0$，$q_2>0$，则称该算法为 PSO 社会模型。

4）若 $q_1=0$，$q_2>0$，且 $g\neq i$，则称该算法为 PSO 无私模型。

标准的粒子群优化算法分为两个版本：全局版和局部版。上面介绍的是全局版粒子群优化算法。局部版与全局版的差别在于，用局部领域内最优邻居的状态代替整个群体的最优状态。全局版的收敛速度比较快，但容易陷入局部极值点，而局部版搜索到的解可能更优，但速度较慢。

算法的流程如下：

1）初始化：初始化粒子群（粒子群共有 n 个粒子）：给每个粒子赋予随机的初始位置和速度。

2）计算适应度值：根据适应度函数，计算每个粒子的适应度值。

3）求个体最佳适应度值：对每个粒子，将其当前位置的适应度值与其历史最佳位置（p_{best}）对应的适应度值进行比较，如果当前位置的适应度值更高，则用当前位置更新历史最佳位置。

4）求群体最佳适应度值：对每个粒子，将其当前位置的适应度值与全局最佳位置（p_{best}）对应的适应度值进行比较，如果当前位置的适应度值更高，则用当前更新全局最佳位置。

5）更新粒子位置和速度：根据公式更新每个粒子的位置和速度。

6）判断算法是否结束：若未满足结束条件，则返回步骤 2），若满足结束条件则算法结

束，全局最佳位置（p_{best}）即全局最优解。

4.4.2　粒子群优化算法的参数分析

1. PSO 算法的参数

PSO 算法的参数包括：群体规模 m，惯性权重 ω，加速度 q_1、q_2，最大速度 V_{max}，最大代数 G_{max}。

（1）最大速度 V_{max}

算法中有最大速度 V_{max} 作为限制，如果当前粒子的某维速度大于最大速度 V_{max}，则该维的速度就被限制为最大速度 V_{max}。

最大速度 V_{max} 决定当前位置与最好位置之间的区域的分辨率（或精度）。如果 V_{max} 太高，粒子可能会飞过好的解；如果 V_{max} 太小，粒子容易陷入局部优值。

（2）权重因子

在 PSO 算法中有三个权重因子：惯性权重 ω，加速度常数 q_1、q_2。

惯性权重 ω 使粒子保持运动惯性，使其具有扩展搜索空间的趋势，并有能力搜索新的区域。

加速度常数 q_1 和 q_2 代表将每个粒子推向 P^i 和 P^g 位置的统计加速度项的权重。低的值允许粒子在被拉回之前可以在目标区域外徘徊，而高的值则导致粒子突然冲向或者越过目标区域。

2. 位置更新方程中的各部分的影响

对于速度更新公式，如果只有第一部分，而没有后两部分，即 $q_1 = q_2 = 0$，则粒子将一直以当前的速度飞行，直到到达边界。由于它只能搜索有限的区域，所以很难找到好的解。

假设没有第一部分，即 $\omega = 0$，则速度只取决于粒子当前位置和其历史最好的位置 p^i 和 p^g，速度本身没有记忆性。假设一个粒子位于全局的最好位置，它将保持静止。而其他粒子则飞向它本身最好的位置 p^i 和最好的全局位置 p^g 的加权中心。在这种条件下，粒子群将收敛到当前全局最好的位置，所以更像是一种局部算法。但是在加上了第一部分之后，粒子有了扩展搜索空间的趋势的能力，从而可以使粒子实现全局搜索。因此 ω 的作用就是针对不同的搜索问题，调整算法的全局和局部搜索能力之间的平衡。

假设没有第二部分，即认知部分，$q_1 = 0$，则粒子没有认知能力，也就是说粒子只具备社会模型。在粒子的相互作用下，有能力达到新的搜索空间。这时的粒子收敛速度要比标准模型下的更快，但是面对复杂的搜索问题容易陷入局部最优解。

假设没有第三部分，即 $q_1 = 0$，则粒子间没有社会共享信息，只具备一个认知模型。因为缺少了社会模型，个体不具备交互能力，一个规模为 N 的群体等价于 N 个单个粒子的运行，因而得到最优解的概率非常小。

3. 参数设置

早期实验将 ω 定为 1.0，将 q_1 和 q_2 定为 2.0，因此 V_{max} 为唯一需要调节的参数，通常的变化范围为 10%~20%。实验表明，只要 q_1 和 q_2 为常数时函数便可以得到较好的解，但是不一定值必须为 2。低的值使粒子在目标区域外徘徊，而高的值会导致粒子越过目标区域。典型的取值除了 2.0，还可以取 $q_1 = 1.6$ 和 $q_2 = 1.8$，$q_1 = 1.6$ 和 $q_2 = 2.0$，针对不同的问题有不同的取值，一般通过区间内试凑来调整这两个值。

这些参数也可以通过模糊系统进行调节。Shi 和 Eberthart 提出了一个模糊系统来调节 ω，该系统有两个输入和一个输出。一个输入为当前全局最优的适应值，一个输入为当前的 ω；输入为 ω 的变化。每个输入和输出定义了三个模糊集，结果显示该方法可以显著提高平均适应值。

粒子的适应度函数需要根据具体的问题而定，将目标函数转换成适应度函数的方法与遗传算法类似。

在基本的粒子群优化算法中，粒子的编码使用实数编码的方法。这种编码方法在求解连续的函数优化问题时十分方便，同时对粒子的速度求解与粒子的位置更新也很自然。

4.5 蚁群算法

蚁群算法（Ant Clony Optimization，ACO）是一种群智能算法，它是由一群无智能或有轻微智能的个体通过相互协作而表现出智能行为，从而为求解复杂问题提供了新的可能性。蚁群算法最早是由意大利 Colorni A，Dorigo M. 等人于 1991 年提出的[6]。经过 20 多年的发展，蚁群算法在理论上以及应用研究上已经取得了重大进步。蚁群算法是继模拟退火算法、遗传算法、禁忌搜索算法、人工神经网络算法等启发式搜索算法后的又一种应用于组合优化问题的启发式搜索算法。研究表明，蚁群算法在解决离散组合优化方面具有良好的性能，并在多方面得到应用。

蚁群算法是一种仿生学算法，受到自然界中蚂蚁觅食的行为的启发。研究发现，蚂蚁在觅食的时候总会存在信息素跟踪和信息素遗留两种行为，即一方面蚂蚁会按照一定的概率沿着信息素较强的路线去觅食，另一方面，蚂蚁会在走过的路上释放信息素，使得一定范围内的其他蚂蚁能够察觉到并由此影响它们的行为。当一条路上的信息素越来越多时，后来的蚂蚁选择这条路径的可能性也会越来越大，从而进一步加强该路上的信息素强度，因此其他路径上的蚂蚁反而越来越少，信息素也会越来越弱。这种选择的过程其实是蚂蚁催化过程，其原理是一种正反馈机制，因此蚂蚁系统也被称为增强型学习系统。

20 世纪 90 年代，蚁群算法逐渐引起了很多研究者的注意，于是他们对该算法进行了各种改进并且将其应用到了其他领域，取得了较好的效果。

4.5.1 基本蚁群算法模型

著名的旅行商问题（TSP）就可以通过蚁群优化算法来解决，曾有学者充分利用蚁群搜索食物的过程和旅行商旅行路线之间的相似性，通过人工模拟蚂蚁觅食的过程，也就是通过一群中的个体间的信息交流和相互协作去寻找最优的旅行商路线，从而解决旅行商问题。下面便是蚁群算法解决旅行商问题的方法：

对于旅行商问题，为不失一般性，设整个蚂蚁群体中蚂蚁的数量为 m，城市的数量为 n，城市 i 与城市 j 之间的距离为 d_{ij}（$i,j=1,2,\cdots,n$），t 时刻城市 i 与城市 j 连接路径上的信息素浓度为 $\tau_{ij}(t)$。初始时刻，蚂蚁被放置在不同的城市里，且各城市间连接路径上的信息素浓度相同，不妨设 $\tau_{ij}(0)=\tau(0)$。然后蚂蚁将按一定的概率选择线路，不妨设 $P_{ij}^k(t)$ 为 t 时刻蚂蚁 k 从城市 i 转移到城市 j 的概率。我们知道，"蚂蚁旅行商问题"策略会受到两方面的左右，首先是访问某城市的期望，另外便是其他蚂蚁释放的信息素浓度，所以定义：

$$P_{ij}^k(t) = \begin{cases} \dfrac{\left[\tau_{ij}(t)\right]^\alpha \left[\eta_{ij}(t)\right]^\beta}{\sum\limits_{s \in \text{allow}_k} \left[\tau_{is}(t)\right]^\alpha \left[\eta_{ij}(t)\right]^\beta}, & j \in \text{allow}_k \\ 0, & j \notin \text{allow}_k \end{cases} \tag{4-26}$$

式中，$\eta_{ij}(t)$ 为启发函数，表示蚂蚁从一个城市 i 转移到城市 j 的期望程度；allow_k（$k = 1$, $2, \cdots, m$）为蚂蚁 k 待访问城市集合，开始时，allow_k 中有 $n-1$ 个元素，即包括除了蚂蚁 k 出发城市的其他城市，随着时间的推移，allow_k 中的元素越来越少，直至为空；α 为信息素重要程度因子，简称信息度因子，其值越大，就表示信息影响强度越大；β 为启发函数重要程度因子，简称启发函数因子，其值越大，表明启发函数的影响越大。

在蚂蚁遍历城市的过程中，与实际情况相似的是，蚂蚁释放信息素的同时，各城市间连接路径上的信息素强度也在通过挥发等方式逐渐消失。为了描述这一特征，不妨用 p（$0<p<1$）表示信息素的挥发程度。这样，当所有蚂蚁完整走完一遍所有城市后，各个城市间连接路径的信息素浓度为

$$\begin{cases} \tau_{ij}(t+1) = (1-\rho)\tau_{ij}(t) + \Delta\tau_{ij} \\ \Delta\tau_{ij} = \sum\limits_{k=1}^m \Delta\tau_{ij}^k \end{cases} \tag{4-27}$$

式中，$\Delta\tau_{ij}^k$ 为第 k 只蚂蚁在城市 i 和城市 j 连接路径上释放信息素而增加的信息素浓度；$\Delta\tau_{ij}$ 为所有蚂蚁在城市 i 和城市 j 连接路径上释放信息素而增加的信息素浓度。

一般 $\Delta\tau_{ij}^k$ 的值可由蚂蚁圈系统模型进行计算：

$$\Delta\tau_{ij}^k = \begin{cases} \dfrac{Q}{L_k}, & \text{若蚂蚁 } k \text{ 从城市 } i \text{ 到城市 } j \\ 0, & \text{否则} \end{cases} \tag{4-28}$$

式中，Q 为信息素常数，表示蚂蚁循环一次所释放的信息素总量；L_k 为第 k 只蚂蚁经过路径的总长度。

除此之外还有蚂蚁数量系统和蚂蚁密度系统，如下所示：

$$\Delta\tau_{ij}^k = \begin{cases} \dfrac{Q}{d_{ij}}, & \text{若第 } k \text{ 只蚂蚁从城市 } i \text{ 到城市 } j \\ 0, & \text{否则} \end{cases} \tag{4-29}$$

$$\Delta\tau_{ij}^k = \begin{cases} Q, & \text{若第 } k \text{ 只蚂蚁从城市 } i \text{ 到城市 } j \\ 0, & \text{否则} \end{cases} \tag{4-30}$$

比较三种方法，蚂蚁圈系统的效果更好，这是因为它利用的是全局信息 Q/L_k，而其余两种算法用的是局部信息 Q/d_{ij} 和 Q。全局信息更新方法很好地保证了残留信息素不至于无限积累，如果路径没有被选中，那么上面的残留信息素会随着时间的推移而逐渐减弱，这使算法能忘记不好的路径。即使路径经常被访问也不至于因为 $\Delta\tau_{ij}^k(t)$ 的累积，而产生 $\Delta\tau_{ij}^k \gg \eta_{ij}(t)$ 使期望值的作用无法体现，这充分体现了算法中全局范围内较短路径（较好解）的生存能力，加强了信息正反馈性能，提高了系统搜索收敛的速度。因而，在蚁群算法中，通常采用蚂蚁圈系统作为基本的模型。

4.5.2　蚁群算法的参数选择

从一群搜索最短路径的机理中不难看出，算法中有关参数的不同选择对蚁群算法的性能

有至关重要的作用，但目前其选取的方法和原则没有理论依据，通常都是根据经验而定的。

信息素启发因子 α 的大小反映了蚁群在路径搜索中随机性因素作用的强度，其值越大，蚂蚁选择以前走过的路径的可能性越大，搜索的随机性减弱；当 α 过大时，会使蚁群的搜索过早限于局部最优。

期望值启发式因子 β 的大小反映了蚁群在路径搜索中先验性、确定性因素作用的强度，其值越大，蚂蚁在某个局部点上选择局部最短路径的可能性越大，虽然搜索的收敛速度得以加快，但蚁群在最优路径的搜索过程中随机性减弱，易于陷入局部最优。

蚁群算法的全局寻优性能，首先要求蚁群的搜索过程中必须有很强的随机性；而蚁群算法的快速收敛性，又要求蚁群的搜索过程必须要有较高的确定性。因此，α 和 β 对蚁群算法性能的影响和作用是相互配合、密切相关的。

信息素挥发度 $1-\rho$ 的大小直接关系到蚁群算法的全局搜索能力及其收敛速度。由于信息素挥发度 $1-\rho$ 的存在，当要处理的问题规模比较大时，会使那些从未被搜索的路径（可行解）上的信息素减少到接近于 0，因此降低了算法的全局搜索能力；当 $1-\rho$ 过大时，以前搜索过的路径被再次选择的可能性过大，也会影响到算法的随机性能和全局搜索能力；反之，减少信息素挥发度 $1-\rho$ 虽然可以提高算法的随即性能和全局搜索能力，但也会使算法的收敛速度降低。

总信息素量 Q 为蚂蚁循环一周时释放在所经路径上的信息素总量。总信息素量越大，则在蚂蚁已经走过的路径上信息素的累积越快，可以加强蚁群搜索时的正反馈性能，有助于算法的快速收敛。由于在蚁群算法中各个算法参数的作用实际上是紧密结合的，其中对算法性能起着主要作用的应该是信息素启发式因子 α、期望启发式因子 β 和信息素残留常数 ρ 三个参数。总信息量 Q 对算法性能的影响则有赖于上述三个参数的配置以及算法模型的选取。

4.6　小结

1. 遗传算法

遗传算法的设计包括编码、适应度函数、选择、控制参数、交叉与变异等遗传算子等。

遗传算法常用的编码方案有二进制编码、实数编码等。

遗传算法中初始种群中的个体可以是随机产生的。种群规模太小时，遗传算法的优化性能一般不会太好，容易陷入局部最优解；而当种群规模太大时，则计算复杂。

遗传算法的适应度函数是用来区分种群中的个体好坏的标准。适应度函数一般由目标函数变换得到，但必须将目标函数转换为求最大值的形式，而且保证函数值必须非负。

个体选择概率的常用分配函数有适应度比例方法、排序方法等。选择个体方法主要有轮盘赌选择、最佳个体保存方法等。

变异操作主要有位点变异、逆转变异、插入变异、互换变异、移动变异等变异方法。

2. 粒子群优化算法

1）初始化每个粒子，即在允许范围内随机设置每个粒子的初始位置和速度。

2）评价每个粒子的适应度，计算每个粒子的目标函数。

3）设置每个粒子经历的最好的位置 P_i。对每个粒子，将其适应度与其所经历的最好的位置 P_i 进行比较，如果优于 P_i，则将其作为该粒子的最好的位置 P_i。

4）设置全局最优值 P_g。对每个粒子，将其适应度与群体经历过的最好的位置 P_g 进行比较，如果优于 P_g，则将其作为当前群体的最好位置 P_g。

5）可以根据粒子速度更新公式和位置更新公式去更新粒子的速度和位置。

6）检查终止条件。如果未达到设定条件（预设误差或者迭代的次数），则返回第2）步。

3. 蚁群算法

蚂蚁在运动过程中，是根据路径上的信息素的多少来判断路径选择的。

在 t 时刻蚂蚁 k 选择从城市 i 到城市 j 的概率为

$$P_{ij}^k(t) = \begin{cases} \dfrac{[\tau_{ij}(t)]^\alpha [\eta_{ij}(t)]^\beta}{\sum\limits_{s \in \text{allow}_k} [\tau_{is}(t)]^\alpha [\eta_{ij}(t)]^\beta}, & j \in \text{allow}_k \\ 0, & j \notin \text{allow}_k \end{cases}$$

α 的值越大，则该蚂蚁越倾向于选择其他蚂蚁经过的路径，该状态转移概率就越接近于贪婪规则。

信息素浓度消散规则和信息素浓度更新规则为

$$\begin{cases} \tau_{ij}(t+1) = (1-\rho)\tau_{ij}(t) + \Delta\tau_{ij} \\ \Delta\tau_{ij} = \sum\limits_{k=1}^m \Delta\tau_{ij}^k \end{cases}$$

信息素增量为

$$\Delta\tau_{ij}^k = \begin{cases} \dfrac{Q}{L_k}, & \text{若蚂蚁 } k \text{ 从城市 } i \text{ 到城市 } j \\ 0, & \text{否则} \end{cases}$$

思考题

4.1 遗传算法的基本步骤和主要特点是什么？

4.2 适应度函数在遗传算法中的作用是什么？试举例说明如何构造适应度函数。

4.3 变异的基本思想是什么？

4.4 简述粒子群优化算法和基本遗传算法的不同之处。

4.5 列举几种经典的基本遗传算法，并分析它们的优缺点。

4.6 粒子群算法的参数是如何选择的？

4.7 简述群智能算法与进化算法的异同。

4.8 蚁群算法中的参数是如何选择的？

第5章

机器学习

本章首先对机器学习进行了简单的介绍,并针对其中的特征工程和模型评估两个部分进行了说明,最后详细讨论了有监督学习和无监督学习中的一些经典方法。

5.1 机器学习简介

人们通常根据自己已有的经验来对事物进行分类鉴别并做出判断,例如,根据喵喵叫这一特点判断出该动物是猫,根据前额上有王字印记判断出该动物是老虎。可以看出,拥有经验就已经可以完成很多事情了。那么机器是否能做到这些呢?机器学习正是这样一门学科,它致力于研究如何通过计算的手段,利用经验来改善系统自身的性能。

关于机器学习的研究可以追溯到20世纪50年代,本来希望搞清楚人类大脑及神经系统的学习机理,但由于受到客观条件的影响未能成功,之后又几经波折,直到20世纪80年代才获得了蓬勃发展。其与计算机科学、心理学等多学科之间都有密切的联系。

5.1.1 专业术语

在机器学习中,用来描述的问题称为模型,而机器如何运算推理的过程称为算法。例如,"判断该动物是否是猫"就是一个模型,"如果会'喵喵'叫就是猫,反之则不是"就是算法。在计算机上,经验以数据的形式储存,算法调用经验并给出基于当前经验的判断。因此我们追求判断的准确性就要使用更好的算法,机器学习也因此可以称为研究算法的学科。

在现代社会中,机器学习的应用十分广泛,例如识别手写的邮政编码,鉴别电子邮箱中的垃圾邮件等。以前人们使用if、else等代码语句来使机器实现部分智能,但是这需要人类为其书写规则,也就需要人类专家对问题本身有比较充分且正确的认识。但是人类制定规则的过程费时且费力,因此想要通过使用机器学习,让计算机自己从所给的数据中找规律。

因此,机器学习的基础就是有数据。所有数据的集合称为数据集,每一条数据称为样本,是对一个事件或对象的描述。其中事件或对象在某一个方面的性质称为一个属性,在属性上的取值称为属性值。一个样本的属性个数称为样本的维数。

从数据中通过某学习算法学得模型的过程称为学习或训练，用来训练模型的数据的集合称为训练集，用来测试训练好的模型是否合适的数据集合称为测试集。通常认为事实存在潜在的普遍规律，称之为真相。对于学得的模型中对应的某种潜在规律称为假设。学习过程就是使假设尽可能逼近真相。这里就要说明一下，我们通常假设所有使用和测试的数据都服从一个未知的分布，每一个样本独立，即独立同分布。因此通常情况下，我们获得的关于此分布的信息即数据样本越多，就会训练出更接近于真实分布的模型。

我们希望学习后的模型针对一个事件和对象，根据给出的属性做出一个判断。因此训练集中的数据应该已经带有这个判断，称为标签。测试集中的数据也应该有标签，用来评估测试的结果。所有标签的集合称为输出空间。

针对学习后的模型，需要进行检验并且对其评估与选择，需要考虑其性能、偏差、评价方法等，后续章节会进行详细的介绍。

学习后的模型与真相的相似程度称为拟合程度，拟合程度过低称为欠拟合。对有限个样本点来说，会存在多个通过样本点的模型，因此需要考虑选择哪一条作为我们的模型，也可以称为归纳偏好。"奥卡姆剃刀"是一种常用的、自然科学研究中最基本的原则，即"若有多个假设与观察一致，则选最简单的那个"。当使用测试集测试的时候，是否依然拥有很好的拟合程度称为它的泛化性能。当模型对训练数据过度适配，导致在新的数据上表现较差，称为过拟合，此时泛化性能差。其原因可能是模型参数过多，复杂度高于实际问题，或者训练数据包含抽样误差。其直观表现是训练误差和测试误差之间的差距太大，模型在训练集上表现好，但在测试集上表现不好。

另外除了拟合程度，要谈论算法的相对优劣，还必须要针对具体的学习问题。在某些问题上表现好的学习算法，在另一些问题上却可能不尽如人意，学习算法自身的归纳偏好与问题是否相配，往往会起到决定性的作用。

5.1.2 分类

机器学习主要分为两个大类，监督学习和无监督学习（见图5-1）。

在监督学习中，计算机通过示例学习。它从过去的数据中学习，并将学习的结果应用到当前的数据中，以预测未来的事件。在这种情况下，输入和期望的输出数据都有助于预测未来事件。为了准确预测，将输入数据标记为正确答案。

无监督学习是训练机器使用既未分类也未标记的数据的方法。这意味着无法提供训练数据，机器只能自行学习。机器必须能够对数据进行分类，而无需事先提供任何有关数据的信息。其理念是先让计算机与大量变化的数据接触，并允许它从这些数据中学习，以提供以前未知的见解，并识别隐藏的模式。因此，无监督学习算法不一定有明确的结果。相反，它确定了与给定数据集不同或有趣之处。计算机需要编程才能自学，并且计算机需要从结构化和非结构化数据中理解和提供见解。

可应用于监督学习的算法主要有回归（预测的是连续值）、贝叶斯分类、支持向量积、决策树等，会在之后的章节中进行详细的介绍。

可应用于无监督学习的算法主要有聚类，机器自动地根据一些特性将样本分为多个组，称为簇，这些特性不是人为规定的，而是机器自己发现的。

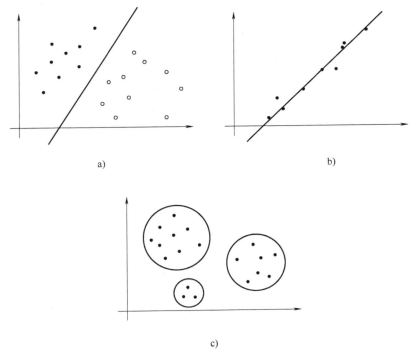

图 5-1 机器学习分类

a）监督学习——分类　b）监督学习——回归　c）无监督学习——聚类

居于两者之间的还有半监督学习，其使用的数据，一部分是标记过的，而大部分是没有标记的。和监督学习相比较，半监督学习的成本较低，但是又能达到较高的准确度。

在适用半监督学习的一些实际问题中，通常只有少量的有标记的数据，因为对数据进行标记的代价有时很高，比如在生物学中，对某种蛋白质的结构分析或者功能鉴定，可能会花费生物学家很多年的工作时间，而大量的未标记的数据却很容易得到。

目前机器学习的应用现状非常广泛，也与普通生活密切相关，与数据库、数据挖掘等领域也有紧密的结合。

5.2 特征工程

5.2.1 目的与基本流程

特征工程是成功应用机器学习的一个很重要的环节。在实际项目中，我们可能会有大量的特征可使用，有的特征携带的信息丰富，有的特征携带的信息有重叠，有的特征则属于无关特征，如果所有特征不经筛选地全部作为训练特征，经常会出现维度灾难问题，甚至会降低模型的准确性。因此，我们需要通过特征工程将原始数据转化成能够更好地表达问题本质的特征，使得将这些特征运用到预测模型中时，能提高对不可见数据的模型预测精度。简单来说就是发现对因变量 y 有明显影响作用的特征，通常称自变量 x 为特征。

特征工程还包含特征选择、特征提取和特征构造等子问题。特征工程的常见方法和步骤如图 5-2 所示。

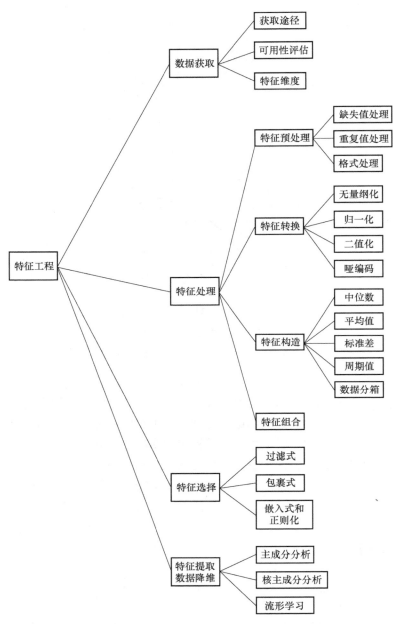

图 5-2　特征工程的常见方法和步骤

5.2.2　数据获取

要实现特征工程的目标，首先需要进行数据获取，需要结合特定的业务，对具体情况进行具体分析。一般需要重点考虑数据获取途径（例如存储方式）、数据可用性评估（例如获取难度、覆盖率、准确率）和特征维度。具体方法和步骤不在此详细描述。

获取到原始数据后，可以先对数据的整体情况做一个描述、统计和分析，并且尝试相关的可视化操作。数据获取的常见步骤如图 5-3 所示。

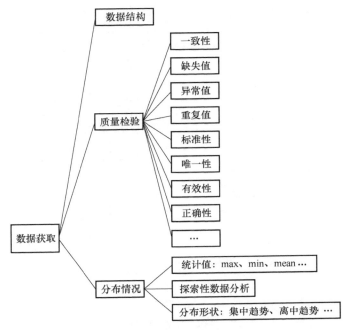

图 5-3　数据获取的常见步骤

5.2.3　特征处理

对数据的整体性有一个宏观的了解之后，即需要进入特征工程第一个重要的环节——特征处理，即数据的清洗工作。特征处理会消耗大量的时间，并且直接影响特征选择的结果。

1. 特征预处理

在对数据进行预处理的时候，有些特征可能因为无法采样或者没有观测值而出现特征值缺失的情况。常见的特征值缺失的处理方式如图 5-4 所示。

通常还会进行异常值检验和处理，遇到重复值时需要根据需求判断是否需要去重操作，有时候还需要进行数据格式处理，例如数字类型的转换、数字单位的调整、时间格式的处理。

2. 特征转换

特征一般分为三类：连续型、无序类别（离散）型、有序类别（离散）型。几种特征转换方式如图 5-5 所示。

对于连续型特征，通常遇到以下三种情况时需要进行处理。当模型的假设条件是要求特征服从某特殊分布（如正态分布），或服从该分布时，模型的表现较好时，需要对原始特征进行非线性函数转换。当某些特征值比其他特征值具有较大的跨度值时，需要通过缩放避免获得大小非常悬殊的权重值。另外，无量纲化可以使不同规格的数据转换到同一规格。而

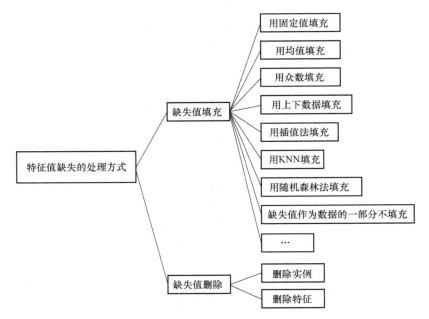

图 5-4   常见的特征值缺失的处理方式

类	功能	说明
StandardScaler	无量纲化	标准化，基于特征矩阵的列，将特征值转换至服从标准正态分布
MinMaxScaler	无量纲化	区间缩放，基于最大值和最小值，将特征值转换到[0,1]区间上
Normalizer	归一化	基于特征矩阵的行，将样本向量转换为"单位向量"
Binarizer	二值化	基于给定的阈值，将定量特征按阈值划分
OneHotEncoder	哑编码	将定性数据编码为定量数据
Imputer	缺失值计算	计算缺失值，缺失值可填充为均值等
PolynomialFeatures	多项式数据转移	多项式数据转换
FunctionTransformer	自定义单元数据转换	使用单变元的函数来转换数据

图 5-5   几种特征转换方式

且，并不是什么时候都需要标准化，比如物理意义非常明确的经纬度，如果标准化的话，则其本身的意义就会丢失。常见的无量纲化方法如图 5-6 所示。

还可以对数据进行二值化。设定一个阈值，将数值型数据输出为布尔类型。有时候，将数值型属性转换成类别型更有意义，因此进行离散化分箱处理，同时将一定范围内的数值划分成确定的块，使算法减少噪声的干扰。当然，除了归一化，不用做太多的特殊处理，也可以直接把原始特征放进模型里使用。

针对离散型特征可以进行数值化处理，当特征值不需要排序时，可进行二分类或多分类。对离散型特征还可以进行哑编码和独热编码。独热编码是基于数据集的某一特征的 N 个状态值，用 N 位编码来做区别。其中每一个状态位代表当前状态是否激活，1 为激活，0 为未激活。而哑编码是基于数据集的某一特征的 N 个状态值，用 $N-1$ 位编码来做区别。其中每一个状态位代表当前状态是否激活，1 为激活，0 为未激活。区别在于最后一个状态位，

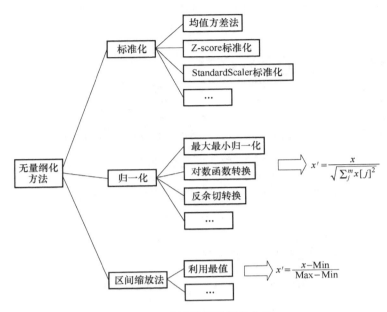

图 5-6　常见的无量纲化方法

当前五个状态位都为未激活的状态，则默认为第六个状态。

例如将人群基于年龄特征分为婴儿、幼儿、少年、青年、中年和老年六个状态，则独热编码需六位编码来做区分，独热编码示意图如图 5-7 所示。

婴儿	幼儿	少年	青年	中年	老年
100000	010000	001000	000100	000010	000001

图 5-7　独热编码示意图

哑编码则需要五位，哑编码示意图如图 5-8 所示。

婴儿	幼儿	少年	青年	中年	老年
10000	01000	00100	00010	00001	00000

图 5-8　哑编码示意图

当特征值较多时，矩阵会过于稀疏，常见的方法是通过降维来避免产生稀疏矩阵，将变量值较多的分类维度尽可能降到最少，能降则降，不能降的，别勉强。

对于时间戳属性通常需要分离成多个维度，比如年、月、日、小时、分钟、秒钟。但是在很多应用中，大量的信息是不需要的。因此在呈现时间的时候，尽可能保证提供的是最适合改模型的维度。

3. 特征构造和特征组合

如果我们对变量进行处理之后，效果仍不是非常理想，就需要进行特征构造，也就是衍生新变量。

常用的方法有根据统计量构造，如四分位数、中位数、平均值、标准差；根据前 n 个周期/天/月/年的周期值，如过去 5 天分位数、平均值等；还可以进行数据分箱，常见的数据分箱方式如图 5-9 所示。

等距分箱	按照相同宽度将数据分成几等份
等频分箱	每等份数据里面的数据个数是一样的
Best-KS分箱	让分箱后的组别的分布差异最大化
卡方分箱	依赖卡方分布，将类分布相似的数据合并在一起
最小熵法分箱	总信息熵值达到最小，使每箱中的数据具有最好的相似性

图 5-9 常见的数据分箱方式

当我们进行特征组合时，可以有限考虑强特征维度。特征类型不同时，可以使用不同的方法，常见的特征组合方式如图 5-10 所示。

数据类型	特征组合方式
离散+离散	笛卡儿积
离散+连续	连续特征分箱后进行笛卡儿积等
连续+连续	加减乘除、二阶差分等

图 5-10 常见的特征组合方式

5.2.4　特征选择

我们将属性称为特征，对当前学习任务有用的属性称为相关特征，没什么用的属性称为无关特征。从给定的特征集合中选择出相关特征子集的过程，称为特征选择。

显然遍历所有可能的子集来选取一个包含所有重要信息的特征子集是不可行的，因为这样做会遭遇组合爆炸，特征个数稍多就无法进行。可行的做法是产生一个候选子集，评价出它的好坏，基于评价结果产生下一个候选子集，再对其进行评价，这个过程持续进行下去，直至无法找到更好的候选子集为止。

第一个关键环节是子集搜索问题。给定特征集合 $\{a_1, a_2, \cdots, a_d\}$，我们可将每个特征看作一个候选子集，对这个候选单特征子集进行评价，假定 $\{a_2\}$ 最优，于是则将 $\{a_2\}$ 作为第一轮的选定集；然后，在上一轮的选定集中加入一个特征，构成包含两个特征的候选子集，假定在这 $d-1$ 候选两特征子集中 $\{a_2, a_4\}$ 最优，且优于 $\{a_2\}$，则将 $\{a_2, a_4\}$ 作为本轮的选定集，假定在第 $k+1$ 轮时，最优的候选 $(k+1)$ 特征子集不如上一轮的选定集时，则停止生成候选子集，并将上一轮选定的特征集合作为特征选择结果。这样逐渐增加相关特征的策略称为前向搜索。类似地，若我们从完整的特征集合开始，每次尝试去掉一个无关特征，这样逐渐减少特征的策略称为后向搜索。还可将前向与后向搜索结合起来，每一轮逐渐增加选定相关特征（这些特征在后续轮中将确定不会被去除）、同时减少无关特征，这样的策略称为双向搜索。

显然，上述策略都是贪心的，因为它们仅考虑了使本轮选定集最优，例如在第三轮假定选择 a_5 优于 a_6，于是选定集为 $\{a_2, a_4, a_5\}$，然而在第四轮却可能是 $\{a_2, a_4, a_6, a_8\}$ 比所有的 $\{a_2, a_4, a_5, a_i\}$ 都更优。遗憾的是，若不进行穷举搜索，则这样的问题无法避免。

第二个环节是子集评价问题。给定数据集 D，假定 D 中第 i 类样本所占的比例为 p_i $(i=1,2,\cdots,|\gamma|)$。为便于讨论，假定样本属性均为离散型，对属性子集 A，假定根据其取值将 D 分成了 V 个子集 $\{D^1,D^2,\cdots,D^V\}$，每个子集中的样本在 A 上取值相同，于是我们可计算属性子集 A 的信息增益为

$$\mathrm{Gain}(A) = \mathrm{Ent}(D) - \sum_{v=1}^{V} \frac{|D^V|}{|D|}\mathrm{Ent}(D^V) \tag{5-1}$$

其中信息熵定义为

$$\mathrm{Ent}(D) = -\sum_{i=1}^{|\gamma|} p_k \log_2 p_k \tag{5-2}$$

信息增益 $\mathrm{Gain}(A)$ 越大，意味着特征子集 A 包含的有助于分类的信息越多。于是，对每个候选特征子集，我们可基于训练数据集 D 来计算其信息增益，以此作为评价准则。

更一般地，特征子集 A 实际上确定了对数据集 D 的一个划分，每个划分区域对应着 A 上的一个取值，而样本标记信息 Y 则对应着对 D 的真实划分，通过估算这两个划分的差异，就能对 A 进行评价。与 Y 对应的划分的差异越小，则说明 A 越好。信息熵仅是判断这个差异的一种途径，其他能判断两个划分差异的机制都能用于特征子集评价。

将特征子集搜索机制与子集评价机制相结合，即可得到特征选择方法。例如将前向搜索与信息熵相结合，这显然与决策树算法非常相似。事实上，决策树可用于特征选择，树结点的划分属性所组成的集合就是选择出的特征子集。其他的特征选择方法未必像决策树特征选择这么明显，但它们在本质上都是显式或隐式地结合了某种（或多种）子集搜索机制和子集评价机制。

常见的特征选择方法大致可分为三类：过滤式、包裹式和嵌入式。

1. 过滤式特征选择

过滤式特征选择方法是先对数据集进行特征选择，然后再训练学习器，特征选择过程与后续学习器无关。这相当于先用特征选择过程对初始特征进行过滤，再用过滤后的特征来训练模型。

Relief（Relevant Features）是一种著名的过滤式特征选择方法，该方法设计了一个相关统计量来度量特征的重要性。该统计量是一个向量，其每个分量分别对应于一个初始特征，而特征子集的重要性则是由子集中特征所对应的相关统计量分量之和来决定的。于是，最终只需指定一个阈值 τ，然后选择比 τ 大的相关统计量分量所对应的特征即可；也可指定欲选取的特征个数 k，然后选择相关统计量分量最大的 k 个特征。

显然，Relief 的关键是如何确定相关统计量。给定训练集 $\{(x_1,y_1),(x_2,y_2),\cdots,(x_m,y_m)\}$，对每个示例 x_i，Relief 先在 x_i 的同类样本中寻找其最近邻 $x_{i,nh}$，称为猜中近邻（near-hit），再从 $x_{i,nh}$ 的异类样本中寻找其最近邻 $x_{i,nm}$，称为猜错近邻（near-miss），然后，相关统计量对应于属性 j 的分量为

$$\delta^j = \sum_i - \mathrm{diff}(x_i^j, x_{i,nh}^j)^2 + \mathrm{diff}(x_i^j, x_{i,nm}^j)^2 \tag{5-3}$$

式中，x_a^j 表示样本 x_a 均在属性 j 上的取值；$\mathrm{diff}(x_a^j, x_b^j)$ 取决于属性 j 的类型：若属性 j 为离散型，则 $x_a^j = x_b^j$ 时 $\mathrm{diff}(x_a^j, x_b^j) = 0$，否则为 1；若属性 j 为连续型，$\mathrm{diff}(x_a^j, x_b^j) = |x_a^j - x_b^j|$，注意 x_a^j，x_b^j 已规范化到 $[0,1]$ 区间。

从式（5-3）可看出，若 x_i 与其猜中近邻 $x_{i,nh}$ 在属性 j 上的距离小于 x_i 与其猜错近邻 $x_{i,nm}$ 的距离，则说明属性 j 对区分同类与异类样本是有益的，于是增大属性 j 所对应的统计量分量；反之，若 x_i 与其猜中近邻 $x_{i,nh}$ 在属性 j 上的距离大于 x_i 与其猜错近邻 $x_{i,nm}$ 的距离，则说明属性 j 起负面作用，于是减小属性 j 所对应的统计量分量。最后，对基于不同样本得到的估计结果进行平均，就得到各属性的相关统计量分量，分量值越大，则对应属性的分类能力就越强。

式（5-3）中的 i 指出了用于平均的样本下标。实际上，Relief 只需在数据集的采样上而不必在整个数据集上估计相关统计量[7]。显然，Relief 的时间开销随采样次数以及原始特征数线性增长，因此是一个运行效率很高的过滤式特征选择算法。

Relief 是为二分类问题设计的，其扩展变体 Relief-F[8] 能处理多分类问题。假定数据集 D 的样本来自 $|\gamma|$ 个类别。对示例 x_i，若它属于第 k 类（$k \in \{1, 2, \cdots, |\gamma|\}$），则 Relief-F 先在第 k 类的样本中寻找 x_i 的最近邻示例 $x_{i,nh}$ 并将其作为猜中近邻，然后在第 k 类之外的每个类中找到一个 x_i 的最近邻示例作为猜错近邻，记为 $x_{i,l,nm}(l = 1, 2, \cdots, |\gamma|; l \neq k)$。于是，相关统计量对应于属性 j 的分量为

$$\delta^j = \sum_i - \text{diff}(x_i^j, x_{i,nh}^j)^2 + \sum_{l \neq k} (p_l \times \text{diff}(x_i^j, x_{i,l,nm}^j)^2) \tag{5-4}$$

式中，p_l 为第 l 类样本在数据集 D 中所占的比例。

2. 包裹式特征选择

过滤式特征选择使用相关统计量分量来对特征进行评价，而包裹式特征选择则直接把最终将要使用的学习器的性能作为特征子集的评价准则。

一般而言，由于包裹式特征选择方法直接针对给定学习器进行优化，因此从最终学习器性能来看，包裹式特征选择比过滤式特征选择更好，但另一方面，由于在特征选择过程中需多次训练学习器，因此包裹式特征选择的计算开销通常比过滤式特征选择大得多。

LVW（Las Vegas Wrapper）是一个典型的包裹式特征选择方法。它在拉斯维加斯方法（Las Vegas Method）框架下使用随机策略来进行子集搜索，并以最终分类器的误差为特征子集评价准则。

需注意的是，由于 LVW 算法中特征子集搜索采用了随机策略，而每次特征子集评价都需训练学习器，计算开销很大，因此算法设置了停止条件控制参数 T，然而，整个 LVW 算法是基于拉斯维加斯方法框架，若初始特征数很多、T 设置较大，则算法可能运行很长时间都达不到停止条件。换言之，若有运行时间限制，则有可能给不出解。

除此之外，还可以采取完全搜索，即穷举的策略。递归特征消除法使用一个基模型来进行多轮训练，每轮训练后，消除若干权值系数的特征，再基于新的特征集进行下一轮训练；递归特征消除法使用基模型在训练中进行迭代，选择不同特征构建单个特征的模型，通过模型的准确性为特征排序，借此来选择特征。

也可采取启发式搜索，即贪心策略。前向选择法从 0 开始不断向模型加能最大限度提升模型效果的特征数据用以训练，直到任何训练数据都无法提升模型表现。后向剔除法先用所有特征数据进行建模，再逐一丢弃贡献最低的特征来提升模型效果，直到模型效果收敛。启发式搜索直接面向算法优化，不需要太多的知识，但其有庞大的搜索空间，且需要定义启发式策略。

3. 嵌入式特征选择和正则化

在过滤式和包裹式特征选择方法中，特征选择过程与学习器训练过程有明显的分别；与

此不同，嵌入式特征选择是将特征选择过程与学习器训练过程融为一体，两者在同一个优化过程中完成，即在学习器训练过程中自动地进行了特征选择。

给定数据集 $D = \{(x_1, y_1), (x_2, y_2), \cdots, (x_m, y_m)\}$，其中 $x \in \mathbb{R}^d$，$y \in \mathbb{R}$。我们考虑最简单的线性回归模型，以平方误差为损失函数，则优化目标为

$$\min \sum_{i=1}^{m} (y_i - \omega^{\mathrm{T}} x_i)^2 \tag{5-5}$$

当样本特征很多，而样本数相对较少时，式（5-5）很容易陷入过拟合。为了缓解过拟合问题，可对式（5-5）引入正则化项。若使用 L_1 范数正则化，则有

$$\min \sum_{i=1}^{m} (y_i - \omega^{\mathrm{T}} x_i)^2 + \lambda \|\omega\|_1 \tag{5-6}$$

可以产生稀疏权值矩阵，即产生一个稀疏模型，其中正则化参数 $\lambda > 0$。范数示意图如图 5-11 所示。

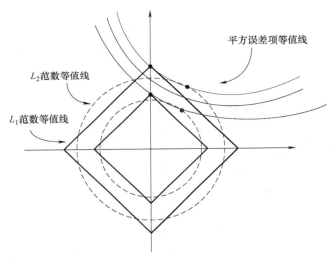

图 5-11 范数示意图

稀疏矩阵中多数元素为 0，即所得模型的多数系数为 0。若所得矩阵为稀疏矩阵，则表示只有少数特征对这个模型有贡献，多数特征无贡献（系为 0）或贡献很小（系数很小），因此可以只关注系数是非零值的特征。

若使用 L_2 范数正则化，则有

$$\min \sum_{i=1}^{m} (y_i - \omega^{\mathrm{T}} x_i)^2 + \lambda \|\omega\|_2^2 \tag{5-7}$$

其也可以降低模型过拟合风险，其中正则化参数，式（5-7）称为岭回归[9]。

由图 5-11 可看出，采用 L_1 范数时平方误差项等值线与正则化项等值线的交点常出现在坐标轴上，而在采用 L_2 范数时，两者的交点常出现在某个象限中；也就是说，采用 L_1 范数比 L_2 范数更易于得到稀疏解。

5.2.5 特征提取和数据降维

在数据的预处理阶段，特征提取和数据降维是提升模型表示能力的一种重要手段。

特征提取主要是从数据中找到有用的特征，用于提升模型的表示能力，而数据降维主要是在不减少模型准确率的情况下减少数据的特征数量。

从原理上来说，多维变量变为一维是将不同变量按照不同权重转化到一维空间，再将各个变量叠加就组成一个新的一维变量。

从方法上来说，下面将主要介绍主成分分析、核主成分分析和 ISomap 流形学习，它们都能实现数据降维。其中，主成分分析和核主成分分析将应用于人脸数据集特征提取，ISomap 流形学习将应用在手写数字数据集上。

主成分分析将 n 维输入数据缩减为 k 维，其中 $k<n$。但并非简单地从 n 维特征中去除其余 $n-k$ 维特征，而是重新构造出来的 k 维正交特征。简单地说，主成分分析实质上是一个基变换，使得变换后的数据有最大的方差。

通常可以基于特征值或者奇异值分解协方差矩阵以实现主成分分析算法。用奇异值分解方法举例，假定有 $m×n$ 维数据样本 $X_{m×n}$，共有 m 个样本，每个样本数据有 n 维，$X_{m×n}$ 实矩阵可以分解为

$$X_{m×n} = U_{m×m} \Sigma_{m×n} V_{n×n}^{T} \tag{5-8}$$

这里，正交阵 U 的维数是 $m×m$，正交阵 V 的维数是 $n×n$（正交阵满足：$UU^T = VTV = 1$），Σ 是一个 $m×n$ 的矩阵，除了主对角线上的元素以外全为 0。找出最大的 k 个特征向量组成的 $k×n$ 的矩阵 V^T，则我们可以做如下处理：

$$X'_{m×k} = X_{m×n} V_{n×k}^{T} \tag{5-9}$$

可以得到一个 $m×k$ 的矩阵 X'，和 $m×n$ 的矩阵 $X_{m×n}$ 相比，列数从 n 减到了 k，可见对列数进行了压缩，即特征维度的压缩。

一般来说，主成分分析适用于数据的线性降维，而核主成分分析可实现数据的非线性降维，用于处理线性不可分的数据集。

核主成分分析的大致思路是：对于输入空间中的矩阵，我们先用一个非线性映射把其中的所有样本通过核函数映射到一个高维甚至是无穷维的空间（也称为特征空间），使其在该特征空间中线性可分，然后在这个高维空间进行主成分分析降维。

除此之外，常用的线性降维方法还有线性判别分析、局部线性嵌入、拉普拉斯特征映射、随机邻域嵌入、t 分布邻域嵌入，迁移学习降维方法有迁移成分分析等。

5.3 模型评估

我们把学习器的实际预测输出与样本的真实输出之间的差异称为误差，学习器在训练集上的误差称为训练误差或经验误差，在新样本上的误差称为泛化误差。显然，我们希望得到泛化误差小的学习器。然而，我们事先并不知道新样本是什么样的，实际能做的是努力使经验误差最小化。在很多情况下，我们可以学得一个经验误差很小、在训练集上表现很好的学习器，例如甚至对所有训练样本都分类正确，即分类错误率为零，分类精度为 100%，但这样的学习器在多数情况下泛化性能都不好。

为了获得在新样本上能表现得很好的学习器，应该从训练样本中尽可能学出适用于所有潜在样本的普遍规律。而当学习器把训练样本学得太好了的时候，很可能已经把训练样本自身的一些特点当作所有潜在样本都会具有的一般性质，这样就会导致泛化性能下降，这种现

象在机器学习中称为过拟合。与过拟合相对的是欠拟合，这是指对训练样本的一般性质尚未学好。

有多种因素可能导致过拟合，各类学习算法都必然带有一些针对过拟合的措施；然而必须认识到，过拟合是无法彻底避免的，我们所能做的只是缓解或者说减小其风险。

在现实任务中，我们往往有多种学习算法可供选择，甚至对同一个学习算法，当使用不同的参数配置时，也会产生不同的模型。模型选择解决的就是该选择哪一个学习算法、使用哪一种参数配置的问题。理想的解决方案当然是对候选模型的泛化误差进行评估，然后选择泛化误差最小的那个模型。然而如上面所讨论的，我们无法直接获得泛化误差，而训练误差又由于过拟合现象的存在而不适合作为标准，那么，在现实中如何进行模型评估与选择呢？

5.3.1　评估方法

1. 留出法

留出法直接将数据集 D 划分为两个互斥的集合，其中一个集合作为训练集 S，另一个作为测试集 T，即 $D = S \cup T$，$S \cap T = \varnothing$。在 S 上训练出模型后，用 T 来评估其测试误差，作为对泛化误差的估计。

以二分类任务为例，假定 D 包含 1000 个样本，将其划分为 S 包含 700 个样本，T 包含 300 个样本，用 S 进行训练后，如果模型在 T 上有 90 个样本分类错误，那么其错误率为（90/300）×100% = 30%，相应地，精度为 1−30% = 70%。

需注意的是，训练/测试集的划分要尽可能保持数据分布的一致性，避免因数据划分过程引入额外的偏差而对最终结果产生影响，例如在分类任务中至少要保持样本的类别比例相似。如果从采样的角度来看待数据集的划分过程，则保留类别比例的采样方式通常称为分层采样。例如通过对 D 进行分层采样而获得含 70% 样本的训练集 S 和含 30% 样本的测试集 T，若 D 包含 500 个正例、500 个反例，则分层采样得到的应包含 350 个正例、350 个反例，而 T 则包含 150 个正例和 150 个反例；若 S、T 中样本类别比例差别很大，则误差估计将由于训练/测试数据分布的差异而产生偏差。

另一个需注意的问题是，即使在给定训练/测试集的样本比例后，仍存在多种划分方式对初始数据集 D 进行分割。例如在上面的例子中，可以把 D 中的样本排序，然后把前 350 个正例放到训练集中，也可以把后 350 个正例放到训练集中，这些不同的划分将导致不同的训练/测试集，相应地，模型评估的结果也会有差别。因此，单次使用留出法得到的估计结果往往不够稳定可靠，在使用留出法时，一般要采用若干次随机划分、重复进行实验评估后取平均值作为留出法的评估结果。例如进行 100 次随机划分，每次产生一个训练/测试集用于实验评估，100 次后就得到 100 个结果，而留出法返回的则是这 100 个结果的平均。

此外，我们希望评估的是用 D 训练出的模型的性能，但留出法需划分训练/测试集，这就会导致一个窘境：若令训练集 D 包含绝大多数样本，则训练出的模型可能更接近于用 D 训练出的模型，但由于 S 比较小，评估结果可能不够稳定可靠；若令测试集 T 多包含一些样本，则训练集 S 与 T 差别更大了，被评估的模型与用 D 训练出的模型相比可能有较大的差别，从而降低了评估结果的保真性。这个问题没有完美的解决方案，常见的做法是将 2/3 ~ 4/5 样本用于训练，剩余样本用于测试。

2. 交叉验证法

交叉验证法是将数据 D 分为 k 个大小相似的互斥子集，$D=D_1 \cup D_2 \cup \cdots \cup D_k$，$D_i \cap D_j = \varnothing$（$i \neq j$）。每个子集 D_i 尽可能保持数据分布的一致性，即从 D 通过分层采样得到。然后，每次用 $k-1$ 个子集的并集作为训练集，余下的那个子集作为测试集；这样就可获得 k 组训练/测试集，从而可进行 k 次训练和测试，最终返回的是 k 个测试结果的均值。显然，交叉验证法评估结果的稳定性和保真性在很大程度上取决于 k 的取值，为了强调这一点，通常把交叉验证法称为 k 折交叉验证。最常用的 k 的取值是 10，此时称为 10 折交叉验证；其他常用的 k 值有 5、20 等。图 5-12 给出了 10 折交叉验证的示意图。

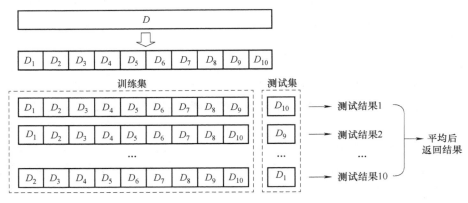

图 5-12　10 折交叉验证的示意图

与留出法相似，将数据集 D 划分为 k 个子集同样存在多种划分方式。为减小因样本划分不同而引入的差别，k 折交叉验证通常要随机使用不同的划分重复 p 次，最终的评估结果是这 p 次 k 折交叉验证结果的均值，例如常见的有 10 次 10 折交叉验证。

假定数据集 D 中包含 m 个样本，若令 $k=m$，则得到了交叉验证法的一个特例：留一法。显然，留一法不受随机样本划分方式的影响，因为 m 个样本只有唯一的方式划分为 m 个子集，即每个子集包含一个样本；留一法使用的训练集与初始数据集相比只少了一个样本，这就使得在绝大多数情况下，留一法中被实际评估的模型与期望评估的用 D 训练出的模型很相似。因此，留一法的评估结果往往被认为比较准确。然而，留一法也有其缺陷：在数据集比较大时，训练 m 个模型的计算开销可能是难以忍受的（例如数据集包含 100 万个样本，则需训练 100 万个模型），而这还是在未考虑算法调参的情况下。另外，留一法的估计结果也未必永远比其他评估方法准确；"没有免费的午餐"定理对实验评估方法同样适用。

3. 自助法

我们希望评估的是用 D 训练出的模型。但在留出法和交叉验证法中，由于保留了一部分样本用于测试，因此实际评估的模型所使用的训练集比 D 小，这必然会引入一些因训练样本规模不同而导致的估计偏差。留一法受训练样本规模变化的影响较小，但计算复杂度又太高了。如何减少训练样本规模不同造成的影响，同时还能比较高效地进行实验估计呢？

自助法是一个比较好的解决方案，它直接以自助采样为基础[10]。给定包含 m 个样本的数据集 D，并对它进行采样产生数据集 D'；每次随机从 D 中挑选一个样本，将其拷贝放入 D'，然后再将该样本放回初始数据集 D 中，使得该样本在下次采样时仍有可能被采到；这

个过程重复执行 m 次后，我们就得到了包含 m 个样本的数据集 D'，这就是自助采样的结果。显然 D 中有一部分样本会在 D' 中多次出现，而另一部分样本不出现。可以做一个简单的估计，样本在 m 次采样中始终不被采到的概率是 $\left(1-\dfrac{1}{m}\right)^m$，取极限得到

$$\lim_{m\to\infty}\left(1-\frac{1}{m}\right)^m \to \frac{1}{e} \approx 0.368 \tag{5-10}$$

即通过自助采样，初始数据集 D 中约有 36.8% 的样本未出现在采样数据集 D' 中。于是我们可将 D' 用作训练集，$D\backslash D'$ 用作测试集；这样，实际评估的模型与期望评估的模型都使用 m 个训练样本，而我们仍有数据总量约 1/3 的、没在训练集中出现的样本用于测试。这样的测试结果，也称为包外估计。

自助法在数据集较小、难以有效划分训练/测试集时很有用；此外，自助法能从初始数据集中产生多个不同的训练集，这对集成学习等方法有很大的好处。然而，自助法产生的数据集改变了初始数据集的分布，这会引入估计偏差。因此，在初始数据量足够时，留出法和交叉验证法更常用一些。

5.3.2　调参与最终模型

大多数学习算法都需要对一些参数进行设定，参数配置不同，学得模型的性能往往有显著差别。因此，在进行模型评估与选择时，除了要对适用学习算法进行选择，还需对算法参数进行设定，这就是通常所说的参数调节或简称为调参。

对每种参数配置都训练出模型，然后把对应最好模型的参数作为结果。这样的考虑基本是正确的，但有一点需注意：学习算法的很多参数是在实数范围内取值，因此，对每种参数配置都训练出模型来是不可行的。现实中常用的做法是对每个参数选定一个范围和变化步长，这样选定的参数值往往不是最佳值，但这是在计算开销和性能估计之间进行折中的结果，通过这个折中，学习过程才变得可行。事实上，即便在进行这样的折中后，调参往往仍很困难。可以想象，很多强大的学习算法有大量参数需设定，这将导致极大的调参工程量，以至于在不少应用任务中，参数调得好不好往往对最终模型性能有关键性的影响。

在模型评估与选择过程中由于需要留出一部分数据进行评估测试，事实上我们只使用了一部分数据训练模型。因此，在模型选择完成后，学习算法和参数配置已选定，此时应该用数据集重新训练模型。这个模型在训练过程中使用了所有样本，这才是我们最终提交给用户的模型。

5.3.3　性能度量

对学习器的泛化性能进行评估，不仅需要有效可行的实验估计方法，还需要有衡量模型泛化能力的评价标准，这就是性能度量。性能度量反映了任务需求，在对比不同模型的能力时，使用不同的性能度量往往会导致不同的评判结果；这意味着模型的好坏是相对的，什么样的模型是好的呢？这不仅取决于算法和数据，还决定于任务需求。

在预测任务中，给定样例集 $D=\{(x_1,y_1),(x_2,y_2),\cdots,(x_m,y_m)\}$，其中 y_i 是示例 x_i 的真实标记。要评估学习器 f 的性能，就要把学习器的预测结果 $f(x)$ 与真实标记 y 进行比较。

回归任务最常用的性能度量是均方误差

$$E(f;D) = \frac{1}{m} \sum_{i=1}^{m} (f(x_i) - y_i)^2 \tag{5-11}$$

更一般地，对于数据分布 D 和概率密度函数 $p(\cdot)$ 的均方误差可描述为

$$E(f;D) = \int \sum_{i=1}^{m} (f(x) - y)^2 p(x) \, \mathrm{d}x \tag{5-12}$$

接下来将主要介绍分类任务中常用的性能度量。

1. 错误率与精度

本章开头提到了错误率与精度，这是分类任务中最常用的两种性能度量，既适用于二分类任务，也适用于多分类任务。错误率是分类错误的样本数占样本总数的比例，精度则是分类正确的样本数占样本总数的比例。对样例集类错误率定义为

$$E(f;D) = \frac{1}{m} \sum_{i=1}^{m} I(f(x_i) \neq y_i) \tag{5-13}$$

精度则定义为

$$
\begin{aligned}
\mathrm{acc}(f;D) &= \frac{1}{m} \sum_{i=1}^{m} I(f(x_i) = y_i) \\
&= 1 - E(f;D)
\end{aligned}
\tag{5-14}
$$

更一般地，对于数据分布 D 和概率密度函数 $p(\cdot)$，错误率与精度可分别描述为

$$E(f;D) = \int_{x \sim D} \mathbb{I}(f(x) \neq y) p(x) \, \mathrm{d}x \tag{5-15}$$

$$
\begin{aligned}
\mathrm{acc}(f;D) &= \int_{x \sim D} \mathbb{I}(f(x) = y) p(x) \, \mathrm{d}x \\
&= 1 - E(f;D)
\end{aligned}
\tag{5-16}
$$

2. 查准率、查全率与 F1

错误率与精度虽常用，但并不能满足所有的任务需求。例如在信息检索中，我们经常会关心"检索出的信息中有多少比例是用户感兴趣的"以及"用户感兴趣的信息中有多少被检索出来了"。查准率与查全率是更为适用于此类需求的性能度量。

对于二分类问题，可将样例根据其真实类别与学习器预测类别的组合划分为真正例（True Positive，TP）、假正例（False Positive，FP）、真反例（True Negative，TN）和假反例（False Negative，FN）四种情形，令 TP、FP、TN、FN 分别表示其对应的样例数，则显然有 $TP+FP+TN+FN=$ 样例总数。分类结果的混淆矩阵见表 5-1。

表 5-1　混淆矩阵

真实情况	预测结果	
	正例	反例
真	TP（真正例）	TN（真反例）
假	FP（假正例）	FN（假反例）

查准率 P 与查全率 R 分别定义为

$$P = \frac{TP}{TP+FP} \tag{5-17}$$

$$R=\frac{TP}{TP+FN} \tag{5-18}$$

查准率和查全率是一对矛盾的度量。一般来说，查准率高时，查全率往往偏低；而查全率高时，查准率往往偏低。通常只有在一些简单任务中，才可能使查全率和查准率都很高。

在很多情形下，我们可根据学习器的预测结果对样例进行排序，排在前面的是学习器认为最可能是正例的样本，排在最后的则是学习器认为最不可能是正例的样本。按此顺序逐个把样本作为正例进行预测，则每次可以计算出当前的查全率、查准率。以查准率为纵轴、查全率为横轴作图，就得到了查准率-查全率曲线，简称 P-R 曲线，显示该曲线的图称为 P-R 图（见图 5-13）。

P-R 图直观地显示出学习器在样本总体上的查全率、查准率。在进行比较时，若一个学习器的 P-R 曲线被另一个学习器的曲线完全包住，则可断言后者的性能优于前者，例如图 5-13 中学习器 A 的性能优于学习器 C；如果两个学习器的 P-R 曲线发生了交叉，例如图 5-13 中的 A 与 B，则难以一般性地判断两者孰优孰劣，只能在具体的查准率或查全率条件下进行比较。然而，在很多情形下，人们往往仍希望把学习器 A 与 B 比出个高低。这时一个比较合理的判据是比较 P-R 曲线下面积的大小，它在一定程度上表征了学习器在查准率和查全率上取得相对双高的比例。但这个值不太容易估算，因此，人们设计了一些综合考虑查准率、查全率的性能度量。

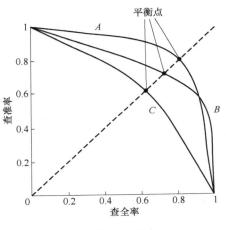

图 5-13　P-R 图

平衡点就是这样一个度量，它是查准率＝查全率时的取值，例如图 5-13 中学习器 C 的平衡点是 0.64，而基于平衡点的比较，可认为学习器 A 优于 B。

平衡点还是过于简化了些，更常用的是基于查准率与查全率的调和平均的 F_1 度量：

$$F_1=\frac{2\times P\times R}{P+R}=\frac{2\times TP}{\text{样例总数}+TP-TN} \tag{5-19}$$

在一些应用中，对查准率和查全率的重视程度有所不同。例如在商品推荐系统中，为了尽可能少打扰用户，更希望推荐用户感兴趣的内容，此时查准率更重要；而在逃犯信息检索系统中，更希望尽可能少漏掉逃犯，此时查全率更重要。F_1 度量的一般形式是基于调和算术平均的 F_β，能让我们表达出对查准率/查全率的不同偏好，其定义为

$$F_\beta=\frac{(1+\beta^2)\times P\times R}{(\beta^2\times P)+R} \tag{5-20}$$

其中，$\beta>0$ 度量了查全率对查准率的相对重要性。$\beta=1$ 时退化为标准的 F_1；$\beta>1$ 时查全率有更大的影响；$\beta<1$ 时查准率有更大的影响。

很多时候我们有多个二分类混淆矩阵，例如进行多次训练/测试，每次得到一个混淆矩阵；或是在多个数据集上进行训练/测试，希望估计算法的全局性能；甚至执行多分类任务

时，每两两类别的组合都对应一个混淆矩阵，总之，我们希望在 n 个二分类混淆矩阵上综合考察查准率和查全率。

一种直接的做法是先在各混淆矩阵上分别计算出查准率和查全率，记为 (P_1, R_1)，$(P_2, R_2), \cdots, (P_n, R_n)$，再计算平均值，这样就得到宏查准率、宏查全率，以及相应的宏 F_1：

$$macro-P = \frac{1}{n}\sum_{i=1}^{n} P_i \tag{5-21}$$

$$macro-R = \frac{1}{n}\sum_{i=1}^{n} R_i \tag{5-22}$$

$$macro-F_1 = \frac{2\times macro\text{-}P\times macro\text{-}R}{macro\text{-}P+macro\text{-}R} \tag{5-23}$$

还可先将各混淆矩阵的对应元素进行平均，得到 TP、FP、TN、FN 平均值，分别记为 $\overline{TP}$、$\overline{FP}$、$\overline{TN}$、$\overline{FN}$，再基于这些平均值计算出微查准率、微查全率和微 F_1：

$$micro-P = \frac{\overline{TP}}{\overline{TP}+\overline{FP}} \tag{5-24}$$

$$micro-R = \frac{\overline{TP}}{\overline{TP}+\overline{FN}} \tag{5-25}$$

$$micro-F_1 = \frac{2\times micro\text{-}P\times micro\text{-}R}{micro\text{-}P+micro\text{-}R} \tag{5-26}$$

3. ROC 和 AUC

很多学习器是为测试样本产生一个实值或概率预测，然后将这个预测值与一个分类阈值进行比较，若大于阈值则分为正类，否则为反类。例如，神经网络在一般情形下是对每个测试样本预测出一个 $[0.0, 1.0]$ 之间的实值，然后将这个值与 0.5 进行比较，大于 0.5 则判为正例，否则为反例。这个实值或概率预测结果的好坏，直接决定了学习器的泛化能力。实际上，根据这个实值或概率预测结果，我们可将测试样本进行排序，最可能是正例的排在最前面，最不可能是正例的排在最后面。这样，分类过程就相当于在这个排序中以某个截断点将样本分为两部分，前一部分判作正例，后一部分则判作反例。

在不同的应用任务中，我们可根据任务需求来采用不同的截断点，例如若我们更重视查准率，则可选择排序中靠前的位置进行截断；若更重视查全率，则可选择靠后的位置进行截断。因此，排序本身的质量好坏，体现了综合考虑学习器在不同任务下的期望泛化性能的好坏，或者说一般情况下泛化性能的好坏。ROC（Receiver Operating Characteristic，受试者工作特征）曲线则是从这个角度出发来研究学习器泛化性能的有力工具。

ROC 曲线源于"二战"中用于敌机检测的雷达信号分析技术，20 世纪 60~70 年代开始被用于一些心理学、医学检测应用中，此后被引入机器学习领域。与 P-R 曲线相似，我们根据学习器的预测结果对样例进行排序，按此顺序逐个把样本作为正例进行预测，每次计算出两个重要量的值，分别以它们为横、纵坐标作图，就得到了 ROC 曲线。与 P-R 曲线使用查准率、查全率为纵、横轴不同，ROC 曲线的纵轴是真正例率（True Positive Rate，TPR），

横轴是假正例率（False Positive Rate，FPR），两者分别定义为

$$\text{TPR} = \frac{TP}{TP+FN} \tag{5-27}$$

$$\text{FPR} = \frac{FP}{TN+FP} \tag{5-28}$$

显示 ROC 曲线的图称为 ROC 图（见图 5-14a）。显然，对角线对应于随机猜测模型，而点（0,1）则对应于将所有正例排在所有反例之前的理想模型。

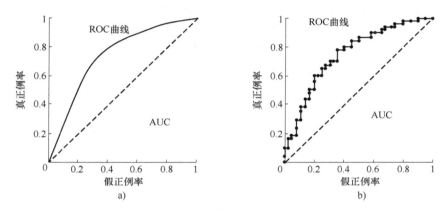

图 5-14　ROC 曲线和 AUC
a）光滑 ROC 曲线　b）近似 ROC 曲线

现实任务中通常是利用有限个测试样例来绘制 ROC 图，此时仅能获得有限个（真正例率、假正例率）坐标对，无法产生图 5-14a 中的光滑 ROC 曲线，只能绘制出如图 5-14b 所示的近似 ROC 曲线。绘图过程很简单：给定 m^+ 个正例和 m^- 个反例，根据学习器预测结果对样例进行排序，然后把分类阈值设为最大，即把所有样例均预测为反例，此时真正例率和假正例率均为 0，在坐标（0,0）处标记一个点。然后，将分类阈值依次设为每个样例的预测值，即依次将每个样例划分为正例。设前一个标记点坐标为 (x,y)，当前若为真正例，则对应标记点的坐标为 $\left(x, y+\frac{1}{m^+}\right)$；当前若为假正例，则对应标记点的坐标为 $\left(x+\frac{1}{m^-}, y\right)$，然后用线段连接相邻点即可得到曲线。

进行学习器的比较时，与 P-R 图相似，若一个学习器的 ROC 曲线被另一学习器的曲线完全包住，则可断言后者的性能优于前者；若两个学习 ROC 曲线发生交叉，则难以一般性地断言两者孰优孰劣。此时如果一定要进行比较，则较为合理的判据是比较 ROC 曲线下的面积。

从定义可知，AUC 通过对 ROC 曲线下各部分的面积求和而得。假定 ROC 曲线是由坐标为 $\{(x_1,y_1),(x_2,y_2),\cdots,(x_m,y_m)\}$ 的点按序连接而形成（见图 5-14b），则 AUC 可估算为

$$\text{AUC} = \frac{1}{2}\sum_{i=1}^{m-1}(x_{i+1}-x_i)(y_i+y_{i+1}) \tag{5-29}$$

形式化地看，AUC 考虑的是样本预测的排序质量，因此它与排序误差有紧密的联系。给定 m^+ 个正例和 m^- 个反例，令 D^+ 和 D^- 分别表示正、反例集合，则排序损失定义为

$$\ell_{\text{rank}} = \frac{1}{m^+ m^-} \sum_{x^+ \in D^+} \sum_{x^- \in D^-} \left(I\left(f(x^+) < f(x^-)\right) + \frac{1}{2} I\left(f(x^+) = f(x^-)\right) \right) \tag{5-30}$$

即考虑每一对正、反例，若正例的预测值小于反例，则记一个罚分，若相等，则记 0.5 个罚分。容易看出，ℓ_{rank} 对应的是 ROC 曲线之上的面积。若一个正例在 ROC 曲线上对应标记点的坐标为 (x, y)，则 x 恰是排序在其之前的反例所占的比例，即假正例率。因此有

$$\text{AUC} = 1 - \ell_{\text{rank}} \tag{5-31}$$

4. 代价敏感错误率与代价曲线

在现实任务中常会遇到这样的情况：不同类型的错误所造成的后果不同。例如在医疗诊断中，错误地把患者诊断为健康人与错误地把健康人诊断为患者，看起来都是犯了一次错误，但后者的影响是增加了进一步检查的麻烦，前者的后果却可能是丧失了拯救生命的最佳时机；再如，门禁系统错误地把可通行人员拦在门外，将使得用户体验不佳，但错误地把陌生人放进门内，则会造成严重的安全事故。为权衡不同类型错误所造成的不同损失，可为错误赋予非均等代价。

以二分类任务为例，我们可根据任务的领域知识设定一个代价矩阵，见表 5-2，其中 cost_{ij} 表示将第 i 类样本预测为第 j 类样本的代价。一般来说，$\text{cost}_{ii} = 0$；若将第 0 类判别为第 1 类所造成的损失更大，则 $\text{cost}_{01} > \text{cost}_{10}$；损失程度相差越大，则 cost_{01} 与 cost_{10} 值的差别越大。

表 5-2 二分类代价矩阵

真实类别	预测类别	
	第 0 类	第 1 类
第 0 类	0	cost_{01}
第 1 类	cost_{10}	0

回顾前面介绍的一些性能度量可看出，它们大都隐式地假设了均等代价，例如式所定义的错误率是直接计算错误次数，并没有考虑不同错误会造成不同的后果。在非均等代价下，我们所希望的不再是简单地最小化错误次数，而是希望最小化总体代价。若将表 5-2 中的第 0 类作为正类、第 1 类作为反类，令 D^+ 和 D^- 分别代表样例集 D 的正例子集和反例子集，则代价敏感错误率为

$$E(f; D; \text{cost}) = \frac{1}{m} \left(\sum_{x_i \in D^+} I(f(x_i) \neq y_i) \times \text{cost}_{01} + \sum_{x_i \in D^-} I(f(x_i) = y_i) \right) \times \text{cost}_{10} \right) \tag{5-32}$$

类似地，可给出基于分布定义的代价敏感错误率，以及其他一些性能度量如精度的代价敏感版本。若令 cost_{ij} 中的 i、j 取值不限于 0、1，则可定义出多分类任务的代价敏感性能度量。

在非均等代价下，ROC 曲线不能直接反映出学习器的期望总体代价，而代价曲线则可达到该目的。代价曲线图的横轴是取值为 $[0, 1]$ 的正例概率代价

$$P(+)\text{cost} = \frac{p \times \text{cost}_{01}}{p \times \text{cost}_{01} + (1-p) \times \text{cost}_{10}} \tag{5-33}$$

式中，p 是样例为正例的概率；纵轴是取值为 $[0, 1]$ 的归一化代价

$$\text{cost}_{\text{norm}} = \frac{\text{FNR} \times p \times \text{cost}_{01} + \text{FPR} \times (1-p) \times \text{cost}_{10}}{p \times \text{cost}_{01} + (1-p) \times \text{cost}_{10}} \tag{5-34}$$

式中，FPR 是式（5-28）定义的假正例率；FNR＝1−TPR 是假反例率。代价曲线的绘制很简单：ROC 曲线上每一点对应了代价平面上的一条线段，设 ROC 曲线上点的坐标为（TPR，FPR），则可相应地计算出 FNR，然后在代价平面上绘制一条从（0，FPR）到（1，FNR）的线段，线段下的面积即表示了该条件下的期望总体代价；如此将 ROC 曲线上的每个点转化为代价平面上的一条线段，然后取所有线段的下界，围成的面积即为在所有条件下学习器的期望总体代价，如图 5-15 所示。

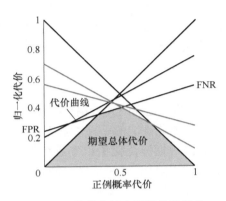

图 5-15　代价曲线和期望总体代价

5.3.4　比较检验

有了实验评估方法和性能度量，看起来就能对学习器的性能进行评估比较了。先使用某种实验评估方法测得学习器的某个性能度量结果，然后对这些结果进行比较。但怎么来做这个比较呢？是直接取得性能度量的值然后比大小吗？实际上，机器学习中性能比较这件事要比大家想象中的复杂得多。这里面涉及几个重要因素：第一，我们希望比较的是泛化性能，然而通过实验评估方法获得的是测试集上的性能，两者的对比结果可能未必相同；第二，测试集上的性能与测试集本身的选择有很大的关系，且使用不同大小的测试集会得到不同的结果，即便使用相同大小的测试集，若包含的测试样例不同，测试结果也会有不同；第三，很多机器学习算法本身有一定的随机性，即便用相同的参数设置在同一个测试集上多次运行，其结果也会有不同。那么，有没有适当的方法对学习器的性能进行比较呢？

统计假设检验为我们进行学习器性能比较提供了重要依据。基于统计假设检验结果我们可推断出，若在测试集上观察到学习器 A 比 B 好，则 A 的泛化性能是否在统计意义上优于 B，以及这个结论的把握有多大。本节我们将介绍两种最基本的假设检验，除此之外，还有 McNemar 检验、Friedman 检验与 Nemenyi 后续检验等几种常用的机器学习性能比较方法。为便于讨论，本节默认以错误率为性能度量，用 ε 表示。

1. 假设检验和 t 检验

假设检验中的假设是对学习器泛化错误率分布的某种判断或猜想，例如 $\varepsilon = \varepsilon_0$。现实任务中我们并不知道学习器的泛化错误率，只能获知其测试错误率 $\hat{\varepsilon}$。泛化错误率与测试错误率未必相同，但直观上，两者接近的可能性应比较大，相差很远的可能性比较小。因此，可根据测试错误率估推出泛化错误率的分布。

我们可使用二项检验来对 $\varepsilon \leqslant \varepsilon_0$（即泛化错误率是否不大于 ε_0）这样的假设进行检验。

还可使用"t 检验"来进行检验，这两种方法都是对关于单个学习器泛化性能的假设进行检验，而在现实任务中，更多时候我们需对不同学习器的性能进行比较，下面将介绍适用于此类情况的假设检验方法。

2. 交叉验证 t 检验

举例说明，对两个学习器 A 和 B，若我们使用 k 折交叉验证法得到的测试错误率分别为 ε_1^A，ε_2^A，$\cdots$，ε_k^A 和 ε_1^B，ε_2^B，$\cdots$，ε_k^B，其中 ε_i^A 和 ε_i^B 是在相同的第 i 折训练/测试集上得到的结果，则可用 k 折交叉验证成对 t 检验来进行比较检验。这里的基本思想是若两个学习器的性能相同，则它们使用相同的训练/测试集得到的测试错误率应相同，即 $\varepsilon_i^A = \varepsilon_i^B$。

5.3.5 偏差与方差

对学习算法除了通过实验估计其泛化性能，人们往往还希望了解它为什么具有这样的性能。偏差-方差分解是解释学习算法泛化性能的一种重要工具。

偏差-方差分解试图对学习算法的期望泛化错误率进行拆解。我们知道，算法在不同训练集上学得的结果很可能不同，即便这些训练集是来自同一个分布。对测试样本 x，令 y_D 为 x 在数据集中的标记，y 为 x 的真实标记，$f(x;D)$ 为训练集 D 上学得模型 f 在 x 上的预测输出。以回归任务为例，学习算法的期望预测为

$$\bar{f}(x) = E_D[f(x;D)] \tag{5-35}$$

使用样本数相同的不同训练集产生的方差为

$$\mathrm{var}(x) = E_D[(f(x;D) - \bar{f}(x))^2] \tag{5-36}$$

噪声为

$$\varepsilon^2 = E_D[(y_D - y)^2] \tag{5-37}$$

期望输出与真实标记的差别称为偏差，即

$$\mathrm{bias}^2(x) = (\bar{f}(x) - y)^2 \tag{5-38}$$

为便于讨论，假定噪声期望为零，即 $E_D[y_D - y] = 0$。通过简单的多项式展开合并，可对算法的期望泛化误差进行分解：

$$E(f;D) = E_D[(f(x;D) - y_D)^2]$$

可得

$$E(f;D) = E_D[(f(x;D) - \bar{f}(x))^2] + (\bar{f}(x) - y)^2 + E_D[(y_D - y)^2]$$

于是

$$E(f;D) = \mathrm{bias}^2(x) + \mathrm{var}(x) + \varepsilon^2 \tag{5-39}$$

也就是说，泛化误差可分解为偏差、方差与噪声之和。

回顾偏差、方差、噪声的含义：式（5-38）度量了学习算法的期望预测与真实结果的偏离程度，即刻画了学习算法本身的拟合能力；式（5-36）度量了同样大小的训练集的变动所导致的学习性能的变化，即刻画了数据扰动所造成的影响；式（5-37）则表达了在当前任务上任何学习算法所能达到的期望泛化误差的下界，即刻画了学习问题本身的难度。偏差-方差分解说明，泛化性能是由学习算法的能力、数据的充分性以及学习任务本身的难度所共同决定的。给定学习任务，为了取得好的泛化性能，则需使偏差较小，即能够充分拟合数据，

并且使方差较小，即使得数据扰动产生的影响小。

一般来说，偏差与方差是有冲突的，这称为偏差-方差窘境。图 5-16 所示为偏差、方差与泛化错误率的关系。给定学习任务，假定我们能控制学习算法的训练程度，则在训练不足时，学习器的拟合能力不够强，训练数据的扰动不足以使学习器产生显著变化，此时偏差主导了泛化错误率；随着训练程度的加深，学习器的拟合能力逐渐增强，训练数据发生的扰动渐渐能被学习器学到，方差逐渐主导了泛化错误率；在训练程度充足后，学习器的拟合能力已非常强，训练数据发生的轻微扰动都会导致学习器发生显著变化，若训练数据自身的、非全局的特性被学习器学到了，则将发生过拟合。

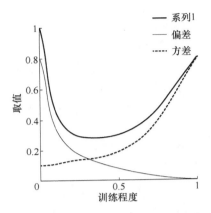

图 5-16　偏差、方差与泛化错误率的关系

5.4　有监督学习

5.4.1　线性回归

1. 线性模型

给定有 d 个属性的样本 $\boldsymbol{x} = (x_1, x_2, \cdots, x_d)^{\mathrm{T}}$，其中 x_i 是第 i 个属性的取值，属性值在模型中的重要性 $\boldsymbol{\omega} = (\omega_1, \omega_2, \cdots, \omega_d)^{\mathrm{T}}$，其中 ω_i 是第 i 个属性的重要性，机器学得一个由重要性描述的线性模型的预测函数，即

$$f(\boldsymbol{x}) = \omega_1 x_1 + \omega_2 x_2 + \cdots + \omega_d x_d + b \tag{5-40}$$

写成向量形式为

$$f(\boldsymbol{x}) = \boldsymbol{\omega}^{\mathrm{T}} \boldsymbol{x} + b \tag{5-41}$$

线性模型形式简单，当 $\boldsymbol{\omega}$ 和 b 确定下来后，模型就可以确定下来。其具有很好的可解释性，ω_i 越大，x_i 越重要。另外，许多功能强大的非线性模型也是以线性模型为基础映射而得的。

2. 线性回归模型

给定由 m 条数据组成的数据集 $D = \{(x_1, y_1), (x_2, y_2), \cdots, (x_m, y_m)\}$，其中 $\boldsymbol{x}_i = (x_{i1}, x_{i2}, \cdots, x_{id})$ 具有 d 个属性。通过一个线性回归的算法学得一个线性模型，使其预测值尽可能地接近真实值，即

$$f(\boldsymbol{x}_i) = \boldsymbol{\omega}^{\mathrm{T}} \boldsymbol{x}_i + b, f(\boldsymbol{x}_i) \rightarrow y_i \tag{5-42}$$

即

$$y = \boldsymbol{\omega}^{\mathrm{T}} \boldsymbol{x} + b \tag{5-43}$$

取得 $\boldsymbol{\omega}$ 和 b，使 $f(\boldsymbol{x}_i)$ 最接近 y_i。因此如何衡量接近是关键。最常用的是均方误差最小化，称为最小二乘法，即

$$(\boldsymbol{\omega}^*, b^*) = \underset{(\boldsymbol{\omega}, b)}{\operatorname{argmin}} \sum_{i=1}^{m} (f(\boldsymbol{x}_i) - y_i)^2 \tag{5-44}$$

$J(\boldsymbol{\omega}, b) = \sum_{i=1}^{m} (f(\boldsymbol{x}_i) - y_i)^2 = \sum_{i=1}^{m} (\boldsymbol{\omega}\boldsymbol{x}_i + b - y_i)^2$ 也被称为损失函数，也就是衡量测试集到模型之前的损失大小的函数。

3. 梯度下降法

均方误差使用了常用的欧氏距离，就是试图找到一条直线，使得所有样本到该直线的欧式距离之和最小。求解 w 和 b 的过程称为参数估计，最常用的是使用梯度下降法。

梯度下降法是机器学习中一种常用到的算法，但其本身不是机器学习算法，而是一种求解的最优化算法。主要解决求最小值问题，其基本思想在于不断地逼近最优点，每一步的优化方向就是梯度的方向。利用梯度的反向传播，反复更新模型参数直至收敛，从而达到优化模型的目的。

接下来先来看损失函数只有 w 和 b 两个参数时的情况。其所在的平面像一个山谷，梯度下降法就是从一点开始，寻找每个向下走的方向，然后一步一步地沿着下坡的方向一直走到谷底。每走一步，则更新一次 w 和 b。

$$\omega_{i+1} = \omega_i - \alpha \frac{\mathrm{d}}{\mathrm{d}\boldsymbol{\omega}} J(\omega_i)$$

$$b_{i+1} = b_i - \alpha \frac{\mathrm{d}}{\mathrm{d}b} J(b_i) \tag{5-45}$$

式中，α 称为学习率，学习率是使用损失函数的梯度调整网络权重的超参数。可以形象地理解为每走一步的长度的参数，一般在 0.1～0.01。每一步的长度为学习率乘以当前该方向上的梯度。

梯度越大，也就是坡度越大时，一般是离最优点很远的时候，步长越大；梯度很小的时候，也就是坡度很缓的时候，一般情况下就是接近最优点的时候，步长越小。

如果学习率过大，可能会使损失函数直接越过全局最优点，此时表现为 loss 值过大。

如果学习率过小，损失函数的变化速度很慢，会大大增加网络的收敛复杂度，并且很容易被困在局部最小值或者鞍点。学习率过大和过小示意图如图 5-17 所示。

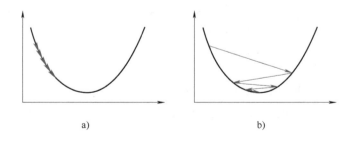

a)   b)

图 5-17　学习率过大和过小示意图
a) 学习率过小　b) 学习率过大

以上只是从理论上来说明学习率对 loss 值的影响。在实际表现中，不同的初始化学习率导致的不同的 loss 值如图 5-18 所示。

一般情况下从大到小尝试学习率，避免错过谷底。在不同的学习率下，达到最优解时，损失函数值越小，此学习率越好。也可以用机器求，该算法不在此详细介绍。

常见的梯度下降法包括随机梯度下降法、批梯度下降法、Momentum 梯度下降法、Nest-erov Momentum 梯度下降法、AdaGrad 梯度下降法、RMSprop 梯度下降法、Adam 梯度下降法等。

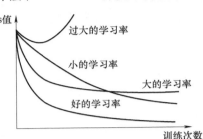

图 5-18　不同的初始化学习率导致的不同的 loss 值

4. 正则化项

有时会遇到参数 x 有上千种，但是训练集只有几百个时，使用线性回归效果不好，常见的做法是引入正则化项。

在损失函数上加上某些规则（限制），缩小解空间，从而减少求出过拟合解的可能性。

其实就是对 x 和 y 做了单调函数的映射，因此线性回归会有多种变形，比较常用的是使用线性对数回归，也就是输出标记在指数尺度上移动，具体模型如下：

$$\ln y = \boldsymbol{\omega}^{\mathrm{T}} \boldsymbol{x} + b \tag{5-46}$$

除了使用指数函数，还可以使用单调可微的一般函数 $g(y)$，可以记作

$$g(y) = \boldsymbol{\omega}^{\mathrm{T}} \boldsymbol{x} + b \tag{5-47}$$

也可记作

$$y = g^{-1}(\boldsymbol{\omega}^{\mathrm{T}} \boldsymbol{x} + b) \tag{5-48}$$

5.4.2　线性对数几率回归

1. 线性对数几率回归模型

考虑到二分类任务的输出值为 0 和 1，因此分类最理想的输出函数是一个阶跃函数，即

$$f(x) = \begin{cases} 0, x < 0 \\ 0.5, x = 0 \\ 1, x > 0 \end{cases} \tag{5-49}$$

然而回归算法输出的是一个值，因此需要做一个映射，将回归算法输出的值映射到阶跃函数上。由于阶跃函数不可微，所以需要找到一个与阶跃函数相似的，一般会选用

$$g(z) = \frac{1}{1 + \mathrm{e}^{-z}} \tag{5-50}$$

函数图像如图 5-19 所示。

它将 z 值转化成一个接近 0 或 1 的值，并在 z 值接近 0 时变化很快。代入回归算法的式子中，得到

$$y = \frac{1}{1 + \mathrm{e}^{-(\boldsymbol{\omega}^{\mathrm{T}} \boldsymbol{x} + b)}} \tag{5-51}$$

也可变化为

$$\ln \frac{y}{1-y} = \boldsymbol{\omega}^{\mathrm{T}} \boldsymbol{x} + b \tag{5-52}$$

对数几率回归很多时候也被翻译为逻辑回归，其虽然也被称为回归，但其实是一

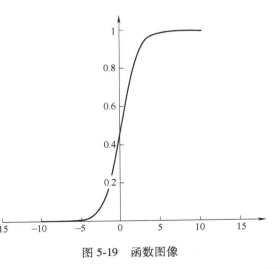

图 5-19　函数图像

种分类的方法。

那么如何确定 ω 和 b 呢？将 y 视为类后验概率估计 $p(y=1|x)$，则可重写成

$$\ln \frac{p(y=1|x)}{p(y=0|x)} = \boldsymbol{\omega}^{\mathrm{T}}\boldsymbol{x} + b \tag{5-53}$$

显然有

$$p(y=1|x) = \frac{\mathrm{e}^{\boldsymbol{\omega}^{\mathrm{T}}\boldsymbol{x}+b}}{1+\mathrm{e}^{\boldsymbol{\omega}^{\mathrm{T}}\boldsymbol{x}+b}}$$

$$p(y=0|x) = \frac{1}{1+\mathrm{e}^{\boldsymbol{\omega}^{\mathrm{T}}\boldsymbol{x}+b}} \tag{5-54}$$

可以改写成

$$p(x,y) = y\frac{\mathrm{e}^{\boldsymbol{\omega}^{\mathrm{T}}\boldsymbol{x}+b}}{1+\mathrm{e}^{\boldsymbol{\omega}^{\mathrm{T}}\boldsymbol{x}+b}} + (1-y)\frac{1}{1+\mathrm{e}^{\boldsymbol{\omega}^{\mathrm{T}}\boldsymbol{x}+b}} \tag{5-55}$$

已知包含 m 条数据的测试集 $D = \{(x_i,y_i)|i\in[1,m],i\in z\}$，因此，通过极大似然法来估计

$$\theta(\omega,b) = \prod_D p(x,y) = \prod_D \left(y\frac{\mathrm{e}^{\boldsymbol{\omega}^{\mathrm{T}}\boldsymbol{x}+b}}{1+\mathrm{e}^{\boldsymbol{\omega}^{\mathrm{T}}\boldsymbol{x}+b}} + (1-y)\frac{1}{1+\mathrm{e}^{\boldsymbol{\omega}^{\mathrm{T}}\boldsymbol{x}+b}} \right) \tag{5-56}$$

也就是求 θ 最大时的 ω 和 b，即

$$(\boldsymbol{\omega}^*,b^*) = \underset{(\boldsymbol{\omega},b)}{\mathrm{argmax}}\theta \tag{5-57}$$

θ 的表达式过于复杂，难以求解，因此对等式进行处理，两边取对数：

$$\ln\theta = \sum_D \ln\left(y\frac{\mathrm{e}^{\boldsymbol{\omega}^{\mathrm{T}}\boldsymbol{x}+b}}{1+\mathrm{e}^{\boldsymbol{\omega}^{\mathrm{T}}\boldsymbol{x}+b}} + (1-y)\frac{1}{1+\mathrm{e}^{\boldsymbol{\omega}^{\mathrm{T}}\boldsymbol{x}+b}} \right) \tag{5-58}$$

求 $\ln\theta$ 最大时的 ω 和 b 等价于求 θ 最大时的 ω 和 b。

2. 牛顿法

和梯度下降法一样，牛顿法也是寻找导数为 0 的点，同样是一种迭代法。核心思想是在某点处用二次函数来近似目标函数，得到导数为 0 的方程，然后求解该方程，得到下一个迭代点。因为是用二次函数近似，所以可能会有误差，需要反复这样迭代，直到达到导数为 0 的点处。

首先对 $\ln\theta$ 在 θ_0 处进行泰勒展开：

$$f(\theta) = \ln\theta = f(\theta_0) + f'(\theta_0)(\theta-\theta_0) + \frac{1}{2}f''(\theta_0)(\theta-\theta_0)^2 + \cdots + \frac{1}{n!}f^{(n)}(\theta_0)(\theta-\theta_0)^n$$

忽略二次以上项，可得

$$f(\theta) = f(\theta_0) + f'(\theta_0)(\theta-\theta_0) + \frac{1}{2}f''(\theta_0)(\theta-\theta_0)^2$$

为寻找导数为 0 的点，对等式两边同时求导，并令导数为 0，可以得到以下式子

$$f'(\theta) = f'(\theta_0) + f''(\theta_0)(\theta-\theta_0) = 0$$

解得

$$\theta_{i+1} = \theta_i - \frac{f'(\theta_i)}{f''(\theta_i)}$$

给定初始迭代点，反复用上述公式进行迭代，直到达到导数为 0 的点或达到迭代最大次数。

还可以将此方法扩展到多元的情况，在此就不展开了。

从几何上来讲，牛顿法就是用一个二次曲面去拟合当前所处位置的局部曲面，而梯度下降法是用一个平面去拟合当前的局部曲面，通常情况下，二次曲面的拟合会比平面更好，所以牛顿法选择的下降路径会更符合真实的最优下降路径。

5.4.3 贝叶斯分类

1. 贝叶斯定理

贝叶斯分类器是一类分类算法的总称，这类算法均以贝叶斯定理为基础，故统称为贝叶斯分类器。贝叶斯定理由英国数学家贝叶斯（Thomas Bayes，1702—1761）发展，用来描述两个条件概率之间的关系。

在讲述贝叶斯定理之前，先介绍以下几个定义：

1）条件概率（又称后验概率）：就是事件 A 在另一个事件 B 已经发生的条件下发生概率，公式表示为 $P(A|B)$，读作"在 B 条件下 A 的概率"。

$$P(A|B) = \frac{P(A \cap B)}{P(B)} \tag{5-59}$$

2）联合概率：表示两件事情共同发生的概率。A 与 B 的联合概率表示为 $P(A,B)$。

3）边缘概率（又称先验概率）：就是某个事件发生的概率。边缘概率是这样得到的：在联合概率中，把最终结果中那些不需要的事件通过合并成它们的全概率，而消去它们（对离散随机变量用求和得全概率，对连续随机变量用积分得全概率），这称为边缘化，比如 A 的边缘概率表示为 $P(A)$，B 的边缘概率表示为 $P(B)$。

可以推导出贝叶斯定理中一个非常重要的公式：

$$P(A|B) = \frac{P(B|A)P(A)}{P(B)} \tag{5-60}$$

2. 朴素贝叶斯分类器

那么贝叶斯在机器学习中是如何工作的呢？

简单举例说明，在进行垃圾邮件识别的过程中，已知的垃圾邮件中关键词"AA"出现的频率很高，"BB"出现的频率比较低，那么如果一封新的邮件中出现了"AA"，则它是垃圾邮件的概率就会比较高。出现"BB"的时候是垃圾邮件的概率就比较低。

而朴素贝叶斯分类器是贝叶斯分类器中最简单，也是最常见的一种分类方法。

举例，数据集有 m 个标签 $c = [c_1, c_2, \cdots, c_m]$，每个数据 x 有 d 个属性 $x = [x_1, x_2, \cdots, x_d]$，根据贝叶斯公式可得

$$P(c_j|x_i) = \frac{P(c_j)P(x_i|c_j)}{P(x_i)} \tag{5-61}$$

朴素贝叶斯采用了属性条件独立性假设：对已知的类别，假设所有属性相互独立。即每个属性独立地对分类结果发生影响。

基于属性条件独立性假设，则样本 x 属于 c_j 的概率为

$$P(c_j|\boldsymbol{x}) = \frac{P(c_j)}{P(\boldsymbol{x})}P(\boldsymbol{x}|c_j) = \frac{P(c_j)}{\prod\limits_{i=1}^{d}P(x_i)}\prod\limits_{i=1}^{d}P(x_i|c_j) = P(c_j)\prod\limits_{i=1}^{d}\frac{P(x_i|c_j)}{P(x_i)} \tag{5-62}$$

$P(c_j)$ 是标签 c_j 在数据集中的概率，$P(x_i)$ 是该属性在数据集中的概率，$P(x_i|c_j)$ 是属性 x_i 出现在标签为 c_j 的所有数据中的概率。

最后取 P 最大时的 c_j

$$(c_j^*) = \underset{(c_j)}{\mathrm{argmax}} P(c_j|\boldsymbol{x}) \tag{5-63}$$

可以看出，朴素贝叶斯分类器的训练过程就是基于训练集 D 来估计先验概率 $P(c_j)$，并为每个属性估计条件概率 $P(x_i|c_j)$。

需注意的是，这种参数化的方法虽能使条件概率估计变得相对简单，但估计结果的准确性严重依赖于所假设的概率分布形式是否符合潜在的真实数据分布。在现实应用中，欲做出能较好地接近潜在真实分布的假设，往往需要在一定程度上利用关于应用任务本身的经验知识，否则若仅凭猜测来假设概率分布形式，则很可能产生误导性的结果。

当训练集 D 有充足的独立同分布样本时，则可容易地估计出类先验概率。

$$P(c_j) = \frac{d_{c_j}}{d} \tag{5-64}$$

式中，d_{c_j} 为训练集中标签 c_j 的样本集合。

对离散的属性而言，令 d_{c_j,x_i} 表示训练集中标签为 c_j 且第 i 个属性上取值为 x_i 的样本的集合，则条件概率可估计为

$$P(x_i|c_j) = \frac{d_{c_j,x_i}}{d_{c_j}} \tag{5-65}$$

对连续属性可以使用概率密度函数。

需注意，若某个属性值在训练集中没有与某个类同时出现过，则直接进行判别将出现问题。由于式（5-61）的连乘式计算出的概率值为零，因此，无论该样本的其他属性是什么，分类的结果都将是否定的，这显然是不太合理的。

因此为了避免其他属性携带的信息被训练集中未出现的属性值抹去，在估计概率值时通常要进行平滑，常用拉普拉斯修正。具体来说，令 N 表示训练集中可能的类别，N_i 表示第 i 个属性可能的取值数，则上述两式分别修正为

$$\hat{P}(c_j) = \frac{d_{c_j}+1}{d+N} \tag{5-66}$$

$$\hat{P}(x_i|c_j) = \frac{d_{c_j,x_i}+1}{d_{c_j}+N_i} \tag{5-67}$$

显然，拉普拉斯修正避免了因训练集样本不充分而导致概率估值为零的问题，并且在训练集变大时，修正过程所引入的先验的影响也会逐渐变得可忽略，使得估值渐趋向于实际概率值。

在现实任务中，朴素贝叶斯分类器有多种使用方式。例如，若任务对预测速度要求较高，则对给定训练集，可将朴素贝叶斯分类器涉及的所有概率估值事先计算好存储起来，这样在进行预测时只需查表即可进行判别。若任务数据更替频繁，则可采用懒惰学习方式，先不进行任何训练，待收到预测请求时再根据当前数据集进行概率估值；若数据不断增加，则可在现有估值的基础上，仅对新增样本的属性值所涉及的概率估值进行计数修正即可实现增量学习。

5.4.4　决策树

1. 决策树模型

决策树是机器学习中常用的一种学习方法。以二分类任务为例，它是一种树形结构，如图 5-20 所示。

其中每个内部节点表示一个属性上的判断，每个分支代表一个判断结果的输出，最后每个叶节点代表一种分类结果。

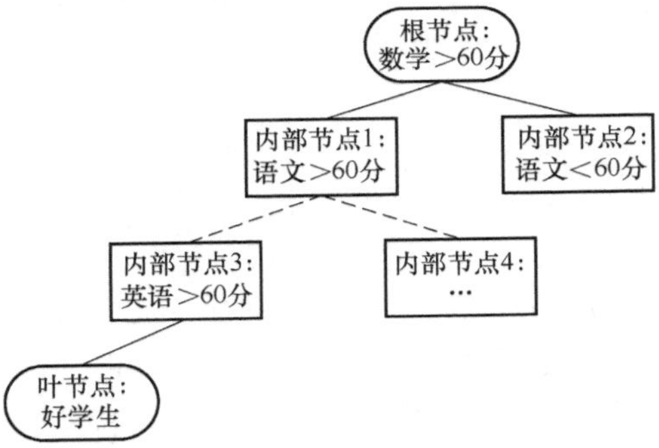

一般决策树包含一个根节点、若干个内部节点和若干个叶节点。根节点包含样本全集，从根节点属性开始测试，每个内部结点对应一个属性测试，每个叶节点对应一个决策结果或标签。可以看出，根节点的选择和内部节点的顺序影响决策树的泛化性能。

图 5-20　决策树示意图

当前节点下的所有样本均属于同一类别时，将该节点标记为叶节点。当前节点下属性集为空或所有样本在属性上取值相同时，将该节点标记为叶节点，并将其类别设定为其父节点所含样本最多的类别，这是利用了当前节点的后验分布。当前节点下样本集合为空时，则将其父节点标记为叶节点，但将其类别设定为其父节点所含样本最多的类别，这是把父节点的样本分布作为当前节点的先验分布。

2. 划分选择

由伪代码可以看出，决策树分类器的关键在于如何选择最优分化属性。通常我们希望随着划分过程的不断进行，分支节点所包含的样本尽可能属于同一类，即结点纯度越来越高。

比较常用的决策树有 ID3、C4.5 和 CART（Classification And Regression Tree，分类回归树），CART 的分类效果一般优于其他决策树。下面介绍具体步骤。

（1）ID3

最常用的衡量数据纯度的指标是信息熵。由增熵原理来决定哪个做父节点，哪个节点需要分裂。对于一组数据，熵越小说明分类结果越好。假定当前样本集合 D 中第 k 类样本所占的比例为 $p_k(k=1,2,\cdots,|y|)$，则 D 的信息熵定义如下：

$$\text{Ent}(D) = -\sum_{k=1}^{|y|} p_k\log_2 p_k \tag{5-68}$$

假定离散属性 a 有 Q 个可能的取值 $\{a^1,a^2,\cdots,a^Q\}$，若使用该属性来对样本集 D 进行划分，则会产生 Q 个分支节点，其中第 q 个分支节点包含了 D 中所有在属性 a 上取值为 a^q 的样本记为 D^q。我们可根据式（5-68）计算出 D^q 的信息熵，再考虑到不同的分支节点所包含的样本数不同，给分支节点赋予权重 $|D^q|/|D|$，即样本数越多的分支节点的影响越大，于是可计算出用属性 a 对样本集 D 进行划分所获得的信息增益：

$$\text{Gain}(D,a) = \text{Ent}(D) - \sum_{q=1}^{Q} \frac{|D^q|}{|D|}\text{Ent}(D^q) \tag{5-69}$$

一般而言，信息增益越大，则意味着使用属性 a 来进行划分所获得的纯度提升越大。因此，我们可用信息增益来进行决策树的划分属性选择。

（2） C4.5

通过对 ID3 的学习，可以知道 ID3 存在一个问题，那就是越细小的分割分类错误率越小，所以 ID3 会越分越细，甚至将分类错误率降到了 0，但是这种分割显然只对训练数据有用，面对新的数据分类错误率反倒上升了，这就是所说的过度学习。

所以为了避免分割太细，C4.5 对 ID3 进行了改进。在 C4.5 中，优化项要除以分割太细的代价，这个比值叫作信息增益率，定义为

$$\text{Gain\_ratio}(D,a) = \frac{\text{Gain}(D,a)}{H_a(D)} \tag{5-70}$$

$$H_a(D) = -\sum_{q=1}^{Q} \frac{|D^q|}{|D|} \log_2 \frac{|D^q|}{|D|} \tag{5-71}$$

式中，$H_a(D)$ 称为特征 A 的固有值。显然分割太细分母增加，信息增益率会降低。

这里需要注意，信息增益率对可取值较少的特征有所偏好（分母越小，整体越大），因此 C4.5 并不是直接用增益率最大的特征进行划分，而是使用一个启发式方法：先从候选划分特征中找到信息增益高于平均值的特征，再从中选择增益率最高的。

（3） CART

ID3 和 C4.5 虽然在对训练样本集的学习中可以尽可能多地挖掘信息，但是其生成的决策树分支、规模都比较大，CART 算法的二分法可以简化决策树的规模，提高生成决策树的效率，减少了大量的对数运算。CART 是一个二叉树，也是回归树，同时也是分类树，CART 的构成简单明了。其只能将一个父节点分为两个子节点。CART 用 Gini 指数来决定如何分裂：

$$\text{Gini}(D) = \sum_{k=1}^{|y|} \sum_{k' \neq k} p_k p_{k'} = 1 - \sum_{k=1}^{|y|} p_k^2 \tag{5-72}$$

Gini 指数跟熵的概念很相似，总体内包含的类别越杂乱，Gini 指数就越大。可将其形象地理解为从数据集中随机抽取两个样本，其类别标记不一致的概率。则属性 a 的 Gini 指数为

$$\text{Gini\_index}(D,a) = \sum_{q=1}^{Q} \frac{|D^q|}{|D|} \text{Gini}(D^q) \tag{5-73}$$

于是，我们选择使得划分后 Gini 指数最小的属性作为最优划分属性，即

$$a_* = \underset{a \in A}{\arg\min} \ \text{Gini\_index}(D,a) \tag{5-74}$$

3. 剪枝与预剪枝

由于过拟合的树在泛化能力的表现非常差，因此可以通过主动去掉一些分支来降低过拟合过程。

预剪枝是在节点划分前来确定是否继续增长，后剪枝是在已经生成的决策树上进行剪枝，从而得到简化版的剪枝决策树。

ID3 没有剪枝策略，容易过拟合。C4.5 采用的悲观剪枝方法，用递归的方式从底往上针对每一个非叶子节点，评估用一个最佳叶子节点去代替这棵子树是否有益。如果剪枝后与剪枝前相比其错误率保持不变或者下降，则这棵子树就可以被替换掉。C4.5 通过训练数据集上的错误分类数量来估算未知样本上的错误率。后剪枝决策树的欠拟合风险很小，泛化性能往往优于预剪枝决策树，但同时其训练时间会大得多。CART 采用代价复杂度剪枝，从最

大树开始，每次选择训练数据熵对整体性能贡献最小的那个分裂节点作为下一个剪枝对象，直到只剩下根节点。CART 会产生一系列嵌套的剪枝树，需要从中选出一颗最优的决策树。

4. 特征值缺失

在现实中，样本并不能保证全部完整，即某些特征值会缺失。特别是当属性数目较多时，如果简单地放弃所有不完整样本，则会对数据造成极大的浪费。因此需要探求如何使用部分属性值缺失的样本进行学习。

第一个问题是在特征值缺失的情况下，进行划分属性选择。即该如何计算各个属性的信息增益。解决方案通常为对于具有缺失值的特征，用没有缺失的样本子集所占比重来折算。

第二个问题是对于缺失该特征值的样本该如何处理。即应该把这个缺失该特征值的样本划分到哪个结点里。解决方案通常是将样本同时划分到所有子节点，不过要调整样本的权重值，也就是以不同概率划分到不同节点中。

5.4.5　支持向量机

1. 基本模型

支持向量机是一种二分类模型，它的基本模型是定义在特征空间上的间隔最大的线性分类。支持向量机学习的基本想法是求解能够正确划分训练数据集并且几何间隔最大的分离超平面。

如图 5-21 所示，给出一个有 m 个样本的训练集 $D = \{(x_1, y_1), (x_2, y_2), \cdots, (x_m, y_m)\}$，$y_i \in \{-1, 1\}$，分离超平面可用线性方程 $\boldsymbol{\omega} \boldsymbol{x}^{\mathrm{T}} + b = 0$ 表示，$\boldsymbol{\omega}$ 为该超平面的法向量，$\boldsymbol{x}$ 为样本在特征空间中的特征向量，该超平面可由 ω 和 b 确定，因此将其记为超平面 (ω, b)。

对于线性可分的数据集来说，这样的超平面有无穷多个（即感知机），但是几何间隔最大的分离超平面却是唯一的。分离超平面示意图如图 5-22 所示。样本空间中任一点 x 到分离超平面 (ω, b) 的距离为

$$r = \frac{|\boldsymbol{\omega} \boldsymbol{x}^{\mathrm{T}} + b|}{\|\boldsymbol{\omega}\|} \tag{5-75}$$

假设超平面能将训练样本正确分类，且对于 $(x_i, y_i) \in D$ 有

$$\begin{cases} \boldsymbol{\omega}^{\mathrm{T}} \boldsymbol{x}_i + b \geq +1, y_i = +1 \\ \boldsymbol{\omega}^{\mathrm{T}} \boldsymbol{x}_i + b \leq -1, y_i = -1 \end{cases} \tag{5-76}$$

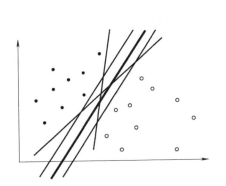

图 5-21　存在多个超平面将两类训练样本分开

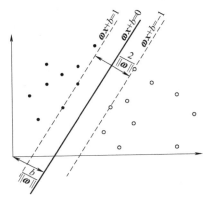

图 5-22　分离超平面示意图

距离超平面最近的几个样本点使等号成立,它们被称为支持向量,两个异类支持向量到超平面的距离之和为

$$\gamma = \frac{2}{\|\boldsymbol{\omega}\|} \tag{5-77}$$

称为间隔。

最优的分离超平面就是拥有最大间隔的分离超平面,也就是要找到能满足约束的参数 ω 和 b,使得间隔 r 最大,即

$$\max_{\omega,b} \frac{2}{\|\boldsymbol{\omega}\|} \tag{5-78}$$
$$\text{s. t. } y_i(\boldsymbol{\omega}^\mathrm{T}\boldsymbol{x}_i + b) \geqslant +1, \quad i = 1, 2, \cdots, m$$

因此,仅需最大化 $\|\omega\|^{-1}$,等价于最小化 $\|\omega\|^2$,于是可改写成

$$\min_{\omega,b} \frac{1}{2}\|\omega\|^2 \tag{5-79}$$
$$\text{s. t. } y_i(\boldsymbol{\omega}^\mathrm{T}\boldsymbol{x}_i + b) \geqslant +1, \quad i = 1, 2, \cdots, m$$

2. 对偶问题

那么如何求解呢?可以发现,上式本身是一个凸二次规划问题,能直接用现成的优化计算包求解,但还有更加高效的办法。

使用拉格朗日乘子法可得到其对偶问题,将有约束的原始目标函数转化成无约束的拉格朗日函数

$$L(\omega,b,\alpha) = \frac{1}{2}\|\omega\|^2 - \sum_{i=1}^{N} \alpha_i(y_i(\omega x_i + b) - 1) \tag{5-80}$$

其中 $\boldsymbol{\alpha} = (\alpha_1, \alpha_2, \cdots, \alpha_m)$,$\alpha_i$ 为拉格朗日乘子,且 $\alpha_i \geqslant 0$,令 $L(\omega,b,\alpha)$ 对 ω 和 b 求偏导,得

$$\omega = \sum_{i=1}^{m} \alpha_i y_i x_i \tag{5-81}$$

$$0 = \sum_{i=1}^{m} \alpha_i y_i \tag{5-82}$$

代入拉格朗日函数,即可消去 $L(\omega,b,\alpha)$ 中的 ω 和 b,再考虑这个 0 的约束,则得到原始问题的对偶问题

$$\max_{\boldsymbol{\alpha}} \sum_{i=1}^{m} \alpha_i - \frac{1}{2} \sum_{i=1}^{m} \sum_{j=1}^{m} \alpha_i \alpha_j y_i y_j \boldsymbol{x}_i^\mathrm{T} x_j \tag{5-83}$$
$$\text{s. t. } \sum_{i=1}^{m} \alpha_i y_i = 0$$
$$\alpha_i \geqslant 0, \quad i = 1, 2, \cdots, m$$

解出 $\boldsymbol{\alpha}$ 后,求 ω 和 b 即可得到模型

$$f(x) = \boldsymbol{\omega}^\mathrm{T} x + b$$
$$= \sum_{i=1}^{m} \alpha_i y_i \boldsymbol{x}_i^\mathrm{T} x + b \tag{5-84}$$

需注意的是,上述过程需要满足 KKT 条件,即

$$\begin{cases} \alpha_i \geq 0 \\ y_i f(x_i) \geq 0 \\ a_i(y_i f(x_i) - 1) = 0 \end{cases} \tag{5-85}$$

于是，对任意训练样本 (x_i, y_i)，总有 $a_i = 0$ 或 $y_i f(x_i) = 1$，若 $\alpha_i = 0$，则该样本将不会在式（5-84）的求和中出现，也就意味着不会对 $f(x)$ 有任何影响；否则，必有 $y_i f(x_i) = 1$，所对应的样本点位于最大间隔边界上，是一个支持向量。这显示出支持向量机的一个重要性质：训练完成后大部分的训练样本都不需保留，最终模型仅与支持向量有关。

式（5-83）是一个三次规划问题，可以使用通用的二次规划算法来求解。但是为了避免过多的样本数在实际任务中造成很大的开销，人们通过利用问题本身的特性，提出了很多高效算法，SMO（Sequential Minimal Optimization，序列最小优化）是其中一个著名的代表。

SMO 的基本思路是先固定 α_i 之外的所有参数，然后求 α_i 上的极值。由于存在约束 $\sum_{i=1}^{m} \alpha_i y_i = 0$，若固定 α_i 之外的其他变量，则 α_i 可由其他变量导出。于是，SMO 每次选择两个变量 α_i 和 α_j，并固定其他参数。这样，在参数初始化后，SMO 不断执行如下两个步骤直至收敛。具体操作不在此详细介绍。

3. 软间隔和正则化

以上都是基于训练集数据线性可分的假设下进行的，但是实际情况下几乎不存在完全线性可分的数据，为了解决这个问题，引入了软间隔的概念，即允许某些点不满足约束：

$$y_i(\omega x_j + b) \geq 1 \tag{5-86}$$

显然，不满足约束的样本应尽可能少，于是，将优化目标改为

$$\min_{\omega, b} = \frac{1}{2}\|\omega\|^2 - C\sum_{i=1}^{m} \ell(y_i(\boldsymbol{\omega}^T x_i + b) - 1) \tag{5-87}$$

式中，$C > 0$ 是一个常数，C 称为惩罚参数，C 值越大，对分类的惩罚越大；ℓ 是损失函数，表征该样本不满足约束的程度。

ℓ 为 "0/1 损失函数" 的时候模型最优，即

$$\ell_{0/1}(z) = \begin{cases} 1, & \text{如果 } z < 0 \\ 0, & \text{否则} \end{cases} \tag{5-88}$$

但该函数非凸、非连续，因此通常选用数学性质较好的函数。例如 hinge 损失、指数损失和对数损失等。接下来的步骤与线性可分求解的思路一致，先用拉格朗日乘子法得到拉格朗日函数，再求其对偶问题。

4. 核函数

在前面的讨论中，我们假设训练样本是线性可分的，即存在一个划分超平面能将训练样本正确分类。但在现实任务中，原始空间很可能不存在一个能正确划分样本的划分超平面。因此，需要将样本从原始空间映射到一个更高维的特征空间，使得样本在该空间可分。

令 $\phi(x)$ 表示 x 被映射后的特征向量，于是，在新特征空间中划分超平面为

$$f(x) = \boldsymbol{\omega}^T \phi(x) + b \tag{5-89}$$

与前文的步骤类似，可得

$$\min_{\omega, b} \frac{1}{2}\|\omega\|^2 \tag{5-90}$$

$$\text{s. t. } y_i(\boldsymbol{\omega}^T \phi(\boldsymbol{x}_i) + b) \geq +1, \ i = 1, 2, \cdots, m$$

其对偶问题为

$$\max_{\boldsymbol{\alpha}} \sum_{i=1}^{m} \alpha_i - \frac{1}{2} \sum_{i=1}^{m} \sum_{j=1}^{m} \alpha_i \alpha_j y_i y_j \phi(\boldsymbol{x}_i)^{\mathrm{T}} \phi(x_j)$$

$$\mathrm{s.\,t.} \ \sum_{i=1}^{m} \alpha_i y_i = 0 \tag{5-91}$$

$$\alpha_i \geqslant 0, \ i=1,2,\cdots,m$$

由于新的特征空间维数可能很高，因此 $\phi(\boldsymbol{x}_i)^{\mathrm{T}} \phi(x_j)$ 的计算通常很困难。为此，设计一个函数

$$\kappa(x_i,x_j) = \phi(\boldsymbol{x}_i)^{\mathrm{T}} \phi(x_j) \tag{5-92}$$

即用函数 κ 表示 x_i 和 x_j 在新特征空间的内积。因此，式（5-91）可改写成

$$\max_{\boldsymbol{\alpha}} \sum_{i=1}^{m} \alpha_i - \frac{1}{2} \sum_{i=1}^{m} \sum_{j=1}^{m} \alpha_i \alpha_j y_i y_j \kappa(x_i,x_j)$$

$$\mathrm{s.\,t.} \ \sum_{i=1}^{m} \alpha_i y_i = 0 \tag{5-93}$$

$$\alpha_i \geqslant 0, \ i=1,2,\cdots,m$$

求解得

$$\begin{aligned} f(x) &= \boldsymbol{\omega}^{\mathrm{T}} \phi(x) + b \\ &= \sum_{i=1}^{m} \alpha_i y_i \phi(\boldsymbol{x}_i)^{\mathrm{T}} \phi(x) + b \\ &= \sum_{i=1}^{m} \alpha_i y_i \kappa(x,x_i) + b \end{aligned} \tag{5-94}$$

函数 κ 称为核函数。式（5-94）显示出模型最优解可通过训练样本的核函数展开，这一展开式被称为支持向量展式。

通过前面的讨论可知，我们希望样本在特征空间内线性可分，因此特征空间的好坏对支持向量机的性能至关重要。需注意的是，在不知道特征映射的形式时，我们并不知道什么样的核函数是合适的，而核函数也仅是隐式地定义了这个特征空间。于是，核函数选择成为支持向量机的最大变数。若核函数选择不合适，则意味着将样本映射到了一个不合适的特征空间，很可能导致性能不佳。常用的核函数见表 5-3。

表 5-3　常用的核函数

名称	表达式	参数
线性核	$\kappa(x_i,x_j) = \boldsymbol{x}_i^{\mathrm{T}} x_j$	
多项式核	$\kappa(x_i,x_j) = (\boldsymbol{x}_i^{\mathrm{T}} x_j)^d$	$d \geqslant 1$ 为多项式次数
高斯核	$\kappa(x_i,x_j) = \exp\left(-\dfrac{\|x_i-x_j\|^2}{2\sigma^2}\right)^d$	$\sigma > 0$ 为高斯核的带宽
拉普拉斯核	$\kappa(x_i,x_j) = \exp\left(-\dfrac{\|x_i-x_j\|}{\sigma}\right)$	$\sigma > 0$
Sigmoid 核	$\kappa(x_i,x_j) = \tanh(\beta \boldsymbol{x}_i^{\mathrm{T}} x_j + \theta)$	$\tanh$ 为双曲正切函数，$\beta > 0$，$\theta > 0$

核函数还可以通过函数组合的方式得到，在此不展开介绍。

同时，人们发展出一系列基于核函数的学习方法，统称为核方法。最常见的，就是上述的通过核化（即引入核函数）来将线性学习器拓展为非线性学习器。

5.5　无监督学习

5.5.1　基本模型

正如前一节中所介绍的，对于有标签的数据，我们进行有监督学习，常见的分类任务就是监督学习；而对于无标签的数据，我们希望发现无标签的数据中的潜在信息，这就是无监督学习。此类学习任务中研究最多、应用最广的是聚类，它的概念是：将相似的对象归到同一个簇中，使得同一个簇内的数据对象的相似性尽可能大，同时不在同一个簇中的数据对象的差异性也尽可能大。即聚类后同一类的数据尽可能聚集到一起，不同类的数据尽量分离。通过对无标记训练样本的学习来揭示数据的内在性质及规律，为进一步的数据分析提供基础。原始数据和分类结果如图 5-23 所示。

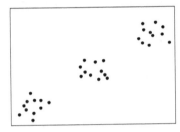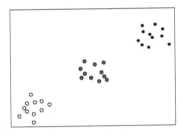

图 5-23　原始数据和分类结果

对聚类结果，我们需通过某种性能度量来评估其好坏。另一方面，若明确了最终将要使用的性能度量，则可直接将其作为聚类过程中的优化目标，从而更好地得到符合要求的聚类结果。聚类结果的簇内相似度高且簇间相似度低。常见的度量指标有两种，外部指标和内部指标。

外部指标为将聚类结构与某个参考模型进行比较，通常也可以称为有监督情况下的一种度量聚类算法和各参数的指标。值越大表明聚类结果和参考模型（有标签的、人工标准或基于一种理想的聚类的结果）直接的聚类结果越吻合，聚类结果就相对越好。

常用的聚类性能度量外部指标有 Jaccard 系数（JC）、FM 指数（FMI）、Rand 指数（RI）。这些性能度量的结果值均在 $[0,1]$ 区间。

内部指标是无监督的，无需基准数据集，不需要借助于外部参考模型，利用样本数据集中样本点与聚类中心之间的距离来衡量聚类结果的优劣。

通常会考虑紧密度、分割度等，紧密度是指每个聚类簇中的样本点到聚类中心的平均距离，分割度是指每个簇的簇心之间的平均距离。常用的聚类性能度量内部指标有 DB 指数（简称 DBI，DBI 值越小越好）、Dunn 指数（简称 DI，DI 值越大越好）。

以上描述中，多次提及距离。距离度量一般拥有非负性、同一性、对称性、直递性。

对于给定样本 $x_i = (x_{i1}, x_{i2}, \cdots, x_{in})$ 与 $x_j = (x_{j1}, x_{j2}, \cdots, x_{jn})$，最常用的是闵可夫斯基距离。

$$\text{dist}_{mk}(x_i, x_j) = \left(\sum_{u=1}^{n} |x_{iu} - x_{ju}|^p \right)^{\frac{1}{p}} \tag{5-95}$$

$p=2$ 时，即为欧氏距离

$$\text{dist}_{mk}(x_i, x_j) = \|x_i - x_j\|_2 = \sqrt{\sum_{u=1}^{n} |x_{iu} - x_{ju}|^2} \tag{5-96}$$

$p=1$ 时，即为曼哈顿距离

$$\text{dist}_{mk}(x_i, x_j) = \|x_i - x_j\|_1 = \sum_{u=1}^{n} |x_{iu} - x_{ju}| \tag{5-97}$$

在讨论距离计算时，属性上的序关系更为重要。例如定义域为 $\{1,2,3\}$ 的离散属性与连续属性能直接在属性值上计算距离 "1" "2" 比较接近、与 "3" 比较远，这样的属性称为有序属性；而定义域为 $\{苹果，李子，香蕉\}$ 这样的离散属性则不能直接在属性值上计算距离，称为无序属性。

对有序属性的度量，直接在属性值上计算距离，可使用闵可夫斯基距离、欧氏距离、曼哈顿距离。

对无序属性的度量，不能直接在属性值上计算距离，可使用 VDM（Value Difference Metric）距离。令 $m_{u,a}$ 表示在属性 u 上取值为 a 的样本数，$m_{u,a,i}$ 表示第 i 个样本簇中在属性 u 上取值为 a 的样本数，k 为样本簇数，则属性 u 上两个离散值 a 与 b 之间的 VDM 距离为

$$VDM_{p(a,b)} = \sum_{i=1}^{k} \left| \frac{m_{u,a,i}}{m_{u,a}} - \frac{m_{u,b,i}}{m_{u,b}} \right|^P \tag{5-98}$$

对混合属性的度量，由于混合属性既有有序属性又有无序属性，因此可将闵可夫斯基距离和 VDM 结合处理混合属性。当样本空间中不同属性的重要性不同时，可使用加权距离。类与类之间的距离度量通常会使用最短距离或单连接、最长距离或完全连接、中心距离、平均距离等。

需注意的是，某些任务中我们可能希望有这样的相似度度量 "人" 与 "人马" 相似，"马" 与 "人马" 相似，但 "人" 与 "马" 很不相似；要达到这个目的，可以令 "人" "马" 与 "人马" 之间的距离都比较小，但 "人" 与 "马" 之间的距离很大，即该距离不满足直递性，这样的距离称为非度量距离。此外，本节介绍的距离计算式都是事先定义好的，但在不少现实任务中，有必要基于数据样本来确定合适的距离计算式，这可通过距离度量学习来实现。

5.5.2 K 均值

K 均值（K-Means）算法是基于原型聚类的一种，此类算法假设聚类结构能通过一组原型刻画，在现实聚类任务中极为常用。通常情形下，算法先对原型进行初始化，然后对原型进行迭代更新求解。采用不同的原型表示、不同的求解方式将产生不同的算法。

给定样本集 $D = \{x_1, x_2, \cdots, x_m\}$，$K$ 均值算法将其划分为 k 个簇 $C = \{C_1, C_2, \cdots, C_k\}$，并最小化其平方误差

$$E = \sum_{i=1}^{k} \sum_{x \in C_i} \|x - \mu_i\|_2^2 \tag{5-99}$$

式中，$\mu_i = \dfrac{1}{C_i} \sum\limits_{x \in C_i} x$ 是簇 C_i 的均值向量。E 值越小则簇内样本相似度越高。

最小化式（5-99）并不容易，找到它的最优解需考察样本集所有可能的簇划分，这是一个 NP 难问题[11]。因此 K 均值算法采用了贪心策略，通过迭代优化来近似求解式（5-99）。若迭代更新后聚类结果保持不变，则将当前簇划分结果返回。算法步骤如下：

1）首先我们选择一些类/组，并随机初始化它们各自的中心点。中心点是与每个数据点向量长度相同的位置。这需要我们提前预知类的数量（即中心点的数量）。

2）计算每个数据点到中心点的距离，数据点距离哪个中心点最近就划分到哪一类中。

3）计算每一类中心点作为新的中心点。

4）重复以上步骤，直到每一类中心点在每次迭代后变化不大为止。也可以多次随机初始化中心点，然后选择运行结果最好的一个。

可以看出，该算法的优点在于速度快、计算简便，但是缺点也很明显，我们必须提前知道数据有多少类/组。

K-Medians 是 K-Means 的一种变体，是用数据集的中位数而不是均值来计算数据的中心点。其优势是使用中位数来计算中心点不受异常值的影响；缺点是计算中位数时需要对数据集中的数据进行排序，速度相对于 K-Means 较慢。

5.5.3　高斯混合聚类

与 K 均值算法使用原型向量不同，高斯混合聚类采用概率模型。

对 n 维样本空间 χ 中的随机向量 x，若 x 服从高斯分布，则其概率密度函数为

$$p(x) = \frac{1}{(2\pi)^{\frac{n}{2}} |\Sigma|^{\frac{1}{2}}} e^{-\frac{1}{2}(x-\mu)^{\mathrm{T}} \Sigma^{-1}(x-\mu)} \tag{5-100}$$

式中，μ 是 n 维均值向量；Σ 是 $n{\times}n$ 的协方差矩阵。可以看出，高斯分布完全由均值向量 μ 和协方差矩阵 Σ 这两个参数确定。因此将该概率密度函数记为 $p(x|\mu,\Sigma)$。

由此，可定义高斯混合分布为

$$p_{\mathrm{M}}(x) = \sum_{i=1}^{k} \alpha_i p(x|\mu_i, \Sigma_i) \tag{5-101}$$

该分布共由 k 个高斯分布混合组成，其中 μ_i 与 Σ_i 是第 i 个高斯混合成分的参数，$\alpha_i > 0$ 是相应的混合系数，$\sum\limits_{i=1}^{k} \alpha_i = 1$。

给定一组样本 D，我们需要得到一组参数 $\{(\alpha_i, \mu_i, \Sigma_i) | 1 \le i \le k\}$，使得数据 D 出现的概率最大，即最大似然估计。在该组参数下，所有样本出现的概率为

$$\prod_{j=1}^{m} P(x_i) = \prod_{j=1}^{m} \sum_{i=1}^{k} \alpha_j p(x_j|\mu_i, \Sigma_i) \tag{5-102}$$

取对数后为对数似然函数

$$\sum_{j=1}^{m} \ln\Big(\sum_{i=1}^{K} \alpha_i p(x_j|\mu_i, \Sigma_i) \Big) \tag{5-103}$$

也就是求解最大化对数似然函数时的参数 $\{(\alpha_i, \mu_i, \Sigma_i) | 1 \le i \le k\}$，即

$$(\alpha^*, \mu^*, \Sigma^*) = \underset{(\alpha, \mu, \Sigma)}{\mathrm{argmax}} \sum_{j=1}^{m} \ln\Big(\sum_{i=1}^{K} \alpha_i p(x_j|\mu_i, \Sigma_i) \Big) \tag{5-104}$$

对此，常采用 EM 算法进行迭代优化求解。算法步骤如下：

1）初始化高斯混合分布的模型参数。

2）根据当前参数来计算每个样本属于每个高斯成分的后验概率。

3）计算新均值向量、新协方差向量和新混合系数，更新分布。

4）重复步骤 1）~3），直到参数不发生变化或达到设定迭代次数上限为止。

其中步骤 1）和 2）为 E 步，步骤 3）为 M 步。

EM 算法流程图如图 5-24 所示。

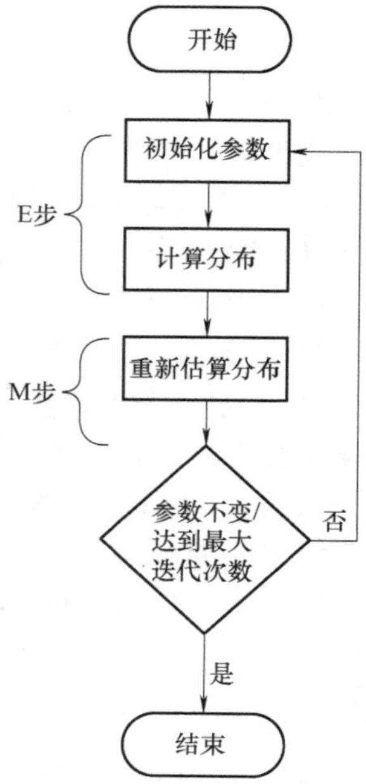

新参数公式可经推导获得，新均值向量公式为

$$\mu_i = \frac{\sum_{j=1}^{m} \gamma_{ji} x_j}{\sum_{j=1}^{m} \gamma_{ji}} \tag{5-105}$$

新协方差向量公式为

$$\Sigma_i = \frac{\sum_{j=1}^{m} \gamma_{ji}(x_j - \mu_i)(x_j - \mu_i)^{\mathrm{T}}}{\sum_{j=1}^{m} \gamma_{ji}} \tag{5-106}$$

图 5-24 EM 算法流程图

新混合系数公式为

$$\alpha_i = \frac{1}{m} \sum_{j=1}^{m} \gamma_{ji} \tag{5-107}$$

5.5.4 密度聚类

密度聚类也称为基于密度的聚类，此类算法假设聚类结构能通过样本分布的紧密程度确定。通常情形下，密度聚类算法从样本密度的角度来考察样本之间的可连接性，并基于可连接样本不断扩展聚类簇以获得最终的聚类结果。

DBSCAN（Density-Based Spatial Clustering of Applications with Noise，基于密度的噪声应用空间聚类）是一种著名的密度聚类算法。它基于一组邻域参数（ε, MinPts）来刻画样本分布的紧密程度。给定数据集 $D = \{x_1, x_2, \cdots, x_m\}$，定义以下几个概念：

1）ε-领域：对 $x_j \in D$，其 ε-邻域包含样本集 D 中与 x_j 的距离不大于 ε 的样本，即 $N_{\varepsilon}(x_j) = \{x_i \in D \mid \mathrm{dist}(x_i, x_j) \leqslant \varepsilon\}$。

2）核心对象：若 x_j 的 ε-领域至少包含 MinPts 个样本，即 $|N_{\varepsilon}(x_j)| \geqslant$ MinPts，则 x_j 是一个核心对象。

3）密度直达：若 x_j 位于 x_i 的 ε-领域中，且 x_i 是核心对象，则称 x_j 由 x_i 密度直达。

4）密度可达：对 x_i 与 x_j，若存在样本序列 $p_1, p_2, \cdots, p_n$，其中 $p_1 = x_i, p_n = x_j$ 且 p_{i+1} 由 p_i 密度直达，则称 x_j 由 x_i 密度可达。

5）密度相连：对 x_i 与 x_j，若存在 x_k 使得 x_i 与 x_j 均由 x_k 密度可达，则称 x_i 与 x_j 密度相连。

基于上面的概念，DBSCAN 算法里面簇的定义为：由密度可达关系导出的最大的密度相连的样本集合。

因此给定邻域参数（ε, MinPts），簇 $C \subseteq D$ 是满足以下两个条件的非空样本集：

1）连接性：$x_i \in C$，$x_j \in C \Rightarrow x_i$ 与 x_j 密度相连。

2）最大性：$x_i \in C$，x_j 由 x_i 密度可达 $\Rightarrow x_j \in C$。

DBSCAN 算法先任选数据集中的一个核心对象为种子，再由此出发确定相应的聚类簇，算法先根据给定的邻域参数（ε, MinPts）找出所有核心对象；然后以任一核心对象为出发点，找出由其密度可达的样本生成聚类簇。直到所有核心对象均被访问过为止。

本质上相当于一些核心对象及与其密度可达的所有的点以及边界点组成了簇，簇中核心的点就是核心对象。

具体步骤如下：

1）任意选取一个没有加簇标签的点 p。

2）得到所有从 p 关于（ε, MinPts）密度可达的点。

3）如果 p 是一个核心点，形成一个新的簇，给簇内所有对象点加簇标签。

4）如果 p 是一个边界点，没有从 p 密度可达的点，则访问数据库中的下一个点。

5）继续这一过程，直到数据库中所有的点都被处理。

可以看出，密度聚类的优点在于不需要知道簇的数量，可以发现任意形状的类簇，对噪声点不敏感；但是其缺点是需要提前确定邻域参数（ε, MinPts），不适合密度差异很大的情形。

5.5.5　层次聚类

层次聚类是通过计算不同类别数据点间的相似度来创建一棵有层次的嵌套聚类树。按照层次分解方向，层次聚类可以分为自底而上的聚合策略和自顶向下的分拆策略。

自底而上的凝聚方法：先将所有样本的每个点都看成一个簇，然后找出距离最小的两个簇进行合并，不断重复到预期簇或者其他终止条件，代表算法为 AGNES。

自顶向下的分裂方法：先将所有样本当作一整个簇，然后找出簇中距离最远的两个簇进行分裂，不断重复到预期簇或者其他终止条件，代表算法有 DIANA。

常用的几种簇间距离的计算方法如下：

1）最小距离：取两个类中距离最近的两个样本的距离作为这两个簇的距离。

2）最大距离：取两个类中距离最远的两个样本的距离作为这两个簇的距离。

当算法选择最小距离作为簇间距离时，有时称之为最近邻聚类算法。并且，当最近两个簇之间的距离超过阈值时，算法终止，则称其为单连接算法。

当算法选择最大距离作为簇间距离时，有时称之为最远邻聚类算法。并且，当最近两个簇之间的最大距离超过阈值时，算法终止，则称其为全连接算法。

3）均值距离：两个簇的平均值作为中心点，取这两个均值之间的距离作为两个簇的距离。

4）（类）平均距离：两个簇任意两点距离加总后，取平均值作为两个簇的距离。

5）中间距离：介于最短距离和最长距离之间，相当于初等几何中三角形的中线。

层次聚类算法的优点在于距离和规则的相似度容易定义，限制少，不需要预先制定聚类数，可以发现类的层次关系，可以聚类成其他形状。其缺点在于计算复杂度太高、奇异值也能产生很大影响以及很可能聚类成链状。

5.6 小结

机器学习是人工智能领域中的重要分支，它通过让计算机从数据中学习规律和模式，实现自主决策和预测。在机器学习的实践中，有几个关键步骤对于算法的性能和准确性至关重要，即特征工程、模型评估、有监督学习、无监督学习和概率图模型。

特征工程是机器学习中一个至关重要的步骤。它涉及将原始数据转换成适合机器学习算法的特征集合。良好的特征工程能够提升算法的性能，甚至在数据较少的情况下也能取得良好的结果。特征工程包括数据清洗、特征选择、特征变换等。通过特征工程，我们能够更好地理解数据，减少噪声和冗余信息，从而为模型提供更有意义的输入。

模型评估是机器学习中的另一个重要环节。在建立模型后，我们需要对其性能进行评估，以确保其在未知数据上的泛化能力。常用的评估方法包括交叉验证、训练集-测试集划分和指标评价等。模型评估不仅帮助我们了解模型的准确性，还有助于调整超参数、优化模型结构、提高算法性能。

有监督学习是最常见的机器学习类型之一，它通过已知输入和输出的训练数据来训练模型，并通过学习建立输入到输出的映射关系。有监督学习适用于分类和回归等问题。支持向量机、决策树、神经网络等都是有监督学习算法的代表。

无监督学习是另一种重要的机器学习类型，它不使用标记的输出数据，而是从无标签数据中寻找模式和结构。聚类和降维是无监督学习的典型任务。无监督学习在探索性数据分析、推荐系统、图像分割等领域发挥着重要作用。

目前，机器学习在各个领域均取得了显著的进展。同时，对于模型的解释性和可解释性也将成为关注的焦点，使得模型的决策过程更加透明和可信。此外，跨学科的研究也逐渐成为机器学习发展的趋势，融合心理学、神经科学等知识，使得模型更贴近人类认知和决策过程。随着计算能力和数据规模的不断增加，我们可以期待更复杂、更强大的模型出现。总之，它在各个领域都展现出强大的应用潜力，并将继续推动人工智能技术的发展。

思考题

5.1 试述为什么需要特征工程并举例说明特征工程的基本步骤和方法。

5.2 试述真正例率、假正例率与查准率、查全率之间的联系及其意义。

5.3 试述比较检验的意义并举例其常用方法。

5.4 举例有监督学习的经典方法，并简述其思想。

5.5 举例聚类的几种方法，并简述其思想。

第 6 章

神经网络

本章从基础的神经元和神经网络开始介绍，然后详细讨论了线性神经网络、全连接神经网络、BP 神经网络、卷积神经网络和循环神经网络，最后简单介绍了生成对抗神经网络。

6.1 神经元和神经网络

6.1.1 生物神经元和人工神经元

1. 生物神经元简介

现代人的大脑中约有 10^{11} 个神经元，每个神经元和其他神经元之间约有 1000 个连接，大脑中约有 10^{14} 个连接。生物神经元由包含核和大多数细胞复杂成分的细胞体组成，其中许多分支延伸称为树突，再加上一个很长的延伸称为轴突。轴突的长度可能比细胞体长几倍到几万倍。轴突在其末端附近分裂成许多分支，称为端粒，在这些分支的顶端是称为突触末端（或简称为突触）的微小结构，与其他神经元的树突或细胞体相连。

生物神经元产生短的电脉冲称为动作电位，它们沿着轴突传播，使突触释放称为神经递质的化学信号。下一级的神经元在几毫秒中接收到足够数量的神经递质，并根据递质的种类来决定自己激发的电脉冲（既可能是兴奋也可能是抑制），单个生物神经元的机理和实现看似很简单，但是当神经元的数量级达到数十亿级时，生物神经元所取得的效果就很显著了。高度复杂的计算可以通过相当简单的神经元来执行，代价只是神经递质的种类以及剂量，而调节这一过程是网络本身。

2. 人工神经元简介

1943 年，美国神经和解剖学家 McCulloch 和数学家 Pitts 提出了人工神经元模型（M-P 模型）。从那个时候开始各种神经模型就被提出，本章将介绍一种标准型的数学模型，即感知机模型，主要包含三个部分，分别是加权求和、线性动态系统和激活函数（非线性函数）部分。神经元模型本质上是数学函数模型，为了可以逼近所有类型的数值，必须引入激活函数部分，同时考虑到以 BP 神经网络为代表的梯度更新参数的方式，为了防止梯度爆炸，也需使用到激活函数部分，具体分析请看 BP 神经网络部分的介绍。

3. 神经元结构和数学模型

上节提到了激活函数，本节将着重分析神经元模型（见图6-1）。

对于每一个节点来说，其公式可以表示为

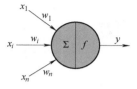

$$y = f\Big(\sum_1^n w_i x_i + b_i \Big) \qquad (6\text{-}1)$$

式中，x_i 表示每一个节点的输入；w_i 表示相关节点的参数，也就是训练模型的时候需要更新的参数值；b_i 表示每一个节点的偏置参数，其在训练的时候也会发生更新；函数 f 是非线性函数，也就是激活函数的部分。关于参数 w 和 b，w 存在的目的就是决定输入部分对下一级的影响程度，而参数 b 存在的目的是为了防止激活函数失败。

图6-1　神经元模型

6.1.2　神经网络简介

神经网络具有初步的自适应和自组织能力，可以在训练过程中更新神经元之间的权重，这样可以适应训练数据集。神经网络具有学习能力，可以超过设计者本身具有的知识能力，这也是它能够成为深度学习基础的一个关键因素。

神经网络根据输入数据类型可以分为监督学习和无监督学习。判断神经网络是否为监督学习的关键在于看输入数据是否有标签，如果存在标签，那么是有监督学习，否则为无监督学习。在回归和分类中，因为每一个输入样本都有一个输出标签，这种学习的目的本质上就是找到输入特征和输出标签之间的关系，所以回归和分类是典型的监督学习。

同时神经网络根据结构可以分为以下几种：前馈神经网络、反馈神经网络、自组织神经网络、生成对抗神经网络等。本节将主要介绍前馈神经网络（线性神经网络、卷积神经网络为代表）、反馈神经网络（循环神经网络为代表）和生成对抗神经网络等。

6.2　线性神经网络和全连接神经网络

6.2.1　线性神经网络

线性神经网络发展时间很长，其最典型的例子是自适应线性元件。在20世纪50年代末提出，主要用途是通过线性逼近一个函数式而进行模式联想以及信号滤波、预测、模型识别和控制等。

在介绍线性神经网络之前，先复习一下神经元知识。神经元系统的传输函数只可以输出两种可能的值，而线性神经网络却可以输出任意值，实现这一点的原理也很简单，就是神经元输出之后进行线性变换。虽然线性神经网络在收敛速度和精度上远远超过感知器，但是其线性运算也决定了其只能解决线性可分问题，不能解决异或问题乃至更加复杂的非线性问题。

1. 线性神经网络结构

线性神经网络结构如图6-2所示。

可以看到图6-2中的线性神经网络结构和神经元十分相似，区别在于输出之间具有线性函数，这样的线性函数给予神经网络不同的输出，带来的结果就是线性神经网络可以解决二值分类等问题。线性神经网络实现二值区分如图6-3所示。

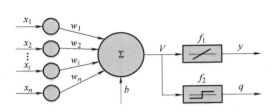

图 6-2　线性神经网络结构

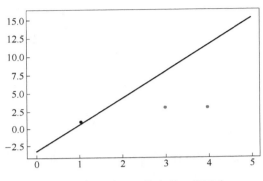

图 6-3　线性神经网络实现二值区分

其中线性部分可以用下式表示：

$$y = f\left(\sum_{1}^{n} w_i x_i + b_i\right) \tag{6-2}$$

式中，$f(x)$ 函数表示为输出节点的传递函数。

在一般的线性神经网络基础上，如果添加多个输出，那么这样的神经网络叫作 Madaline 神经网络。上文中提到一般的线性神经网络只可以进行二值区分，不能够实现异或逻辑等复杂分类，但是 Madaline 神经网络可以间接实现异或。

线性神经网络可以实现二值分类，所以从图 6-3 中可以看到，可以利用一个输出进行二值分类，但是这样的结果不能满足异或，再另一个输出的时候可以满足另一个二值分类，最终的结果就可以完成异或分类（见图 6-4）。

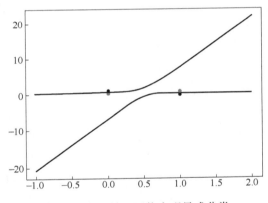

图 6-4　线性神经网络实现异或分类

2. 线性神经网络 LMS 算法

对于线性神经网络来说，最重要的是其学习算法。LMS（Least Mean Square，最小均方）算法的目的就是实现线性神经网络的权值调整，实现机制是基于纠错学习规则。

采用均方误差作为评价标准：

$$\mathrm{mse} = \frac{1}{Q}\sum_{k=1}^{Q}\left(e^2(k)\right) \tag{6-3}$$

式中，Q 是训练样本的个数，线性网络学习的目的就是找到合适的网络参数 w 使得误差的均方误差最小，所以只要 mse 对网络参数 w 求偏导，当偏导数为 0 时就可以求出 mse 的极值。

线性神经网络的学习规则是梯度下降法，这是神经网络学习中一种典型的学习方法。具体的每一层推导方式如下：

$$E(w) = \frac{1}{2}e^2(n) \tag{6-4}$$

$$\frac{\partial E}{\partial w} = e(n)\frac{\partial e(n)}{\partial w} \tag{6-5}$$

$$e(n) = d(n) - \boldsymbol{x}^{\mathrm{T}}(n)w(n) \tag{6-6}$$

$$\frac{\partial e(n)}{\partial w} = -\boldsymbol{x}^{\mathrm{T}}(n) \tag{6-7}$$

$$\frac{\partial E}{\partial w} = -\boldsymbol{x}^{\mathrm{T}}(n)e(n) \tag{6-8}$$

$$w(n+1) = w(n) + \boldsymbol{\eta}\left(-\frac{\partial E}{\partial w}\right) = w(n) + \boldsymbol{\eta}\boldsymbol{x}^{\mathrm{T}}(n)e(n) \tag{6-9}$$

6.2.2　全连接神经网络

全连接神经网络也叫作多层感知机，是神经网络中最为常见的一种网络模型。在卷积神经网络、循环神经网络中都有应用，所以在学习以下几种网络的时候应该先了解到全连接神经网络的原理以及实现方式。

1. 激活函数

全连接神经网络实现中，最重要的问题在于非线性函数的引入。所谓非线性函数，也就是各种深度学习中经常提到的激活函数。

本节将介绍几个常用的激活函数。第一个激活函数是 Sigmoid 函数，图像如图 6-5 所示，其表达式如下：

$$f(x) = \frac{1}{1+\mathrm{e}^{-x}} \tag{6-10}$$

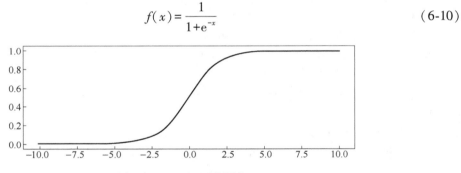

图 6-5　Sigmoid 函数图像

可以看出，Sigmoid 函数能够把输入的连续实值变换为 0~1 之间的输出。当输入趋于 −∞ 时，Sigmoid 函数的输出趋于 0；当输入趋于 +∞ 时，Sigmoid 函数的输出趋于 1；当输入在 0 周围徘徊的时候，其函数的导数值最大。深度神经网络中的反向传递的时候会发生梯度爆炸和梯度消失，在引入 Sigmoid 函数之后梯度爆炸发生的概率较小，但是梯度消失较大。

第二个激活函数是 tanh 函数，图像如图 6-6 所示，其表达式如下：

$$f(x) = \frac{\mathrm{e}^{x}-\mathrm{e}^{-x}}{\mathrm{e}^{x}+\mathrm{e}^{-x}} \tag{6-11}$$

和 Sigmoid 函数类似，tanh 函数能够把输入的连续实值变换为 −1~1 之间的输出。当输入趋于 −∞ 时，tanh 函数的输出趋于 −1；当输入趋于 +∞ 时，tanh 函数的输出趋于 1；当输入在 0 周围徘徊的时候，其函数的导数值最大。深度神经网络中的反向传递的时候会发生梯度爆炸和梯度消失，在引入 tanh 函数之后梯度爆炸发生的概率较小，但是梯度消失较大。可以看出，tanh 函数和 Sigmoid 函数的作用相似，只是输出的范围在 [−1,1]。

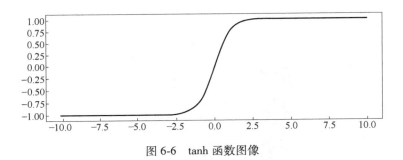

图 6-6　tanh 函数图像

第三个激活函数是 Relu 函数，这个函数实际上是一个取最大值函数，其函数表达式如下：

$$f(x) = \max(0, x) \tag{6-12}$$

Relu 函数图像如图 6-7 所示。

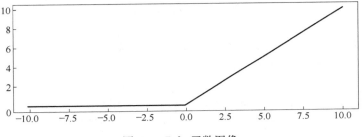

图 6-7　Relu 函数图像

Relu 函数是最常用的激活函数，在搭建人工神经网络时应该有限尝试。Relu 函数的优点有很多，其计算速度非常快，只需要判断输入是否大于 0 即可，另外，其收敛速度也远快于 Sigmoid 函数和 tanh 函数。当然 Relu 函数也有其相关缺点，比如它的输出不是一个闭合区间，另外 Relu 函数还有 Dead-Relu-Problem 的问题，也就是有些神经元永远不会被激活，导致相应的参数不会被更新。对于这个问题，需要修改学习率或者对参数重新初始化，在实验中，往往前者存在可能性较大。另外为了解决 Relu 函数中的 Dead-Relu-Problem 的问题，还提出一种 PRelu 函数，其函数表达式如下：

$$f(x) = \max(\alpha x, x) \tag{6-13}$$

其中，α 取 0.01，这样的话可以避免 Relu 函数中的一些问题。激活函数有很多种，在搭建人工神经网络的时候可以根据实际来选择，同时不一定拘泥于这些激活函数，甚至可以根据自己的需求设置相关的非线性激活函数。

2. 全连接神经网络

全连接神经网络的结构如图 6-8 所示。全连接神经网络也就是多层感知机相较于神经元（感知器）来说，最为关键的部分是引入了隐藏层，由于隐藏层的引入，使得全连接神经网络可以实现非线性变化。

对于多层感知机，可以用下式进行表达：

$$\begin{cases} H = \phi(XW_h + b_h) \\ O = HW_o + b_o \end{cases} \tag{6-14}$$

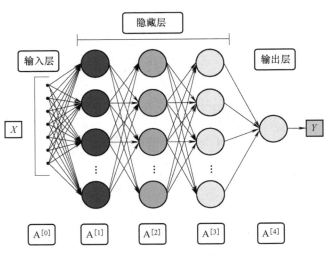

图 6-8　全连接神经网络的结构

根据理论推导，如果不引入仿射函数也就是激活函数部分，那么多层感知机实质上就是单层神经网络。其推导步骤如下所示：

$$O = HW_o + b_o = (XW_h + b_h)W_o + b_o = XW_hW_o + b_hW_o + b_o \qquad (6\text{-}15)$$

可以发现，全连接神经网络实质上还是一个单层神经网络，所以必须在隐藏层引入激活函数，这样才可以真正实现多层感知机。多层感知机在各种神经网络或者深度学习模型中起到了很重要的作用。最早的深度学习模型 AlexNet 在最终输出结果时就使用到了全连接神经网络。全连接神经网络实现二值分类如图 6-9 所示。

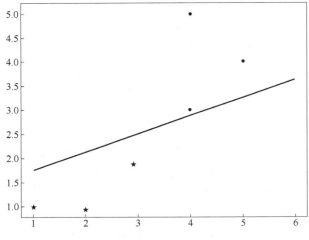

图 6-9　全连接神经网络实现二值分类

6.3　BP 神经网络

在神经网络的发展中，BP 神经网络是一个重要的转折点，同时 BP 神经网络对后续神经网络的学习也是一个基础，所以本节将详细地介绍 BP 神经网络和一些改进方法，为后续神经网络的学习和优化奠定基础。

6.3.1 标准 BP 神经网络算法和流程

BP 神经网络是多层前向网络，也可以称为后向传播学习的前馈型神经网络，可以把其视作多层神经元网络的堆叠。BP 神经网络具有多层，除了第一层称之为输入层，最后一层称之为输出层，中间的层都叫作隐藏层。BP 神经网络结构图如图 6-10 所示。

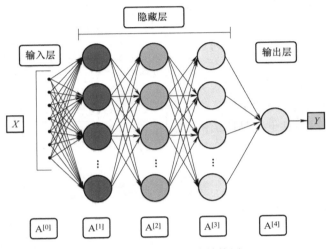

图 6-10　BP 神经网络结构图

BP 神经网络的网络结构是前馈型神经网络，在使用阶段直接输入，BP 神经网络根据训练好的结果最终得到输出结果。BP 神经网络的关键部分在训练阶段，也主要是通过反向传播的方式来更新参数，这就是 BP 神经网络命名的来历。BP 反向算法在训练过程中，先进行一次前向的传播过程，再进行反向传播过程更新每一层参数，当满足迭代条件时停止。BP 神经网络算法流程图如图 6-11 所示。

根据上文提到的 BP 神经网络更新策略，在实际的操作中，每一步操作都有一定的技巧性。具体如图 6-11 所示共有五步。

步骤一：需要对 BP 神经网络权值和神经元的阈值进行初始化，在这里首先要考虑的是每一层参数权重值 w_{ij}，如果没有先验知识（也就是没有其他信息）的情况下，一般设置为均值为 0 的均匀分布，其范围被定为 $[-1,1]$ 或者 $[-0.5,0.5]$。

步骤二：样本每输入网络一次称为一个回合，每一个回合中都要对样本进行随机排序，这样做的目的是可以有效地使用样本特性。

步骤三：从输入层沿着网络到输出层，每一个回合都会得到一个局部诱导域和函数输出值（这里需要相关的公式）。

步骤四：从后向前，计算每一层神经元的局域梯度（这里也有相关的公式）。

步骤五：更新每一层的参数。

最后根据是否满足误差要求或者已经达到迭代要求停止继续更新参数。

对于一个前馈型的神经网络，很重要的一点是能够完成权值参数的更新，这也是 BP 神经网络的精髓所在。

BP 神经网络的优点是显著的，其非线性映射能力、泛化能力和容错能力都是很不错的。它能学习和存储大量的输入-输出模式映射关系，无需存在描述这种映射关系的数学方程，这样的话可以避免复杂的数学计算，而是通过输入-输出模式映射的关系得到所需要的函数表达式。

多层前馈网络训练将从样本中学习到的非线性映射关系存储在权值矩阵中。在其后的工作阶段，当向网络输入训练时未曾见过的非样本数据时，网络也能完成由输入空间向输出空间的正确映射。这也就是所谓的泛化能力，根据训练好的模型可以得到未训练样本的数据的结果，这也是深度学习的基础。

另外，BP 神经网络允许输入样本中带有较大的误差甚至个别错误。

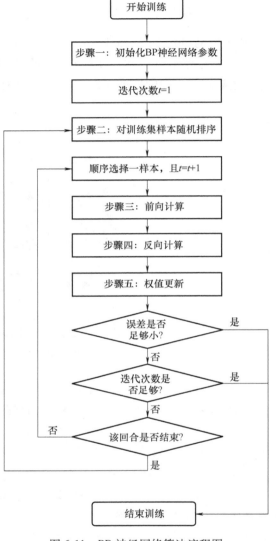

图 6-11　BP 神经网络算法流程图

6.3.2　标准 BP 神经网络分析和改进

1. BP 神经网络算法的局限性分析

BP 神经网络的误差曲面通常存在多个极小点，而且绝大部分都是非全局极小点，在训练的时候容易陷入局部最优的问题。局部最优问题是神经网络问题中典型的一类优化问题，原因是多种的，一般来说就是由于存在多个极小点，在梯度优化算法中，当优化到这些点的时候，算法就会停止，导致整个算法收敛到某个极小点。

BP 神经网络的误差曲面有些区域比较平坦，也就是说当神经网络训练到这些误差曲面时，使用梯度优化算法会增加训练时间，而且训练效果也会变差。在上一节中提到的激活函数，当误差曲面变得平坦的时候，其会进入它的饱和区，梯度就会接近于 0，其最终的结果就会导致网络参数更新变慢，增加训练时间。

2. BP 神经网络算法的改进方法

针对上述两个问题，学者们提出了多种缓解和解决方法。

关于 BP 神经网络在训练过程中容易陷入局部最优问题，随着深度学习理论的发展，学者们提出了新的优化算法策略，如 Adagrad 算法。

g_t^2 表示的是每一个元素的二次方，测试的机器学习良好问题的良好默认设置为 $\alpha = 0.001$，$\beta_1 = 0.9$，$\beta_2 = 0.999$，$\varepsilon = 10^{-8}$，对向量的所有操作多是逐元素的。用 β_1^t 和 β_2^t 表示在 t 时刻的 β_1 和 β_2。

Adam 算法[13]是我们随机优化的算法。Adam 算法结合使用了 RMSProp 和 Momentum 算法。

算法 6-1：Adam 算法

输入：α：步数尺寸，β_1，$\beta_2 \in [0,1)$：当前的指数衰退率。$f(\theta)$：变量参数为 θ 的随机目标函数

输入：θ_0：初始向量参数

$m_0 \leftarrow 0$（初始化第一个 Momentum 算法的参数向量）

$m_1 \leftarrow 0$（初始化第二个 Momentum 算法的参数向量）

$t \leftarrow 0$（初始化时间步，用于 RMSProp 算法部分）

输出：输出参数 θ_t

1 while θ_t 不聚合 do

2 　　$t \leftarrow t+1$;

3 　　$g_t \leftarrow \nabla_\theta f_t(\theta_{t-1})$;

4 　　$m_t \leftarrow \beta_1 \cdot m_{t-1} + (1-\beta_1) \cdot g_t$;

5 　　$v_t \leftarrow \beta_2 \cdot v_{t-1} + (1-\beta_2) \cdot g_t^2$;

6 　　$\hat{m}_t \leftarrow m_t/(1-\beta_1^t)$;

7 　　$\hat{v}_t \leftarrow v_t/(1-\beta_2^t)$;

8 　　$\theta_t \leftarrow \theta_{t-1} - \alpha \cdot \hat{m}_t/(\sqrt{\hat{v}_t}+\epsilon)$;

同时考虑到收敛到某一个极小点和网络参数初始化息息相关，所以在实践中往往多次随机初始化网络参数，利用不同的初始化参数去找到训练的最佳初始化参数部分。

为了解决网络误差曲面进入平坦区之后导致训练速度减慢的问题，有学者提出采用引入陡度因子的方式，思路是在误差曲面进入平坦区之后，压缩神经元的净输入，使得输出退出激活函数的饱和区，从而使得梯度下降法可以有效实现，最终脱离平坦区。在标准 BP 神经网络中引入的激活函数是 Sigmoid 函数，所以本改进方法是在 Sigmoid 函数的基础上引入陡度因子 λ，使得其激活函数为

$$f(x) = \frac{1}{1+e^{-\frac{x}{\lambda}}} \tag{6-16}$$

这样的话，当输出层误差接近于 0 的时候，就可以令 $\lambda > 1$，这样的结果就可以提高 BP 神经网络算法的收敛速度。另一种在激活函数上做处理的方法是改变 Sigmoid 函数为 Relu 函数。

另一种让算法迅速逃离平坦区的方法是增加动量项。标准 BP 神经网络算法的权值调节公式为

$$\Delta w(t+1) = -\eta \frac{\partial E}{\partial w} \tag{6-17}$$

可以看出，权值更新的快慢和超参数 η 有着十分密切的关系，当 η 很小的时候，权值更新速度会变慢，学习次数会为此增加；当 η 很大的时候，会导致神经网络振荡，这样的

话也会导致学习的迭代次数增加。而带有动量项的加权调节公式可以对 BP 神经网络带来一些比较好的改善效果。带有动量项的加权调节公式为

$$\Delta w(t+1) = -\eta \frac{\partial E}{\partial w} + \alpha \Delta w(t) \tag{6-18}$$

一般来说，α 称为动量系数，一般取 0.9 左右。动量项控制权值更新快慢具有明显效果，当权值处于波动区域的时候，由于公式最右项的存在，可以使得权值更新没有那么剧烈，起到了缓冲平滑权值的作用。当权值处于相对平缓区域的时候，误差变化很小，可以得到

$$\Delta w \approx \frac{-\eta}{1-\alpha} \frac{\partial E}{\partial w} \tag{6-19}$$

这样得到的结果就是 $\Delta w(t)$ 变化特别快，将使得权值参数尽快地远离饱和区和截止区。

还有一种方式是增加自适应式学习参数：对于 BP 神经网学习算法来说，不同的学习参数会导致不同的结果，所以在实现的时候需要增加自适应式学习参数。

6.4 卷积神经网络

Yann LeCun 提出了 LeNet[12]，这个神经网络被用来识别手写数字图像，训练算法是最常用的梯度下降法，使用 LeNet 来训练分类手写数字图像达到了当时最先进的结果。这个工作不仅是当时最有成效的工作，而且为现在的卷积神经网络奠定了基础，提出了被使用至今的方法如填充、池化等。

LeNet 虽然在识别效果上不如现在的各种各样的网络，但是其中所蕴含的思想是显著的，同时也是学习深度卷积神经网络的基础。本节将着重分析卷积神经网络的实现思路以及具体的实验思路。

6.4.1 卷积的基本知识

卷积神经网络所涉及的数学运算是卷积运算。关于卷积运算有离散卷积和连续卷积两种运算方式。连续卷积的定义式如下，假设有两个连续函数 $x_1(t)$ 和 $x_2(t)$，假设它们的卷积结果是 $y(t)$，那么可以用公式表达为

$$y(t) = \int x_1(\tau) x_2(t-\tau) \mathrm{d}\tau \tag{6-20}$$

对于离散函数，假设有两个离散序列 $x(n)$ 和 $h(n)$，假设它们的卷积结果是 $y(n)$，那么可以用公式表达为

$$y(n) = \sum_{i=-\infty}^{\infty} x(i) h(n-i) \tag{6-21}$$

如果想要简单地理解卷积的作用，可以把卷积设想为对两个函数的所有位置进行乘积叠加运算。

对于卷积神经网络来说，比较高阶的运算更加有用。本节中，主要涉及的是二维卷积神经网络。在这里笔者先给出二维卷积计算公式，后面涉及具体的卷积神经网络时再进行详细介绍。

有一个二维图像 I 和一个二维的卷积核 K，卷积结果是 y，那么卷积的结果可以表达为

$$\sum_m \sum_n I(m,n)K(i-m,j-n) \tag{6-22}$$

6.4.2　卷积神经网络的产生动机

二维卷积是卷积神经网络的理论基础，卷积运算中有三个十分重要的数学思想，有助于改进机器学习系统。分别是稀疏交互、参数共享和等变表示。

在线性神经网络或者多层感知机中，比如最常用的 MLP 模型，在这个模型中，就可以看到输入层到隐藏层，再从隐藏层到输出层，每一个单元之间都有一个交互过程（可以简单地理解为有一个权重参数），这样的模型在输入较小规模的情况下是可以接受的，比如一些电力数据集。但是当数据集的规模增大到图片数据集的时候，这样的模型是很难完成训练和应用于实际的，无论是待更新参数的数量还是所需要调用的硬件资源都是庞大的，显然是不合实际的。

在图像输入的时候，每一张图片有成千上万个像素点。一张图片中并不是所有的像素点都对神经网络训练是有意义的。卷积核的存在可以只收集有用的一些像素点，这样的话降低了训练参数，减少了待更新参数，减少了模型的储存需求。对于实际的训练来说，减少几个数量级的训练参数往往会提升训练效果。在实际训练中，调整卷积核的尺寸也可以训练出不同的效果。

除了卷积核与输入层的稀疏交互，卷积核的存在也可以实现所谓的参数共享。在传统的神经网络中，单元之间的参数都只用一次，也就是在两个节点之间就只有一组待更新参数。但是当使用卷积核的时候，训练模型可以保证只需学习一个参数集合，不用像传统神经网络那样每一个位置都要学习一个单独的参数集合，这样的结果可以保证减少多余参数的储存量，并且通过参数共享，可以有效地提升网络模型的训练效果。

对于卷积来说，参数共享的特殊形式使得神经网络层具有对平移的等变表示。具体用函数可以这样表示，如果函数 $f(x)$ 和函数 $g(x)$ 满足 $f(g(x))=g(f(x))$，那么就可以说函数 $f(x)$ 和函数 $g(x)$ 满足等变性。具体到卷积神经网络上来说，图像像素点经过平移变成一种形式再进行卷积的结果和图像先卷积再进行平移所得到的结果相同。当然并不是对所有图像处理方式等变表示都成立，比如图像的放缩或者旋转变换等是不成立的，不过实际上我们可以通过数学推导来表示出来。

6.4.3　卷积神经网络的结构

卷积神经网络是一个比较复杂的网络，它包括输入层、卷积层、激活层、池化层、输出层等，所以为了更好地分析各网络层对神经网络的影响，需要了解一些具体的实现方法，比如在卷积层层面上的填充和步幅，在池化层上的池化操作，以及输出层上使用 MLP 或者其他神经网络。

1. 填充和步幅

填充和步幅是输入层和卷积核上的操作，是可以改变卷积层尺寸的操作。如图 6-12 所示，我们需要考虑卷积核和输入层的那些位置的数进行运算操作。在上节中介绍卷积运算的时候，自然而然地想到将卷积核沿着输入层从一端按照向右的方式每移动一次得

到新的卷积结果，等到了另一端，再往下一步，然后从最左端再向右一步得到对应位置的卷积结果。

但这是对二维卷积运算的解释，在实际的卷积网络中，我们需要考虑到数据集的影响，可能这个时候卷积核的步幅就不止一步了，合适的步幅可以有效地减少模型数量，提高模型训练的速度和训练的质量。

所谓填充，就是对于输入层的边缘位置增加需要数量的元素，当然通常都是 0 元素。所带来的影响就是下一层的形状发生变化。

在没有填充的情况下，如图 6-12 所示，我们首先将输入层的形状设为 $n_h \times n_w$，卷积核的形状设为 $k_h \times k_w$，这样的话输出的形状就是 $(n_h - k_h + 1) \times (n_w - k_w + 1)$。

在有填充的情况下可以如图 6-13 所示，填充的行数为 p_h，填充的列数为 p_w，卷积核的形状不发生变化，那么输出的形状就是 $(n_h - k_h + p_h + 1) \times (n_w - k_w + p_w + 1)$。填充的作用不仅改变了输出的形状，还可以提升对边缘数据的检测效果。

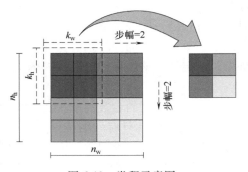

图 6-12　卷积示意图

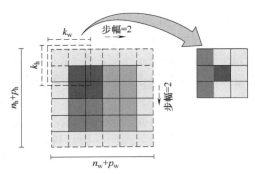

图 6-13　卷积填充示意图

关于步幅，对于神经网络的某一层进行卷积处理的时候，需要去考虑卷积核的移动步幅，也就是决定处理卷积层的稀疏程度。如果按照步幅为 1 的方式移动卷积核，那么卷积之后得到的输出层尺寸还是较大，但是如果卷积核的步幅大于 2 的时候，卷积之后的输出层尺寸就会很快缩小。

在填充的基础上，设置高上步幅为 s_h，宽上步幅为 s_w，卷积结果为 $[(n_h - k_h + p_h + s_h)/s_h] \times [(n_w - k_w + p_w + s_w)/s_w]$。另外如果最后一步可移动步数小于步幅的时候，则会舍弃这一步。

2. 池化

池化是卷积神经网络中经常用到的一种处理输入的方法。一般用于卷积层之间，目的是为了减少待更新参数的数量，可以有效地加快神经网络训练速度及防止过拟合。

在神经网络中，池化函数可以近似地保证输入的不变性。所谓近似不变，也就是说对输入进行少量平移的时候，输出的结果性质上不会发生变化。

池化的操作一般分为最大化池化和平均化池化两种。最大化池化示意图如图 6-14 所示，平均化池化示意图如图 6-15 所示。

可以看到，池化和卷积的计算方式相似，进行最大化池化操作的时候，池化层得到的结果就是每一个边框内部的最大值。最大化池化操作可以尽可能保持相同位置的信息。

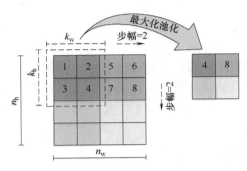

图 6-14　最大化池化示意图

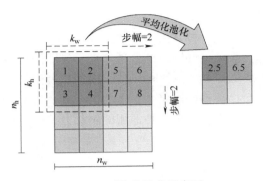

图 6-15　平均化池化示意图

3. 多输入通道和多输出通道

在上节中我们介绍填充和步幅的时候均用的单通道二维数组，但是现实的数据集往往都是多维的，比如在使用卷积神经网络处理电力数据的时候。

当输入数据有多个通道的时候，需要去构造和通道数相同的卷积核数量。在单通道的基础上，多通道输出结果的位置是在每一个单通道的卷积之和求和的结果。需要注意的点是通道对应的卷积核的尺寸大小相同。

如果输出的时候不选择同一个输出结果，而是为多输出通道的时候，则可以得到多个输出层。多通道输入和多通道输出示意图如图 6-16 所示。

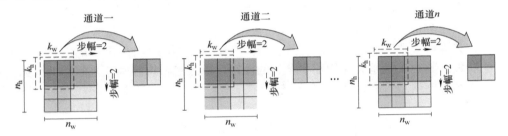

图 6-16　多通道输入和多通道输出示意图

6.5　循环神经网络

循环神经网络（Recurrent Neural Network，RNN）是一类以序列数据为输入，在序列的演进方向进行递归且所有节点（循环单元）按链式连接的递归神经网络。

对循环神经网络的研究始于 20 世纪 80～90 年代，并在 21 世纪初发展为深度学习算法之一，其中双向循环神经网络（Bidirectional RNN，Bi-RNN）和长短期记忆网络（Long Short-Term Memory Networks，LSTM）是常见的循环神经网络。

由于循环神经网络设计之初就是利用时间序列的性质，所以一切与时间相关的工作都可以使用循环神经网络训练。如人工智能最流行的研究方向之一的自然语言处理，就是利用时间序列模型处理语言。在电力行业，发电量和时间呈一个序列关系，也可以通过循环神经网络实现发电量的预测以用来规划电力。在金融行业，无论是股票交易还是期货问题都可以将其转化为时间序列问题。由此，利用人工智能实现金融行业自动化或者半自动化，指导经济运转也是一种常见的应用方式。

循环神经网络的原理来自于早期的机器学习和统计模型，也就是模型的不同部分可以共享参数。参数共享可以使得模型扩展到不同形式的样本并且可以进行泛化。

循环神经网络中最重要的是每一个环节的结构，具体的循环神经网络有具体的环节结构。下面将给出一种通用的解释方式——计算图，具体表示如图 6-17 所示。

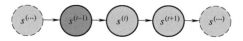

图 6-17　循环神经网络计算图

$$s^{(t)} = f(s^{(t-1)}, x^{(t)}; \theta) \tag{6-23}$$

根据公式可以看出，当前的信息来自于过去序列的信息和当前输入的综合。正如上文提到的具体循环网络有具体的结构，但是只要是涉及循环的函数都可以称为循环神经网络。在常用的循环神经网络中都会涉及一个典型的网络隐藏单元 h，用于表示网络状态：

$$h^{(t)} = f(h^{(t-1)}, x^{(t)}; \theta) \tag{6-24}$$

循环神经网络中需要特别关注的是上一时刻状态的保存，利用网络隐藏状态 h 就可以保存上一状态的信息，在输出当前状态信息的时候，就可以利用上一状态信息和当前状态的输入得到当前状态下的隐藏输出。

引入循环神经网络的原因也在于要减少模型的参数内存。在循环神经网络中，我们可以看到，每一层参数量是和隐藏状态 H 和输入状态 X 的尺寸有关的，而从全连接神经网络中可以看到，其训练参数虽然只与输入有关，但是其想要达到循环神经网络的效果，必须要增加很大的层数，其结果就是大大增加了参数的内存。输入隐藏层和输入之间的关系如图 6-18 所示，循环神经网络示意图如图 6-19 所示。

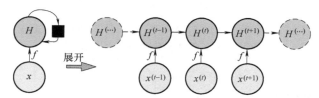

图 6-18　输入隐藏层和输入之间的关系

循环神经网络的计算公式如下：

$$H_t = \phi(X_t W_{xh} + H_{t-1} W_{hh} + b_h) \tag{6-25}$$

$$O_t = H_t W_{hq} + b_q \tag{6-26}$$

从公式中可以看到，循环神经网络每一层需要训练的参数如下：

$$\begin{cases} a^{(t)} = b + h^{(t-1)} W_{hh} + x^{(t)} W_{xh} \\ h^{(t)} = \tanh(a^{(t)}) \\ o^{(t)} = c + h^{(t)} W_{hq} \\ \hat{y}^{(t)} = \mathrm{soft\ max}(o^{(t)}) \end{cases} \tag{6-27}$$

其中，$W_{xh} \in \mathbb{R}^{d \times h}$、$W_{hh} \in \mathbb{R}^{h \times h}$ 和偏差 $b_h \in \mathbb{R}^{1 \times h}$，以及输出层的权重 $W_{hq} \in \mathbb{R}^{h \times q}$ 和偏差 $b_q \in \mathbb{R}^{1 \times q}$。

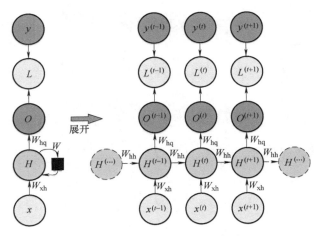

图 6-19　循环神经网络示意图

在卷积神经网络或者全连接神经网络中，其运行方法是并行的，但是循环神经网络就是串行的，这也导致了其反向传播的代价比较高。在循环神经网络体系中，由于每个时间步都是具有固有顺序的，所以在操作的时候只能串联一步一步前行，所以其运行时间是 $o(n)$，同时考虑到每一个节点上的状态都必须保存，所以其内存代价是 $o(n)$。

6.5.1　导师驱动过程

上一节介绍的循环神经网络，其特征是用一个时间步的输出和下一个时间步的隐藏状态进行循环连接。这种网络的效果并不是很好，原因是缺乏隐藏到隐藏之间的循环连接，这样的后果是要求输出单元必须能够捕获所有的历史信息，同时由于输出单元已经和训练集中的目标有明确匹配，因此在这样的条件下，循环神经网络就很难去捕捉输入历史的必要信息。

那么为了将输出反馈到循环之中，就可以采用导师驱动过程进行训练。所谓导师驱动过程，就是将该时刻 t 的真实值作为输入 $t+1$ 时刻的隐藏状态，这样避免缺乏隐藏到隐藏的状态中通过时间进行反向传播。当然在隐藏状态成为比较早时间步函数的情况下，使用基于时间的反向传播算法也是必要的，因为必须考虑如何去获得较早时间的信息。导师驱动过程示意图如图 6-20 所示。

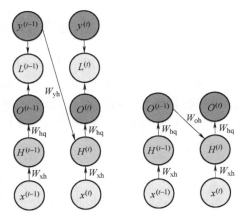

图 6-20　导师驱动过程示意图

6.5.2　计算循环神经网络的梯度

梯度下降法是神经网络中经常使用的一种算法，可以说是所有神经网络的标准算法。为了从理论上更加深入地理解循环神经网络，本节将介绍基于时间的反向传播算法的梯度。循环神经网络示意图如图 6-21 所示。

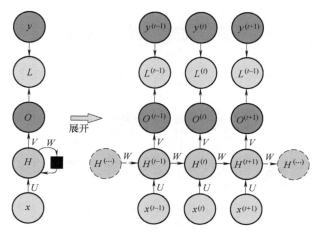

图 6-21　循环神经网络示意图

$$\begin{cases} a^{(t)} = b + Wh^{(t-1)} + Ux^{(t)} \\ h^{(t)} = \tanh(a^{(t)}) \\ O^{t} = C + Vh^{(t)} \\ \hat{y}^{(t)} = \text{soft max}(O^{(t)}) \end{cases} \quad (6\text{-}28)$$

式（6-28）是典型的循环神经网络表示公式，为了后续推导方便，将各个涉及下标的符号更改为无下标符号，也就是公式中的 U、V、W 等都是矩阵形式的变量。

$$L(x^{(1)}, x^{(2)}, \cdots, x^{(\tau)}) = \sum_{t} L^{(t)} \quad (6\text{-}29)$$

总的损失函数由每一步的损失函数累积得到。

$$\tanh(x) = \frac{e^{x} - e^{-x}}{e^{x} + e^{-x}} \quad (6\text{-}30)$$

$$(\tanh(x))' = 1 - (\tanh(x))^{2} \quad (6\text{-}31)$$

式（6-30）是常用的激活函数 $\tanh(x)$，其他的激活函数如 $\text{soft max}(x)$ 都是循环神经网络中常用到的激活函数类型。在神经网络进行反向传播的时候，需要对其进行求导，所以在这里进行整理之后得到式（6-31），可以发现其导数可以用对原函数进行某种简单运算得到，这样表示的目的是可以通过激活函数的结果快速求出导数的结果。

$$L = y - \hat{y} \quad (6\text{-}32)$$

$$\frac{\partial L}{\partial L^{(t)}} = 1 \quad (6\text{-}33)$$

根据式（6-33）可以看出，总的损失函数对每一个时刻的损失函数求导的结果都是 1。其实很好理解，这是因为总的损失函数就是每一个时刻的损失函数累积的结果。

接下来，我们需要去关注每一个时刻的关于激活函数、输入等的导数传递过程。在这里，选择最后一个时刻作为反向传播求导的计算。T 表示最后一个时刻。

$$\frac{\partial L}{\partial O_i^{(T)}} = \frac{\partial L}{\partial L^{(T)}} \frac{\partial L^{(T)}}{\partial O_i^{(T)}} \quad (6\text{-}34)$$

式（6-34）中 $\dfrac{\partial L}{\partial O_i^{(T)}}$ 表示的是在 T 时刻，损失函数 L 对实数值向量 $O_i^{(T)}$ 的导数，原因在

于 $O^{(T)}$ 是一个向量, 在求偏导的时候需要对这个向量的每一项进行求导。由于 O 与 L 的关系因此主要在于损失函数的选择, 不同的损失函数得到的 $\dfrac{\partial L^{(T)}}{\partial O_i^{(T)}}$ 不同, 这里就不展开了。

$$(\nabla_h^{(T)} L)_i = \sum_j \frac{\partial O_j^{(T)}}{\partial h_i^{(T)}} ((\nabla_o^{(T)} L)_j) = \sum_j V_{ji}((\nabla_o^{(T)} L)_j) = (V_{:,j})^T (\nabla_o^{(T)} L) \tag{6-35}$$

反向传播求梯度的目的是建立其输出和输入的关系, 得出后下一步需要考虑的就是损失函数关于 h 的梯度公式。根据链式法则, 可以得到损失函数关于 h 的梯度公式, 可以由参数 V_{ji} 和损失函数 L 相较于输出函数 O 的梯度得到。

$$(\nabla_h^{(T)} L) = V^T (\nabla_o^{(T)} L) \tag{6-36}$$

$$\nabla_V L = ((\nabla_o^{(T)} L) h^{(T)})^T \tag{6-37}$$

$$(\nabla_C^{(T)} L) = \nabla_o^{(T)} L \tag{6-38}$$

同样的道理, 我们也可以利用梯度传递公式, 求出损失函数对输出函数一层的所有参数求梯度, 将其转换为损失函数 L 相较于输出函数 O 的梯度的乘积形式。

$$(\nabla_U^{(T)} L)_j = (\nabla_h^{(T)} L)_i \frac{\partial h_i^{(T)}}{\partial a_i^{(T)}} \frac{\partial a_i^{(T)}}{\partial u_{ij}} = (\nabla_h^{(T)} L)_i (1 - (h_i^{(T)})^2) x_j^{(T)} \tag{6-39}$$

$$(\nabla_U^{(T)} L) = \begin{bmatrix} 1-(h_1^{(T)})^2 & 0 & \cdots & 0 \\ 0 & 1-(h_2^{(T)})^2 & 0 & \vdots \\ \cdots & 0 & \ddots & 0 \\ 0 & \cdots & 0 & 1-(h_n^{(T)})^2 \end{bmatrix} (\nabla_h^{(T)} L)(x^{(T)})^T \tag{6-40}$$

对于损失函数 L 对参数 U 进行求梯度, 也就是将其转换为损失函数 L 对 h 求梯度的过程, 在这里可以看到在 h 关于参数 a 的导数也就是对激活函数进行求导。将其用矩阵乘法的形式表示为

$$(\nabla_W^{(T)} L) = \begin{bmatrix} 1-(h_1^{(T)})^2 & 0 & \cdots & 0 \\ 0 & 1-(h_2^{(T)})^2 & 0 & \vdots \\ \vdots & 0 & \ddots & 0 \\ 0 & \cdots & 0 & 1-(h_n^{(T)})^2 \end{bmatrix} (\nabla_h^{(T)} L)(h^{(T-1)})^T \tag{6-41}$$

$$(\nabla_b^{(T)} L) = \begin{bmatrix} 1-(h_1^{(T)})^2 & 0 & \cdots & 0 \\ 0 & 1-(h_2^{(T)})^2 & 0 & \vdots \\ \vdots & 0 & \ddots & 0 \\ 0 & \cdots & 0 & 1-(h_n^{(T)})^2 \end{bmatrix} (\nabla_h^{(T)} L) \tag{6-42}$$

同样的道理, 可以求出损失函数关于参数 W 和参数 b 的矩阵形式的梯度传播公式, 即

$$\begin{aligned} (\nabla_h^{(t)} L)_i &= \sum_j (\nabla_h^{(t+1)} L)_j \frac{\partial h_j^{(t+1)}}{\partial h_i^{(t)}} + \sum_j (\nabla_o^{(t)} L)_j \frac{\partial o_j^{(t)}}{\partial h_i^{(t)}} \\ &= \sum_j (\nabla_h^{(t+1)} L)_j \frac{\partial h_j^{(t+1)}}{\partial a_j^{(t+1)}} \frac{\partial a_j^{(t+1)}}{\partial h_i^{(t)}} + \sum_j (\nabla_o^{(t)} L)_j V_{ji} \\ &= \sum_j (\nabla_h^{(t+1)} L)_j (1 - (h_j^{(t+1)})^2) W_{ji} + V_i^T (\nabla_o^{(t)} L) \end{aligned} \tag{6-43}$$

在之前的任意时刻，关于 h 的梯度由当前和之后两个时刻来赋予。

6.5.3 双向循环神经网络

之前提到的循环神经网络都是单向循环神经网络，也就是未来的信息需要从过去的信息中提取捕获，同时也可能出现过去的标签值会对未来的信息预测有一定的影响，但是没有用到更远的未来可能出现的信息去预测未来的方式。但是在某些情况下，比如语言中，当前的词可能受到未来词的影响，在这样的背景下，双向循环神经网络应运而生。双向循环神经网络在训练经典数据集的时候都有很好的效果。

本节将介绍双向循环神经网络的机理。双向循环神经网络示意图如图 6-22 所示。

在双向循环神经网络中，我们可以看到每一个正向和反向各有一套隐藏层，这样就可以得到每一个方向的隐藏层公式，这两者的隐藏状态可分别表示为

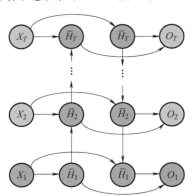

$$\vec{H}_t = \phi\left(X_t W_{xh}^{(f)} + \vec{H}_{t-1} W_{hh}^{(f)} + b_h^{(f)}\right) \tag{6-44}$$

$$\overleftarrow{H}_t = \phi\left(X_t W_{xh}^{(b)} + \overleftarrow{H}_{t-1} W_{hh}^{(b)} + b_h^{(b)}\right) \tag{6-45}$$

其中，参数权重 $W_{xh}^{(f)} \in \mathbb{R}^{d \times h}$、$W_{hh}^{(f)} \in \mathbb{R}^{h \times h}$、$W_{xh}^{(b)} \in \mathbb{R}^{d \times h}$、$W_{hh}^{(b)} \in \mathbb{R}^{h \times h}$ 和偏差 $b_h^{(f)} \in \mathbb{R}^{1 \times h}$、$b_h^{(b)} \in \mathbb{R}^{1 \times h}$ 均为模型参数。而正向隐藏层状态 $\vec{H}_t \in \mathbb{R}^{n \times h}$，反向隐藏层状态 $\overleftarrow{H}_t \in \mathbb{R}^{n \times h}$。

将两个隐藏状态拼接，可得到总体的隐藏状态 $H_t \in \mathbb{R}^{n \times 2h}$，并最终输入输出层中得到

图 6-22 双向循环神经网络示意图

$$O_t = H_t W_{hq} + b_q \tag{6-46}$$

这样在训练的时候，就可以利用未来的信息去预测未来状态的信息，如自然语言处理中。当然双向循环神经网络不适用于所有的时间序列预测，比如电力预测这种和时间序列预测相关的能源预测等。

卷积神经网络更关注于输入数据位置的信息，而循环神经网络中更加关注的是输入数据的时序上的信息状态。在使用用途上，卷积神经网络在图像、视频处理上应用更广泛，通过对相同位置的信息处理，获取较好的训练效果。在处理时序信息时，应用循环神经网络表现得更好，当然这些都不是固定的。随着 Transformer 等的提出，一种新的神经网络模型被越来越广泛地应用，当然这是后话了。

6.6 生成对抗神经网络

生成对抗神经网络（Generative Adversarial Network，GAN）[14] 有别于卷积神经网络和循环神经网络，它是一种可生成新数据的神经网络模型。

传统的神经网络模型，如卷积神经网络和循环神经网络，都是利用已经存在的数据进行模型的训练，最终能够得到拟合数据集的训练模型，从而用于验证、预测等。但是生成对抗神经网络可以通过训练生成训练数据相类似的数据类型，而生成的数据实际上是并不存在的。

生成对抗神经网络被深度学习先驱 Yann LeCun 评价为"adversarial training is the coolest thing since sliced bread"，意为生成对抗神经网络是从神经网络诞生以来最酷的训练方式。

生成对抗神经网络的结构如图 6-23 所示，在生成对抗神经网络模型中，具有生成器和判别器两个模块。而这两个模块往往是两个神经网络结构，因为神经网络可以拟合出任意想要的函数。实际上，生成对抗神经网络更像是一个大的框架，在这个框架中可以引入我们想要的神经网络类型，如在生成器部分使用卷积神经网络，可以用于图像模型等。

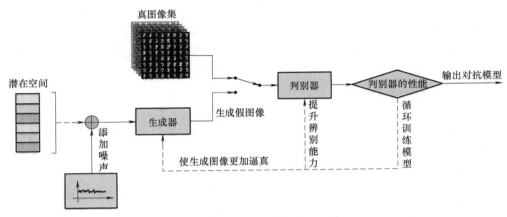

图 6-23 生成对抗神经网络的结构

生成对抗神经网络的原理解释起来比较简单，生成器接收一个噪声 z，随机生成和训练集相似的数据类型，经过判别器进行判断，确定生成器生成的数据是否满足判别器的预设要求，如果达到，则认为生成合适的数据类型，反之则没有生成合适的数据类型，继续更新迭代训练。

而判断生成模型是否满足判别器的要求，则需要引入如下公式：

$$\min \max V(D,G) = E_{x \sim p_{\text{data}}(x)} \big[\log(D(x)) \big] + E_{z \sim p(z)} \big[\log(1 - D(G(z))) \big] \qquad (6\text{-}47)$$

这个公式解释了判别要求。在该公式中，生成器将 $G(z)$ 作为生成的假的数据，x 是数据集的真实数据，函数 $D(*)$ 则是判断这个数据是真的数据，而不是生成的数据的概率。当 $D(*) = 1$ 时，则可以判断这个数据是真数据。

公式前半部分表示要想将真实数据判断为真，那么就需要去判断 $D(x) = 1$，而后半部分表示，要想将生成的数据判断为假，那么应该将 $D(G(z)) = 0$，对于优化来说，约束就是 G 和 D，所以优化要求也就是在约束 G 的条件优化使目标函数 $V(D,G)$ 最小，而约束 D 的条件下使目标函数 $V(D,G)$ 最大。经过多轮的迭代优化之后，生成对抗神经网络模型最终可以达到纳什均衡，也就是判别器对生成器产生的数据结果的鉴别正确率和错误率分别为 50%。

6.7　小结

自 20 世纪人工智能学习等概念提出以来，各种智能算法层出不穷。而神经网络作为人工智能的一种学习训练方式被提出之后，由于受限于硬件条件等，因此一直没有得到足够的认识。但是随着深度学习三巨头 Yoshua Bengio、Geoffrey Hinton、Yann LeCun 对神经网络的重新认识，神经网络乃至之后发展起来的深度学习都推动了人工智能的飞速发展。

本章介绍了线性神经网络、全连接神经网络、BP 神经网络、卷积神经网络、循环神经网络、生成对抗神经网络等。在线性神经网络中，为了给后续的神经网络的学习做铺垫，特意先介绍了神经网络中所涉及的激活函数等概念。

在全连接神经网络中，介绍了如何创建一个简单的全连接神经网络，根据全连接神经网络的概念，可以初步得到全连接网络的作用，也就是类似于一个复杂函数的作用。为了更加深入地了解全连接神经网络的作用，又介绍了 BP 神经网络，并详细介绍了其存在的问题以及优化的方法，当然在人工智能飞速发展的今天，BP 神经网络在最新的学习网络中已经没有过多的用处，但是 BP 神经网络的优化思想在人工智能中还会有应用。

在介绍全连接神经网络之后，就进入当今深度学习两大分支卷积神经网络和循环神经网络的学习。卷积神经网络是神经网络复兴最开始的关键一步。LeNet 的提出，让世人意识到卷积神经网络在人工智能算法中的重要应用，而后续的 AlexNet 更是在大规模视觉识别挑战赛中夺魁，一扫神经网络算法的阴霾，并由此开启了现代人工智能时代。本章详细介绍了卷积神经网络的原理以及卷积神经网络经常会用到的填充、池化等，主要是为了能够让读者更好地理解卷积神经网络在深度学习中的作用，原因在于这些操作在现代人工智能技术中也经常被使用，所以深入理解对之后的学习有很大的帮助。

循环神经网络是完全不同于卷积神经网络的一种网络，从全连接神经网络和卷积神经网络的形式可以看出，训练较大模型的时候需要很大的内存。另外与时间序列相关的数据，很显然可以通过基于时间的模型来实现，这样可以有效地避免过多的数据量造成过多的参数内存。于是循环神经网络以及后续类似于循环神经网络的长短期记忆网络等时间序列模型的提出，在时间序列预测上起到了至关重要的作用。

对于生成对抗神经网络，这是一个十分有创造性的工作，从数学理论来看，它是基于博弈论所产生的神经网络模型。另外，它的出现是颠覆性的，在这之前，往往都会基于卷积神经网络或者循环神经网络，但是生成对抗神经网络的出现让人们意识到神经网络不仅可以拟合和预测，还可以根据已有的数据创造数据，更可以让这些数据达到足以能够欺骗判别器的地步，人工智能技术也因此有了巨大的飞升。

思考题

6.1 假设有一些数据 $x_1, x_2, \cdots, x_n \in \mathbb{R}$，目标是找到一个常数 b，使得最小化 $\sum_i (x_i - b)^2$。

1）找到最优值 b 的解析解。

2）这个问题及其解与正态分布有什么关系？

6.2 假设一些标量函数 X 的输入 X 是 $n \times m$ 矩阵，那么函数 f 相对 X 的梯度维数是多少？

6.3 绘制多层感知机的计算图，并将其和感知机的数学公式对应。

6.4 改变卷积中的填充和步幅，查看输出结果。

6.5 对于音频信号来说，步幅为 2 说明什么？

6.6 如果在循环神经网络模型中增加隐藏层的数量会发生什么？能使模型正常工作吗？

第 7 章

深度学习

本章从深度学习的概念开始，依次介绍了深度卷积神经网络、深度残差网络、深度循环神经网络、门控循环单元、长短期记忆网络等典型网络架构，最后对注意力机制进行了讨论。

7.1 深度学习的概念

7.1.1 深度学习的简介

深度学习（Deep Learning，DL）这一概念源于人工神经网络的研究。在多层感知器（Multi-Layer Perceptron，MLP）中，含有多个隐藏层的结构被称为深度学习结构。通过组合低层特征，形成更加抽象的高层特征来表示属性类别或特征，深度学习可以发现数据的分布式特征表示。因此，深度学习属于机器学习（Machine Learning，ML）范畴，是一类新的模式分析方法的统称。

在深度学习中，神经网络试图通过数据输入、权重和偏差的组合来模仿人脑处理信息的过程。这些元素协同工作以准确识别、分类和描述对象，因此更接近于人工智能（Artificial Intelligence，AI）这个目标。人工智能、机器学习与深度学习的关系如图 7-1 所示。

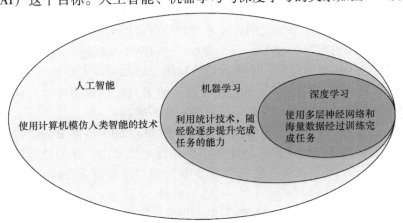

图 7-1　人工智能、机器学习与深度学习的关系

本章的主要内容是介绍几种前沿的深度学习神经网络。首先,我们将介绍基于卷积运算的深度卷积神经网络、并行连接网络、深度残差网络以及稠密连接网络。这些网络结构在机器视觉任务中表现优异,尤其是在图像分类和目标检测等方面。接着,我们将介绍针对序列处理方法的深度循环神经网络,并扩展门控循环单元、长短期记忆网络、编码器-解码器架构以及注意力机制等内容。这些网络结构在自然语言处理、语音识别和音乐生成等任务中表现优异。

通过深入学习这些前沿的深度学习神经网络,我们可以更好地理解深度学习的原理和应用,以及如何构建更加高效和准确的深度学习模型。

7.1.2 深度学习的特点

深度学习神经网络通常由多层互连节点组成,每一层都建立在前一层之上,包括输入层、隐藏层和输出层。输入层用于获取数据,输出层用于获取最终结果,隐藏层则用于提取并处理特征。通常,神经网络先进行前向传播,再通过反向传播来修正权重和偏差。前向传播和反向传播一起使神经网络能够做出预测并相应地纠正出现的错误。随着训练样本的增加和训练时间的推移,算法将逐渐变得更加准确。与传统的浅层学习不同,深度学习有以下两个特点:

1) 深度学习强调模型结构的深度。深度学习神经网络通常包括5、6层甚至多于10层的隐藏层。这样的深度网络可以更好地学习高级特征,提高模型的表达能力和预测性能。

2) 深度学习明确特征学习的重要性。通过逐层特征变换,将样本在原空间的特征变换到一个新的特征空间,从而使目标任务更容易实现。相比于人工构造特征,利用大数据来学习特征更能刻画数据丰富的内在信息。这种特征学习的方法不仅可以提高模型的性能,还可以降低特征工程的难度和成本。

深度学习的这两个特点,即模型结构的深度和特征学习的重要性,是深度学习与传统浅层学习的重要区别。通过深度学习,我们可以构建更加复杂和强大的模型,从而解决更多、更复杂的任务。

7.1.3 深度学习的发展

近十年来,深度学习技术取得了许多重要进展,包括新的模型容量控制方法、注意力机制、多阶段设计、生成对抗网络的发明以及并行和分布式训练算法的能力的提高。

模型容量控制方法的提出,如Dropout(2014),有助于减轻过拟合的危险。

注意力机制解决了困扰统计学一个多世纪的问题,即如何在不增加可学习参数的情况下增加系统的记忆和复杂性。2014年,研究人员通过使用只能被视为可学习的指针结构找到了一个合适的解决方案,从而大大提高了长序列的准确性。

多阶段设计也是近年来的一个重要发展方向。例如,2015年提出的存储器网络和神经编程器-解释器,它们允许统计建模者描述用于推理的迭代方法,从而使得深度神经网络能够重复修改内部状态,执行推理链中的后续步骤,类似于处理器如何修改用于计算的存储器。

生成对抗网络的发明是另一个关键的发展。传统的密度估计和生成模型的统计方法侧重于找到合适的概率分布和抽样算法。生成式对抗性网络的关键创新是用具有可微参数的任意算法代替采样器，从而大大提高了模型的灵活性和效率。

　　并行和分布式训练算法的能力的提高也是深度学习技术发展的一个重要方向。在过去的十多年中，构建可伸缩算法的关键挑战之一是深度学习优化的主力，即随机梯度下降，它依赖于相对较小的小批量数据来处理。在 1024 个 GPU 上进行训练，例如每批 32 个图像的小批量大小相当于总计约 32000 个图像的小批量，这大大缩短了模型在大数据集上的训练时间。

　　这些进展离不开计算资源和大数据的发展。早期的神经网络经过最初的快速发展后开始停滞不前，直到 2005 年才稍有起色。这是由于以往用于运算的随机存取存储器（RAM）虽然非常强大，但计算能力却很弱，难以支撑昂贵的网络训练成本；其次，数据集相对较小，很难得到有效且准确的网络模型。约从 2010 年开始，互联网公司的出现为数亿在线用户提供服务，大规模数据能够被采集并用于学习；另外，廉价又高质量的传感器、数据存储以及廉价计算的普及，特别是 GPU 的普及，使大规模算力也能轻易获取。这些条件的共同作用推动了深度学习技术的广泛应用和进一步发展。

　　总之，近 10 年来深度学习领域取得了许多进展，这些进展不仅离不开计算资源和大数据的发展，也离不开深度学习领域内科学家们的不断努力和探索，为深度学习技术的应用和实现奠定了坚实的基础。

7.2　深度卷积神经网络

7.2.1　深度卷积神经网络的简介

　　AlexNet 是第一个现代深度卷积网络模型，它采用了许多现代深度卷积网络的技术方法，例如采用 Relu 作为非线性激活函数，使用 Dropout 防止过拟合，使用数据增强提高模型准确率，使用 GPU 进行并行训练等。

　　自 LeNet 模型被提出后，卷积神经网络在机器视觉和机器学习领域中流行起来。尽管 LeNet 在小型数据集上取得了很好的效果，但在更大、更真实的数据集上，训练卷积神经网络的性能和可行性还有待研究。因此，机器视觉研究人员认为，在提高最终模型精度方面，更大、更真实的数据集或稍微改进的特征提取，比任何学习算法带来的进步要大得多。另一种预测计算机领域发展的方法是观察图像特征的提取方法。在 2012 年之前，图像特征都是机械地计算出来的。但是，一些研究人员，如 Yann LeCun、Geoff Hinton、Yoshua Bengio、Andrew Ng、Shun ichi Amari 和 Juergen Schmidhuber，认为特征本身应该被学习。此外，他们还认为，在合理的复杂性前提下，特征应该由多个共同学习的神经网络层组成，每个层都有可学习的参数。例如，在机器视觉中，最底层可能检测边缘、颜色和纹理。最后，Alex Krizhevsky 等人提出了一种新的卷积神经网络变体 AlexNet，赢得了 2012-ILSVRC 竞赛（ImageNet Large Scale Visual Recognition Challenge），实现了卷积神经网络的主要突破。自 2012 年以来，更多、更深且优秀的卷积神经网络被提出，如牛津视觉几何组、并行连接网络、残差神经网络、稠密连接网络。而 AlexNet 是浅层神经网络和深度神经网络的分界线。下面以 AlexNet 模型为例，介绍深度卷积神经网络的结构。

7.2.2　深度卷积神经网络的结构

AlexNet 与 LeNet 结构类似，深度卷积神经网络也包含卷积层，但使用了更多的卷积层和更大的参数空间来拟合大规模数据集，并且也是由输入层、卷积层、激活函数、池化层、全连接层和输出层组成。AlexNet 的网络结构图如图 7-2 所示。

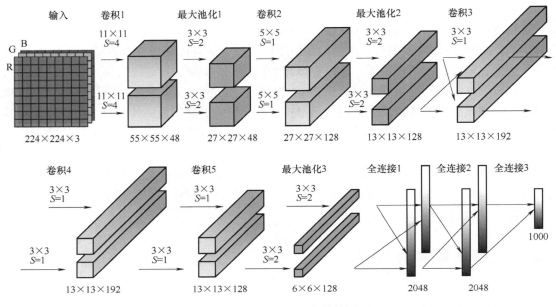

图 7-2　AlexNet 的网络结构图

从图 7-2 中可以看到，AlexNet 的结构分为两条路径，每条路经均含五个卷积层和三个全连接层，这是为了方便在两片 GPU 上进行训练，但只有在第三个卷积层和三个全连接层处，两条路径可以进行交互。由于两条路径结构完全一致，因此分析时可以只取一条路径，也可以合并两条路径。该网络输入为 224×224×3 大小的图像，输出是 1000 个类别的条件概率，具体结构描述如下：

1）卷积层 1：使用两个尺寸为 11×11×3×48 的卷积核，步长 $S=4$，零填充 $P=3$，获得两个尺寸为 55×55×48 的特征映射组。

2）池化层 1：使用 3×3 的最大池化卷积核，步长 $S=2$，得到两个 27×27×48 的特征映射组。这里是重叠池化，指相邻池化窗口之间有重叠部分，即池化步长小于池化窗口尺寸，在池化过程中会存在重叠的部分以提取更多的特征。

3）卷积层 2：使用两个尺寸为 5×5×48×128 的卷积核，步长 $S=1$，零填充 $P=2$，获得两个尺寸为 27×27×128 的特征映射组。

4）池化层 2：使用 3×3 的最大池化操作，步长 $S=2$，获得两个尺寸为 13×13×128 的特征映射组。

5）卷积层 3：两条路径融合，使用一个尺寸为 3×3×256×384 的卷积核，步长 $S=1$，零填充 $P=1$，获得两个尺寸为 13×13×192 的特征映射组。

6）卷积层 4：使用两个尺寸为 3×3×192×192 的卷积核，步长 $S=1$，零填充 $P=1$，获得两个尺寸为 13×13×192 的特征映射组。

7）卷积层 5：使用两个尺寸为 3×3×192×128 的卷积核，步长 $S=1$，零填充 $P=1$，获得两个尺寸为 13×13×128 的特征映射组。

8）池化层 3：使用 3×3 的最大池化操作，步长 $S=2$，获得两个尺寸为 6×6×128 的特征映射组。

9）全连接层 1、2、3：特征图经过展平再通过全连接操作，逐渐降低维度，得到神经元的数量分别是 4096、4096 和 1000。

AlexNet 和 LeNet 的架构十分相似，但也存在显著差异（见图 7-3）：

1）AlexNet 比 LeNet5 的网络深度更高。LeNet5 由五层组成：两个卷积层（包括卷积和平均池化）、两个全连接隐藏层和一个全连接输出层；AlexNet 则由八层组成：五个卷积层（包含卷积和最大池化）、两个全连接隐藏层和一个全连接输出层。

2）AlexNet 使用 Relu 作为其激活函数而非 Sigmoid。

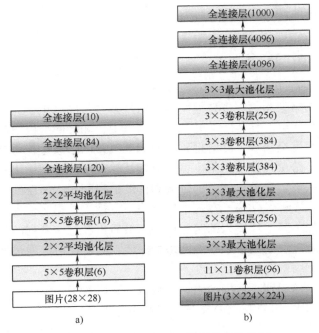

图 7-3 LeNet 和 AlexNet 模型简化结构图

a）LeNet b）AlexNet

1. 模型结构的设计

从图 7-3 中可以看到，AlexNet 的卷积层 1 窗口较大，为 11×11，这是由于 ImageNet 中大多数图像的宽和高比 MNIST 图像的多 10 倍以上，因此，需要一个更大的卷积窗口来捕获目标。之后的卷积窗口被缩减为 5×5，然后是 3×3。此外，在卷积层 1、2、5 之后，加入的是窗口大小为 3×3 的最大池化层。而且，AlexNet 的卷积通道数目是 LeNet 的 10 倍，在最后一个卷积层后的两个巨大的全连接层拥有将近 1GB 的模型参数。早期 GPU 显存有限，在当时，AlexNet 采用了双数据流设计，这样就使得每个 GPU 只负责存储和计算模型的一半参数，如今的 GPU 显存比较充裕，所以很少需要跨 GPU 分解模型。

2. 激活函数的选择

AlexNet 将 Sigmoid 激活函数改为更简单的 Relu 激活函数。一方面，Relu 激活函数的计算更简单，它不需要像 Sigmoid 激活函数一样进行复杂的求幂运算。另一方面，当使用不同的参数初始化方法时，Relu 激活函数使模型训练起来更加容易。当 Sigmoid 激活函数的输出非常接近于 0 或 1 时，这些区域的梯度几乎为 0，如果模型参数没有正确初始化，Sigmoid 函数可能在正区间内得到几乎为 0 的梯度，因此反向传播无法继续更新一些模型参数，使模型无法得到有效的训练。相反，Relu 激活函数在正区间的梯度总是 1，从而解决了该问题。

3. 容量控制和预处理

AlexNet 通过 Dropout 控制全连接层的模型复杂度，而 LeNet 只使用了权重衰减。为进一步扩充数据，AlexNet 在预处理阶段还进行了图像数据增强，如翻转、裁切和变色，更大的样本量能够有效地减少过拟合。

7.3 深度残差网络

7.3.1 深度残差网络的简介

深度残差网络（Deep Residual Network，ResNet）由何恺明等人在 2016 年提出，是一种基于深度残差学习的网络架构。深度残差网络采用残差学习的思想，通过引入残差块来解决深度神经网络中的退化问题。在传统的卷积神经网络中，随着网络层数的增加，网络的训练难度也会增加，模型精度会出现下降的现象。而深度残差网络通过在每个残差块中引入跨层连接来解决这个问题。跨层连接使得信息可以直接从输入层传递到输出层，从而让网络可以更轻松地学习到恒等映射，避免了信息的丢失和梯度消失问题。深度残差网络的主要结构是由多个残差块组成的深度神经网络，在每个残差块中，输入数据会首先经过一系列的卷积和激活函数处理，然后加上残差块输入的跨层连接，最后再经过一系列的卷积和激活函数处理输出。可以通过增加残差块的数量来增加网络的深度，同时还可以通过调整残差块中卷积层的深度和宽度来控制网络的宽度和复杂度。

深度残差网络在图像识别、目标检测、人脸识别、语音识别等领域取得了广泛应用。其中，深度残差网络在 2015 年的 ImageNet 分类竞赛中夺得了冠军，并且在多个视觉任务上都取得了优秀的结果。此外，深度残差网络的成功启示了许多后续的深度神经网络模型，如稠密连接网络、SENet 等。

7.3.2 深度残差网络的结构

1. 残差块

残差块是深度残差网络中的基本模块，用于解决深度神经网络中的退化问题。传统的神经网络在反向传播过程中要不断地传播梯度，而当网络层数加深时，梯度在传播过程中会逐渐消失（假如采用 Sigmoid 函数，对于幅度为 1 的信号，每向后传递一层，梯度就衰减为原来的 0.25，层数越多，衰减越厉害），导致无法对前面网络层的权重进行有效的调整。残差块的提出，则解决了这一问题，其核心思想是引入跨层连接，将输入数据直接传递到输出端，使网络可以更轻松地学习到恒等映射，从而避免梯度消失问题。普通卷积块与残差块结构对比如图 7-4 所示。

一个典型的残差块由两个卷积层和一个跨层连接组成。假设原始输入为 x，而我们希望学出的理想映射为使其等于 y。首先，输入数据经过第一个卷积层和激活函数处理，然后再经过第二个卷积层和激活函数处理，最后，跨层连接将输入数据直接加到输出数据上，形成残差输出。图 7-4a 直接拟合出该映射为 $F(x)$，图 7-4b 则需要拟合出残差映射即 $y-x$。通常需要将 $y-x$ 优化为 0，因此残差映射在现实中往往更容易优化。

残差块的设计可以有多个变体，如包括 1×1 卷积层或者 3×3 卷积层、批量归一化层、Relu 激活函数等，深度残差网络中含 1×1 卷积恒等映射的残差块如图 7-5 所示。这样的变体可以增加网络的深度和宽度，提高网络的性能。

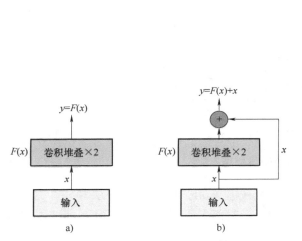

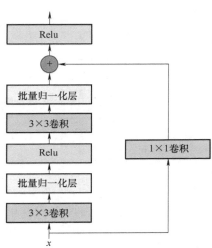

图 7-4　普通卷积块与残差块结构对比
　　a）普通卷积块　b）残差块

图 7-5　含 1×1 卷积恒等映射的残差块

从图 7-5 中可以看到，该残差块有两个有相同输出通道数的 3×3 卷积层，每个卷积层后接一个批量归一化层和 Relu 激活函数。然后通过跨层连接，跳过这两个卷积运算，将输入直接加在最后的 Relu 激活函数前。这样的设计要求两个卷积层的输出与输入形状一样，从而使它们可以相加。如果想改变通道数，就需要引入一个额外的 1×1 卷积层来将输入变换成需要的形状后再做相加运算。

2. ResNet-18 结构（见图 7-6）

ResNet-18 是深度残差网络中一种较为简单的网络结构，它包括 18 层卷积神经网络，其中包括 16 个卷积层和 2 个全连接层。ResNet-18 前两层在输出通道数为 64、步幅为 2 的 7×7 卷积层后，接步幅为 2 的 3×3 最大池化层。不同之处在于 ResNet-18 每个卷积层后增加了批量归一化层。下面是 ResNet-18 的网络结构和每层的详细信息：

1）输入层：假设接收大小为 224×224×3 的 RGB 图像。

2）第一个卷积层：输入是 224×224×3 的图像，使用大小为 7×7 的卷积核，步长为 2，输出通道数为 64。经过卷积和激活函数（Relu）处理后，输出大小为 112×112×64。

3）第一个最大池化层：输入是第一层卷积层的输出，使用大小为 3×3 的池化窗口，步长为 2，输出大小为 56×56×64。

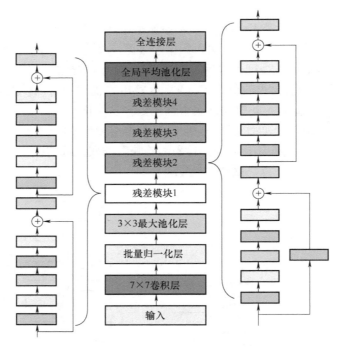

图 7-6 ResNet-18 结构

4）残差模块 1：由两个残差单元组成，每个残差单元包括两个卷积层和一个跨层连接（不含 1×1 卷积恒等映射），输出通道数为 64。经过两个残差单元的处理后，输出大小为 56×56×64。

5）残差模块 2、3、4：每个残差模块分别由两个残差单元组成。每个残差单元包括两个卷积层和一个跨层连接，第一个残差单元包括两个卷积层和一个跨层连接（含 1×1 卷积恒等映射），第二个残差单元包括两个卷积层和一个跨层连接（不含 1×1 卷积恒等映射）。每个残差模块输出大小分别为 28×28×128、14×14×256、7×7×512。

6）全局平均池化层：输入是残差模块 4 的输出，将输出大小从 7×7×512 压缩到 1×1×512。

7）全连接层：输入是全局平均池化层的输出，输出大小为 1000。

ResNet-18 的网络结构相对简单，但仍然可以在图像识别、目标检测等领域取得较好的性能。

7.4 深度循环神经网络

7.4.1 深度循环神经网络的简介

深度循环神经网络（Deep Recurrent Neural Network，DRNN）是一种基于循环神经网络的深度学习模型，可以处理序列数据并学习序列之间的依赖关系。与传统的循环神经网络相比，深度循环神经网络具有更深的网络结构，可以更好地学习长序列之间的复杂关系。深度循环神经网络通常由多个循环神经网络层组成，每个层都有多个循环单元和一个激活函数。每个循环单元负责处理序列中一个时间步的数据，并将其输出到下一个时间步或下一层的循环单元中。不同层之间的循环单元也可以相互连接，以便将信息从较浅的层传递到较深的层，形成了一个深度的递归结构，因此它也需要更多的计算资源和更长的训练时间来训练模型。此外，由于长序列中存在的梯度消失和梯度爆炸问题，深度循环神经网络的训练也面临着一些挑战。为了解决这些问题，研究人员提出了许多改进的模型，如长短时记忆网络和门控循环单元，这些模型通过引入门控机制来控制信息的流动，从而更好地处理长序列数据。

深度循环神经网络可以用于多种任务，如自然语言处理、语音识别、视频分析等。在自然语言处理中，深度循环神经网络可以用于机器翻译、语音生成和文本生成等任务。在语音识别中，深度循环神经网络可以用于语音识别和语音合成等任务。在视频分析中，深度循环神经网络可以用于视频分类和动作识别等任务。

7.4.2　深度循环神经网络的结构

一个具有 L 个隐藏层的深度循环神经网络如图 7-7 所示，每个隐藏状态都连续地传递到当前层的下一个时间步和下一层的当前时间步。

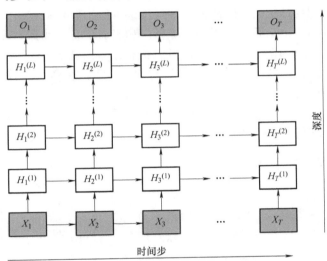

图 7-7　具有 L 个隐藏层的深度循环神经网络

假设在时间步 t（$t=1,2,\cdots,T$）有一个小批量的输入数据 $X_t \in \mathbb{R}^{n \times d}$（$n$ 为样本数，d 为每个样本中的输入个数）。同时，将第 l 个隐藏层（$l=1,2,\cdots,L$）的状态设为 $H_t^{(l)} \in \mathbb{R}^{n \times h}$（$h$ 为隐藏单元数），输出层变量设为 $O_t \in \mathbb{R}^{n \times q}$（$q$ 为输出个数），在第 l 个隐藏层的状态使用激活函数 Φ_1，数学表达式为

$$H^{(l)} = \Phi_1 \left(H_t^{(l-1)} W_{xh}^{(l)} + H_{t-1}^{(l)} W_{hh}^{(l)} + b_h^{(l)} \right) \tag{7-1}$$

式中，权重 $W_{xh}^{(l)} \in \mathbb{R}^{h \times h}$、$W_{hh}^{(l)} \in \mathbb{R}^{h \times h}$ 和偏置 $b_h^{(l)} \in \mathbb{R}^{1 \times h}$ 都是第 l 个隐藏层的内置参数。最后，输出层的计算仅基于隐藏层最终的状态，即第 L 个隐藏状态 $H_t^{(L)}$，数学表达式为

$$O_t = H_t^{(L)} W_{hq} + b_q \tag{7-2}$$

式中，权重 $W_{hq} \in \mathbb{R}^{h \times q}$ 和偏置 $b_q \in \mathbb{R}^{1 \times q}$ 都是输出层的内置参数。

与多层感知机一样，隐藏层数目 L 和隐藏单元数目 h 都是超参数，不同于内置参数，它们是可以进行人为调整的。另外，若用门控循环单元或长短期记忆网络的隐藏状态来代替式（7-1）中的隐藏状态进行计算，则可以很容易地得到深度门控循环神经网络或深度长短期记忆神经网络。

7.5　门控循环单元

7.5.1　门控循环单元的简介

门控循环单元（Gated Recurrent Unit，GRU）是一种基于循环神经网络的深度学习模型，由 Kyunghyun Cho 等人于 2014 年提出。与传统的循环神经网络相比，门控循环单元引入了门控机制，可以更好地处理长序列数据，并且参数更少，训练速度更快，其核心思想是引入两个门控单元，分别是重置门和更新门。重置门控制前一时间步的信息在当前时间步的丢弃程度，更新门控制前一时间步的信息在当前时间步的保留程度。通过这两个门控制信息的流动，门控循环单元可以更好地处理长序列数据，并解决梯度消失和梯度爆炸问题。

门控循环单元的网络结构与传统的循环神经网络类似，但是只有一个单元，没有显式的输出。其计算可以分为三个步骤：重置门、更新门和当前状态的计算。其中，重置门和更新门的计算都是通过 Sigmoid 函数来实现的。当前状态的计算则是通过一个 tanh 函数来实现的，其输出会被更新门控制的前一时间步的状态加权平均，并与重置门控制的前一时间步的状态相结合，形成当前时间步的状态。

门控循环单元已经在自然语言处理、语音识别、图像处理等领域中取得了广泛应用，并在多个公开数据集上取得了优秀的成果。

7.5.2　门控循环单元的结构

门控循环单元与普通的循环神经网络之间的关键区别在于：前者支持隐藏状态的门控，即模型有专门的机制来确定应该何时更新隐藏状态，以及应该何时重置隐藏状态。这些机制是可学习的，并且能够解决上面列出的问题。下面我们将详细讨论门控循环单元中的各类门控（见图 7-8）。

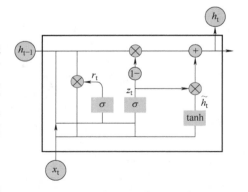

图 7-8　门控循环单元的结构

1. 重置门和更新门

重置门允许控制"可能还想记住"的过去状态的数量；更新门将允许我们控制新状态中可以保留多少个旧状态。从图 7-8 中可以看到，门控循环单元中的重置门 r_t 和更新门 z_t 的输入是由当前时间步的输入 x_t 和前一时间步的隐藏状态 h_{t-1} 给出的；两个门的输出由使用 Sigmoid 激活函数 σ 的两个全连接层给出。

对于给定的时间步 t，假设输入是一个小批量 $x_t \in \mathbb{R}^{n \times d}$（$n$ 为样本数，d 为每个样本中的输入个数），上一个时间步的隐藏状态是 $h_{t-1} \in \mathbb{R}^{n \times h}$（$h$ 为隐藏单元个数）。那么，重置门 $r_t \in \mathbb{R}^{n \times h}$ 和更新门 $z_t \in \mathbb{R}^{n \times h}$ 的计算公式为

$$r_t = \sigma(x_t W_{xr} + h_{t-1} W_{hr} + b_r) \tag{7-3}$$

$$z_t = \sigma(x_t W_{xz} + h_{t-1} W_{hz} + b_z) \tag{7-4}$$

式中，W_{xr}，$W_{xz} \in \mathbb{R}^{d \times h}$，$W_{hr}$，$W_{hz} \in \mathbb{R}^{h \times h}$ 是权重；b_r，$b_z \in \mathbb{R}^{1 \times h}$ 是偏置，它们为第 l 个隐藏层的内置参数，使用 Sigmoid 函数 $s(x)$ 将输入值转换到区间（0,1）。

2. 候选隐藏状态

将重置门 r_t 与常规隐藏状态更新机制集成，得到在时间步 t 的候选隐藏状态 $\widetilde{h}_t \in \mathbb{R}^{n \times h}$。

$$\widetilde{h}_t = \tanh(x_t W_{xh} + (r_t * h_{t-1}) W_{hh} + b_h) \tag{7-5}$$

式中，$W_{xh} \in \mathbb{R}^{d \times h}$，$W_{hh} \in \mathbb{R}^{h \times h}$ 是权重参数；$b_h \in \mathbb{R}^{1 \times h}$ 是偏置；$*$ 表示 Hadamard 积（按元素乘积）运算符。在这里，我们使用 tanh 非线性激活函数来确保候选隐藏状态的值保持在区间（-1,1）中。

与式（7-1）相比，式（7-5）中的 r_t 和 h_{t-1} 的元素相乘可以减少以往状态的影响。每当重置门 r_t 中的项接近 1 时，恢复一个如式（7-1）中的普通的循环神经网络。对于重置门 r_t 中所有接近 0 的项，候选隐藏状态是以 x_t 作为输入的多层感知机的结果。因此，任何预先存在的隐藏状态都会被重置为默认值。

3. 隐藏状态

以上计算结果只是候选隐藏状态，接下来仍然需要结合更新门 z_t 的效果，确定新的隐藏状态 $h_t \in \mathbb{R}^{n \times h}$ 在多大程度上来自旧状态 h_{t-1} 和新的候选状态 $\widetilde{h}_t$。更新门 z_t 仅需要在 h_{t-1} 和 $\widetilde{h}_t$ 之间进行按元素的凸组合就可以实现这个目标。至此，可以得出门控循环单元的最终更新公式：

$$h_t = z_t * h_{t-1} + (1 - z_t) * \widetilde{h}_t \tag{7-6}$$

每当更新门 z_t 接近 1 时，模型倾向于只保留旧状态。此时，来自 x_t 的信息基本被忽略，从而有效地跳过了依赖链中的时间步 t。相反，当 z_t 接近 0 时，新的隐藏状态 h_t 就会接近候选隐藏状态 $\widetilde{h}_t$。这些设计可以帮助处理循环神经网络中的梯度消失问题，并更好地捕获时间步距离长的序列的依赖关系。例如，如果整个子序列的所有时间步的更新门都接近于 1，则无论序列的长度如何，在序列起始时间步的旧隐藏层状态都将很容易保留并传递到序列结束。

7.6 长短期记忆网络

7.6.1 长短期记忆网络的简介

长短期记忆网络（Long Short-Term Memory Networks，LSTM）最早由德国科学家 Hochreiter 和 Schmidhuber 在 1997 年提出。他们的研究论文《Long Short-Term Memory》发表在《Neutral Computations》杂志上。长时间以来，神经网络模型存在着长期信息保存困难和短期输入缺失的问题，解决这一问题的最早方法之一便是长短期记忆网络。

长短期记忆网络是循环神经网络的一种特殊的类型。它可以在处理序列数据时更好地捕捉长期依赖关系。传统循环神经网络训练经常会出现梯度消失、梯度爆炸，无法解决长期依赖的问题，学习能力有限，在实际任务中往往达不到预期效果。而长短期记忆网络专为解决长期依赖问题而设计出来，可以对有价值的信息进行长期记忆，减小了循环神经网络的学习难度。

长短期记忆网络最早应用于语音识别领域是在 2014 年，对于处理各种类型的语音数据，如人说话的声音、语音识别任务中的噪声和背景音等，表现优异。除在语音识别领域应用广泛外，随着计算机硬件性能的提升和深度学习的兴起，长短期记忆网络在近年来还被广泛地应用于自然语言处理领域，例如文本分类、情感分析和机器翻译等任务；图像处理领域，例如图像分类、图像生成和图像分割等。

7.6.2　长短期记忆网络的结构

长短期记忆网络引入了记忆元，或简称为单元（见图 7-9）。为了控制记忆元，这里需要许多门，可以想象成计算机的逻辑门。长短期记忆网络每一个单元构造了三扇门，分别是输入门、遗忘门和输出门。从图 7-9 中可以看到，每扇门的输入均由两部分组成：上一隐藏状态 h_{t-1} 和当前输入 x_t，每扇门的工作原理如下。

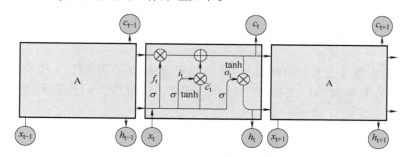

图 7-9　长短期记忆网络的结构

1. 遗忘门

长短期记忆网络的遗忘门如图 7-10 所示。遗忘门决定历史状态信息的遗忘程度。来自先前隐藏状态的信息 h_{t-1} 和当前输入的信息 x_t 同时输入 Sigmoid 函数，输出介于 0~1 之间，输出值越接近 0 意味着越应该忘记，越接近 1 意味着越应该保留。当我们观察一个训练好的长短期记忆网络时，会发现门的值绝大多数都非常接近 0 或者 1，而其余值的数量则非常少。f_t 就是用来操控遗忘哪些内容的，其数学公式表达为

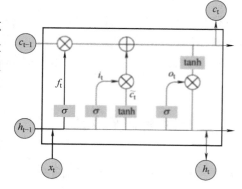

图 7-10　长短期记忆网络的遗忘门

$$f_t = \sigma \cdot (W_f \cdot [h_{t-1}, x_t] + b_f) \qquad (7-7)$$

式中，σ 表示 Sigmoid 函数；W_f 表示与输入 x_t 和上一单元隐藏状态 h_{t-1} 点乘的权重；b_f 表示遗忘门的偏置。

2. 输入门

长短期记忆网络的输入门和单元状态更新如图 7-11 所示。输入门决定以多大的程度将

新的状态更新到记忆单元。首先，将之前隐藏状态信息 h_{t-1} 和当前输入信息 x_t 输入 Sigmoid
函数得到 i_t，在 $0 \sim 1$ 之间调整来决定更新哪些
信息，0 表示不重要，1 表示重要。同时还将隐藏
状态和当前输入传输给 tanh 函数，将数值压缩在
$-1 \sim 1$ 之间来调节网络得到 $\tilde{c}_t$，然后把 tanh 输出和
Sigmoid 输出相乘，就可以决定哪些信息重要且需
要保留。其数学表达公式如下：

$$i_t = \sigma(W_i \cdot [h_{t-1}, x_t] + b_i) \quad (7\text{-}8)$$

$$\tilde{c}_t = \tanh(W_c \cdot [h_{t-1}, x_t + b_c]) \quad (7\text{-}9)$$

式中，W_i、W_c 分别表示输入门 i_t、经过调节后的记
忆细胞状态 $\tilde{c}_t$ 的输入 x_t 和上一单元隐藏状态 h_{t-1} 点
乘的权重；b_i 表示输入门的偏置；b_c 表示调节网络

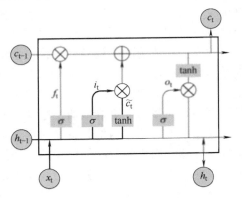

图 7-11　长短期记忆网络的
输入门和单元状态更新

的偏置；i_t 用于控制 $\tilde{c}_t$ 的哪些特征用于更新当前单元 c_t。

3. 输出门

长短期记忆网络的输出门如图 7-12 所示。输出门确定当前状态以多大的程度更新到记
忆单元，决定哪些信息要被存储。用 o_t 表示控制输
出的门，输出门能决定下个隐藏状态 h_t 的值，隐藏
状态中包含了先前输入的相关信息。首先把先前的
隐藏状态 h_{t-1} 和当前输入 x_t 传递给 Sigmoid 函数，遗
忘门 f_t 控制上一单元信息 c_{t-1} 遗忘多少，接着把新
得到的单元状态 c_t 传递给 tanh 函数，然后把 tanh 输
出和 Sigmoid 输出按元素乘法相乘，以确定隐藏状
态应携带的信息，最后把隐藏状态 h_t 作为当前单元
的输出，把新的单元状态和新的隐藏状态传输给下
个时间步。其数学表达公式如下：

$$o_t = \sigma(W_o \cdot [h_{t-1}, x_t] + b_o) \quad (7\text{-}10)$$

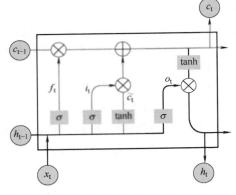

图 7-12　长短期记忆网络的输出门

$$c_t = f_t * c_{t-1} + i_t * \tilde{c}_t \quad (7\text{-}11)$$

$$h_t = o_t * \tanh(c_t) \quad (7\text{-}12)$$

式中，W_o 表示输入 x_t 和上一单元隐藏状态 h_{t-1} 点乘的权重；b_o 表示输出门的偏置；$*$ 表示按
对应元素相乘。

至此，用以上六个公式就可以推导出长短期记忆网络的状态更新过程。

7.7　注意力机制

7.7.1　注意力机制的简介

注意力机制是一种常用的深度学习技术，用于处理序列数据。与人类的注意力机制类

似，它是一种能让模型对重要信息重点关注并充分学习吸收的技术，其中重要程度的判断取决于应用场景。根据应用场景的不同，注意力分为空间注意力和时间注意力，前者用于图像处理，后者用于自然语言处理，它可以帮助模型更好地理解序列数据中的关系，从而提高模型的性能。在传统的序列模型中，每个时间步的输入都会被压缩成一个固定长度的向量，但这样的做法往往难以处理长序列数据中的信息，因为这些向量无法区分不同时间步的重要性。而注意力机制则可以在每个时间步上分配不同的权重，根据不同的时间步的重要性来加权计算输入向量，以更好地捕捉序列中的关系。

具体来说，注意力机制将输入序列中的每个元素都与编码器或解码器中的隐藏状态进行比较，计算它们之间的相似度，然后根据相似度对输入序列中的元素进行加权求和，得到一个加权向量表示。这个加权向量表示可以用于解码器中的生成目标序列或者在编码器中进行特征提取。

注意力机制的优点是可以区分不同时间步的重要性，从而更好地捕捉序列中的关系，同时可以减少不相关的信息的影响。它已经被广泛应用于自然语言处理、图像处理、语音处理等领域，并在多个公开数据集上取得了优秀的成果。

7.7.2 注意力机制的原理

注意力机制的计算过程可以分为以下几个步骤。

1. 计算注意力权重

首先，根据当前时间步的输入和编码器（或解码器）中的隐藏状态，计算每个输入元素与当前时间步的相似度得分，通常使用点积或其他相似度度量来计算。例如，对于编码器中的隐藏状态 h_t 和输入序列中的元素 x_i，相似度得分可以计算为

$$a_{ti} = f(h_t, x_i) \tag{7-13}$$

式中，f 是一个可学习的函数。

接着，将相似度得分通过 softmax 函数进行归一化处理，得到注意力权重 w_{ti}，表示当前时间步对输入序列中第 i 个元素的注意力权重：

$$w_{ti} = \frac{\exp(a_{ti})}{\sum_{j=1}^{n} \exp(a_{tj})} \tag{7-14}$$

式中，n 是输入序列的长度。

2. 计算加权向量

使用注意力权重 w_{ti} 对输入序列中的元素进行加权，得到加权向量 c_t，表示当前时间步的输入序列的加权：

$$c_t = \sum_{i=1}^{n} w_{ti} x_i \tag{7-15}$$

式中，x_i 是输入序列中的第 i 个元素。

3. 计算输出

将加权向量 c_t 和当前时间步的输入（或解码器中的隐藏状态）作为输入，通过一个神经网络计算输出。这个神经网络可以是一个全连接层或者另一个循环神经网络，它的输出可以用于生成目标序列或者编码器的特征提取。

7.7.3 注意力机制的种类

根据不同的应用场景和需求，注意力机制可以分为多种类型，这里主要介绍几种常用的注意力机制，如点积注意力、缩放点积注意力、多头注意力、自注意力和局部注意力。

1. 点积注意力

点积注意力机制是通过计算查询向量和键向量之间的点积，来得到注意力权重的计算方式。具体来说，给定一个查询向量 $q \in \mathbb{R}^d$ 和一组键向量 $K = \{k_1, k_2, \cdots, k_n\}$，其中每个键向量 $k_i \in \mathbb{R}^d$，点积注意力机制的计算方式为

$$\text{Attention}(q, K) = \sum_{i=1}^{n} \frac{\exp(q \cdot k_i)}{\sum_{j=1}^{n} \exp(q \cdot k_j)} v_i \tag{7-16}$$

式中，v_i 是与键向量 k_i 相关联的值向量；$\cdot$ 表示向量的点积操作。点积注意力机制的计算简单高效，但容易受到输入向量长度的影响。

2. 缩放点积注意力

为了解决点积注意力机制容易受到输入向量长度影响的问题，缩放点积注意力机制引入了一个缩放因子，使得注意力权重只与输入向量的维度有关，而与具体的向量值无关。具体来说，给定一个查询向量 $q \in \mathbb{R}^d$ 和一组键向量 $K = \{k_1, k_2, \cdots, k_n\}$，其中每个键向量 $k_i \in \mathbb{R}^d$，缩放点积注意力机制的计算方式为

$$\text{Attention}(q, K) = \sum_{i=1}^{n} \frac{\exp\left(\dfrac{q \cdot k_i}{\sqrt{d}}\right)}{\sum_{j=1}^{n} \exp\left(\dfrac{q \cdot k_i}{\sqrt{d}}\right)} v_i \tag{7-17}$$

式中，d 是查询向量和键向量的维度。缩放点积注意力机制的缩放因子 $\sqrt{d}$ 使得注意力权重的范围更加合适，能够提高注意力权重的稳定性和准确性，同时也可以减少计算量。

3. 多头注意力

多头注意力是一种结合了多个点积或缩放点积注意力的注意力机制，它可以从不同的方面对输入序列进行建模，提高模型的性能。具体来说，多头注意力将输入向量分成多个头部，然后分别计算每个头部的注意力权重。最后将不同头部的加权向量拼接起来，得到最终的加权向量。多头注意力能够提高模型的表达能力和泛化性能，但也会增加计算量和参数量。

4. 自注意力

自注意力是一种只考虑输入序列本身的注意力机制，它可以用于在序列中捕捉长距离的依赖关系。具体来说，自注意力将输入序列中的每个元素作为查询向量和键向量，计算每个元素与其他元素之间的相似度得分，然后根据得分计算每个元素的注意力权重，最后将输入序列中的元素加权求和得到加权向量。自注意力能够捕捉长距离的依赖关系，但也会增加计算量和内存消耗。

5. 局部注意力

局部注意力是一种只考虑输入序列中一部分元素的注意力机制，它可以用于处理长序列

数据中的计算效率和内存消耗问题。具体来说，局部注意力将输入序列分成多个局部区域，并选择一个与当前时间步最相关的区域进行计算注意力权重。这种方法可以减少计算量和内存消耗，但可能会影响模型的性能。

7.8 小结

　　本章介绍了深度学习的基本概念和两大类前沿的深度神经网络。首先介绍了基于卷积运算的深度卷积神经网络和深度残差神经网络，这些网络在图像处理领域应用广泛。其次阐述了序列处理模型深度循环神经网络及其变种，包括门控循环单元和长短期记忆网络。最后介绍了深度学习中十分有用的注意力机制，这种机制能够提高模型的性能和泛化能力。

　　深度学习的网络模型虽然种类繁多，但多数包含输入层、隐藏层和输出层，其网络训练需要耗费大量的计算资源，通常需要花费几个小时甚至几天时间进行模型训练才能获得满意的效果。

　　深度学习具有重要的意义和价值，需要从机器学习和人工智能更广阔的视角来分析。深度卷积网络在图像、视频、语音和音频处理方面取得了突破性进展，深度循环神经网络则在文本和语音等序列数据上表现出色。与表示学习和预测模型的学习不同，深度学习进行端到端的学习，不需要人工干预，要解决的是贡献度分配问题，而神经网络恰好是解决这个问题的有效模型。深度学习发展迅速，目前主要以神经网络模型为基础，研究如何设计模型结构、有效地学习参数、优化模型性能以及在不同任务上的应用等。若想全面了解神经网络和深度学习的基本概念和体系，可以参考《Deep Learning》[15]，较为前沿的网络结构也可以参考《Neural Networks and Deep Learning》[16]。

思考题

　　7.1　请简述残差块的核心思想和典型结构。

　　7.2　稠密连接网络的优点之一是其模型参数比残差神经网络小，这是为什么？

　　7.3　尝试从零开始实现两层循环神经网络，如果增加训练数据，能够将困惑度降到多低？

　　7.4　在给定隐藏层维度的情况下，比较门控循环单元、长短期记忆网络和常规循环神经网络的计算成本。

　　7.5　如果编码器和解码器的层数或者隐藏单元数不同，那么如何初始化解码器的隐藏状态？

　　7.6　假设设计一个深度架构，通过堆叠基于位置编码的自注意力层来表示序列。可能会存在什么问题？

第8章

强化学习

本章首先介绍了强化学习的概念，然后讨论了马尔可夫过程，接着分别介绍了五种经典强化学习方法：基于价值的强化学习、基于策略的强化学习、深度强化学习、模仿强化学习和集成强化学习。

8.1 强化学习的概念

在机器学习领域，有一类很重要的任务叫作序贯决策问题，即在每一个时段都做出决策，每一时段的决策都会对未来产生一定的影响[17]。实现序贯决策的机器学习方法就是本章讨论的主题——强化学习（Reinforcement Learning，RL）。本节将主要介绍序贯决策问题，并讨论强化学习的要点以及智能体与环境的交互方式。

8.1.1 序贯决策问题

序贯决策是指按时间顺序排列起来，以得到按顺序的各种决策（策略），是用于随机性或不确定性动态系统最优化的决策方法。序贯决策问题可以被表达为如下形式：一个智能体与离散的时间动态系统进行迭代地交互。在每个时间步开始时，系统会处于某种状态。基于智能体的决策规则，它会观察当前的状态，并从有限状态集中选择一个。然后，动态系统会进入下一个新的状态并获得一个对应的收益。这样循环进行状态选择，以获得一组最大化收益。

一般而言，序贯决策问题可以被分为如下三类：

1）马尔可夫决策问题：系统下一步可能出现的状态的概率分布是已知的。

2）马尔可夫博弈问题：问题中存在一系列的智能体。在每一阶段的起始，博弈处于某种特定状态。每一智能体选择某种行动，然后会获得取决于当前状态和所选择行动的收益。之后，博弈发展到下一阶段，处于一个新的随机状态，这一随机状态的分布取决于先前状态和各智能体选择的行动。在新状态中重复上述过程，然后博弈继续进行有限或无限个数的阶段。

3）部分可观察的马尔可夫决策过程：系统假设状态是由马尔可夫过程决定的，但是潜在的状态无法直接观察。

在现阶段，强化学习被认为是马尔可夫决策过程的一部分。

8.1.2　强化学习

强化学习是一种通过从交互中学习来实现目标的计算方法。与传统的监督学习的监督方法相比，强化学习中不需要标定过的数据对模型进行训练，而是通过智能体与环境的交互使智能体自主地学习。

强化学习中有如下六个要素：历史、状态、策略、奖励、价值函数、模型。

1）历史 H_t：是观察 O_t、行动 A_t 和奖励 R_t 的序列，即一直到时间 t 为止的所有可观测变量。

$$H_t = O_1, R_1, A_1, O_2, R_2, \cdots, O_{t-1}, R_{t-1}, A_{t-1}, O_t, R_t \tag{8-1}$$

2）状态 S_t：是一种用于确定接下来会发生的事情（行动、观察、奖励）的信息，是关于历史的函数，即

$$S_t = f(H_t) \tag{8-2}$$

3）策略 $\pi(\cdot)$：是学习智能体在特定时间的行为方式，是状态到行为的映射，分为确定性策略［见式（8-3）］和随机策略［见式（8-4）］。

$$a = \pi(s) \tag{8-3}$$

$$\pi(a|s) = P(A_t = a | S_t = s) \tag{8-4}$$

4）奖励 $R(s,a)$：是一个定义强化学习目标的标量，在学习过程中被最大化（最小化）。

5）价值函数 $Q_\pi(s,a)$：价值函数是对于未来累积奖励的预测，用于评估在给定的策略下状态的好坏。

$$Q_\pi(s,a) = E_\pi \left[R_t + \gamma R_{t+1} + \gamma^2 R_{t+2} + \cdots | S_t = s, A_t = a \right] \tag{8-5}$$
$$= E_\pi \left[R_t + \gamma Q_\pi(s', a') | S_t = s, A_t = a \right]$$

6）模型：指环境的模型，用于模拟环境的行为，给出对下一个状态的预测和下一时刻（或者立即）的奖励值。

强化学习中智能体与环境的交互过程如图8-1所示。智能体首先观察环境获得环境的观察 O_t，据此对环境的状态进行估计或衡量，之后依据智能体的策略执行行动 A_t，该行动作用于环境导致环境状态的改变并给予智能体一定的奖励值 R_t。

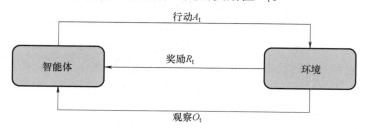

图 8-1　强化学习中智能体与环境的交互过程

可以用走迷宫作为示例理解智能体与环境交互过程的过程，如图8-2所示。图8-2a所示的迷宫为智能体所处的环境，智能体在其中每一格有上、下、左、右四种可选择的行动，智能体的状态转移为按照行动的方向向下一格移动（若行动的方向是墙则不动）。图8-2b是智能体的一个策略，即智能体在每一个状态 s（即每一格）下对行动的选择 $\pi(s)$。图8-2c为每一步奖励值均为−1的情况下按照策略 π 每种状态 s 的价值 $V_\pi(s)$。智能体通过不断优化策略 π（即改变在每一格的移动方向）以最大化总的奖励值。

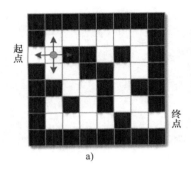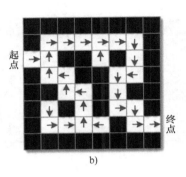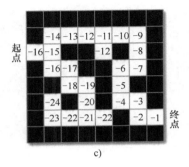

图 8-2　走迷宫过程示意图

a）迷宫环境　b）智能体策略　c）每个状态对应的奖励值

8.2　马尔可夫过程

8.2.1　随机过程与马尔可夫性质

随机过程是用来描述不确定性事件（随机事件）的行为的一种数学模型。随机过程的研究对象是随一些参数（例如时间）的变化而演变的随机现象。在随机过程中，随机现象在某一时刻 t 的取值是一个随机变量 S_t，而所有的状态组成状态的集合 S。一般来说，S_t 与 t 时刻之前的状态有关。在 t 时刻之前的状态 $(S_1, S_2, \cdots, S_{t-1})$ 已知的情况下出现 S_t 的概率为 $P(S_t \mid S_1, \cdots, S_{t-1})$。

一个具有马尔可夫性质的随机过程是指在某一时刻 t 随机过程所处的状态只与上一时刻 $t-1$ 的状态有关，即对除初始时刻以外的任意时刻 t 都有 $P(S_t \mid S_{t-1}) = P(S_t \mid S_1, \cdots, S_{t-1})$。

8.2.2　马尔可夫过程

马尔可夫过程是指具有马尔可夫性质的随机过程。可以用元组 (S, P) 来描述一个马尔可夫过程，其中 S 是有限数量的状态集合，P 是状态转移矩阵。对于一个有 n 个状态的马尔可夫过程，$P_{n \times n}$ 定义了所有的对应状态之间的转移概率，即

$$P = \begin{bmatrix} P(s_1 \mid s_1) & \cdots & P(s_n \mid s_1) \\ \vdots & \ddots & \vdots \\ P(s_1 \mid s_n) & \cdots & P(s_n \mid s_n) \end{bmatrix} \tag{8-6}$$

矩阵 P 中第 i 行第 j 列的元素 $P(s_j \mid s_i) = P(S_t = s_j \mid S_{t-1} = s_i)$，即从状态 s_i 转移到状态 s_j 的概率。从某一个状态 s 出发，下一时刻到达其他状态的概率之和为 1，即 P 中每一行中元素的和为 1。若一个状态 s^* 转移到任意状态 $s \neq s^*$ 的概率 $P(s \mid s^*) = 0$，即不会再转移到其他状态，则称 s^* 为终止状态。

图 8-3 所示为马尔可夫过程的一个简单例子，其中每一个圆圈代表一个状态，每一个状态都按照一定的概率分布转移到其余的状态。其中，s_2 转移到自身的概率为 1，即 s_2 为一个终止状态。

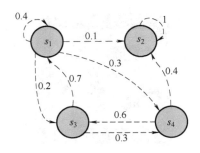

图 8-3 马尔可夫过程的一个简单例子

可以写出该马尔可夫过程的状态转移矩阵为

$$P = \begin{bmatrix} 0.4 & 0.1 & 0.2 & 0.3 \\ 0 & 1 & 0 & 0 \\ 0.7 & 0 & 0 & 0.3 \\ 0 & 0.4 & 0.6 & 0 \end{bmatrix} \tag{8-7}$$

对于一个给定的马尔可夫过程，我们可以从某一给定状态出发生成一个序列。例如从 s_1 出发可以生成序列 $s_1 \rightarrow s_1 \rightarrow s_4 \rightarrow s_3 \rightarrow s_1 \rightarrow s_2$。

8.2.3 马尔可夫奖励过程

马尔可夫奖励过程是指在马尔可夫过程中每种状态均有对应的奖励值 r。一个马尔可夫奖励过程由 (S, P, r, γ) 构成，其中各个元素的含义如下：

1）S：有限状态的集合。

2）P：状态转移矩阵。

3）r：奖励函数，输出的是状态 s 获得奖励的期望值。

4）γ：折扣因子。远期利益存在一定的不确定性，所以我们希望更快地获得奖励，故对远期利益做一些折扣。

对于马尔可夫奖励过程中的一个序列，从时刻 t 开始直到终止状态时所有的折扣奖励之和被称为回报值，记为 G_t，其定义如下

$$G_t = R_t + \gamma R_{t+1} + \gamma^2 R_{t+2} + \cdots = \sum_{s=0}^{\infty} \gamma^s R_{t+s} \tag{8-8}$$

式中，R_t 为在时刻 t 所获得的奖励值。

我们沿用上一节中的例子，在此基础上为每一个状态添加对应的奖励值，便可获得一个马尔可夫奖励过程，如图 8-4 所示。

设置折扣因子 $\gamma = 0.75$，采样到状态序列 $s_1 \rightarrow s_4 \rightarrow s_3 \rightarrow s_1 \rightarrow s_2$，可计算回报值 $G_1 = -1 - 0.75 \times 1.5 - 0.75^2 \times 0.5 - 0.75^3 \times 1 - 0.75^4 \times 0 = -2.828125$。

在马尔可夫奖励过程中，一个状态 s 回报的期望值 $E[G_t | S_t = s]$ 称为状态 s 的价值，记为 $V(s)$。对于任意状态，有

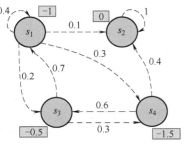

图 8-4 马尔可夫奖励过程的一个简单例子

$$
\begin{aligned}
V(s) &= E[\,G_t \mid S_t = s\,] \\
&= E[\,R_t + \gamma R_{t+1} + \gamma^2 R_{t+2} + \cdots \mid S_t = s\,] \\
&= E[\,R_t + \gamma(R_{t+1} + \gamma R_{t+2} + \cdots) \mid S_t = s\,] \\
&= E[\,R_t + \gamma V(S_{t+1}) \mid S_t = s\,] \\
&= E[\,R_t \mid S_t = s\,] + E[\,\gamma V(S_{t+1}) \mid S_t = s\,]
\end{aligned}
\tag{8-9}
$$

式（8-9）的最后一行中状态 s 下奖励的期望值即为奖励函数的输出，即 $E[\,R_t \mid S_t = s\,] = r(s)$，而式中剩余部分则可以按照期望的定义计算，即 $E[\,\gamma V(S_{t+1}) \mid S_t = s\,] = \gamma \sum_{s' \in S} P(s' \mid s) V(s')$。故式（8-9）可以写为

$$
V(s) = r(s) + \gamma \sum_{s' \in S} P(s' \mid s) V(s')
\tag{8-10}
$$

式（8-10）即为贝尔曼方程。对于一个有 n 个状态的马尔科夫奖励过程 $S = \{s_1, s_2, \cdots, s_n\}$，所有状态的价值组成了一个列向量 $\boldsymbol{V} = [\,V(s_1), V(s_2), \cdots, V(s_n)\,]^{\mathrm{T}}$，同理有奖励函数列向量 $\boldsymbol{R} = [\,r(s_1), r(s_2), \cdots, r(s_n)\,]^{\mathrm{T}}$，便可以得到如式（8-11）所示的贝尔曼方程的矩阵形式。

$$
\boldsymbol{V} = \boldsymbol{R} + \gamma \boldsymbol{P} \boldsymbol{V}
\tag{8-11}
$$

根据式（8-11）不难求得贝尔曼方程的解析解，如式（8-12）所示。其中 $\boldsymbol{I}$ 为单位矩阵。

$$
\boldsymbol{V} = (\boldsymbol{I} - \gamma \boldsymbol{P})^{-1} \boldsymbol{R}
\tag{8-12}
$$

在如图 8-4 所示的马尔可夫奖励过程中，设置折扣因子 $\gamma = 0.75$，便可根据式（8-12）计算每个状态的价值。

$$
\boldsymbol{V} = \left(\begin{bmatrix} 1 & & & \\ & 1 & & \\ & & 1 & \\ & & & 1 \end{bmatrix} - 0.75 \begin{bmatrix} 0.4 & 0.1 & 0.2 & 0.3 \\ 0 & 1 & 0 & 0 \\ 0.7 & 0 & 0 & 0.3 \\ 0 & 0.4 & 0.6 & 0 \end{bmatrix} \right)^{-1} \begin{bmatrix} -1 \\ 0 \\ -0.5 \\ -1.5 \end{bmatrix} = \begin{bmatrix} V(s_1) \\ V(s_2) \\ V(s_3) \\ V(s_4) \end{bmatrix} = \begin{bmatrix} -2.3204 \\ 0 \\ -2.0370 \\ -1.4166 \end{bmatrix}
\tag{8-13}
$$

8.2.4 马尔可夫决策过程

在马尔可夫过程和马尔可夫奖励过程中，状态之间的转换是自发的。然而在马尔可夫决策过程中，有一个来自外界的刺激来改变这个转换过程，这个刺激被称为智能体的动作。一般来说，一个马尔可夫决策过程被定义为一个元组 (S, A, P, r, γ)，其中：

1）S：有限状态的集合。

2）A：动作的集合。

3）γ：折扣因子。

4）$r(s, a)$：奖励函数，此时奖励与状态 s 和动作 a 有关。

5）$P(s' \mid s, a)$：状态转移函数，在状态 s 下执行动作 a 后到达状态 s' 的概率。

在不同状态下智能体输出的动作取决于智能体的策略，用 $\boldsymbol{\pi}$ 表示。策略是状态 s 的函数，$\boldsymbol{\pi}(s) = P(A_t = a \mid S_t = s)$ 表示在状态 s 下选择动作 a 的概率。对于确定性策略，其输出为一个确定的动作；而对于随机性策略，其输出为动作的概率分布，通过对该分布的采样便可得到一个确定的动作。

与马尔可夫奖励过程相似，马尔可夫决策过程中每个状态都有其对应的价值，但是该价

值受到策略 π 的影响。因此，马尔可夫决策过程中状态 s 的价值定义如下所示

$$V^\pi(s) = E_\pi[G_t \mid S_t = s] \tag{8-14}$$

但是与马尔可夫奖励过程不同的是，由于动作的存在，每一个动作在策略 π 下的价值也需要被衡量。为此定义动作价值函数如下所示

$$Q^\pi(s,a) = E_\pi[G_t \mid S_t = s, A_t = a] \tag{8-15}$$

结合式（8-14）与式（8-15），可以发现在同一策略 π 下状态 s 的价值等于动作价值函数对于动作 a 的期望值，即

$$V^\pi(s) = \sum_{a \in A} \pi(a \mid s) Q^\pi(s,a) \tag{8-16}$$

下面推导马尔可夫决策过程中价值状态函数和动作状态函数的贝尔曼方程。由于这两个价值函数均为期望形式，故其贝尔曼方程也被称为贝尔曼期望方程。

对于状态价值函数，结合式（8-8）可以得到如下所示的结果：

$$\begin{aligned} V^\pi(s) &= E_\pi[R_t + \gamma R_{t+1} + \gamma^2 R_{t+2} + \cdots \mid S_t = s] \\ &= E_\pi[R_t + \gamma V^\pi(S_{t+1}) \mid S_t = s] \\ &= \sum_{a \in A} \pi(a \mid s)\left(r(s,a) + \gamma \sum_{s' \in S} P(s' \mid s,a) V^\pi(s')\right) \end{aligned} \tag{8-17}$$

相似地，对于动作价值函数，有如下所示的推导：

$$\begin{aligned} Q^\pi(s,a) &= E_\pi[G_t \mid S_t = s, A_t = a] \\ &= E_\pi[R_t + \gamma R_{t+1} + \gamma^2 R_{t+2} + \cdots \mid S_t = s, A_t = a] \\ &= \underbrace{E_\pi[R_t \mid S_t = s, A_t = a]}_{①} + \gamma \underbrace{E_\pi[R_{t+1} + \gamma^2 R_{t+2} + \cdots \mid S_t = s, A_t = a]}_{②} \end{aligned} \tag{8-18}$$

结合奖励函数的定义以及式（8-16），我们有

$$① = r(s,a) \tag{8-19}$$

$$\begin{aligned} ② &= E_\pi[G_{t+1} \mid S_t = s, A_t = a] \\ &= \sum_{s' \in S} P(s' \mid s,a) V^\pi(s') \\ &= \sum_{s' \in S} P(s' \mid s,a) \sum_{a' \in A} \pi(a' \mid s') Q^\pi(s',a') \end{aligned} \tag{8-20}$$

于是可以将式（8-18）转化为如下所示的形式：

$$\begin{aligned} Q^\pi(s,a) &= r(s,a) + \gamma \sum_{s' \in S} P(s' \mid s,a) \sum_{a' \in A} \pi(a' \mid s') Q^\pi(s',a') \\ &= r(s,a) + \gamma \sum_{s' \in S} P(s' \mid s,a) V^\pi(s') \end{aligned} \tag{8-21}$$

式（8-17）和式（8-21）便分别是状态价值函数和动作价值函数的贝尔曼期望方程。可以通过将马尔可夫决策过程转化为一个马尔可夫奖励过程来衡量一个策略 π 的价值。首先对于状态 s 按照策略 π 给出的概率作为权重对奖励进行加权和，如下所示

$$r'(s) = \sum_{a \in A} \pi(a \mid s) r(s,a) \tag{8-22}$$

相似地，使用策略 π 给出的概率作为权重将状态转移概率进行加权和，便可以得到转化后的马尔可夫奖励过程中的状态转移概率，如下所示

$$P'(s' \mid s) = \sum_{a \in A} \pi(a \mid s) P(s' \mid s,a) \tag{8-23}$$

于是我们便可以得到一个马尔可夫奖励过程 (S, P', r', γ)。还可以通过该马尔可夫奖励过程中状态价值的解析解式（8-12）计算策略 π 对应的状态价值。

在如图 8-5 所示的马尔可夫决策过程中，有如表 8-1 所示的策略 π。可以计算转化后的状态转移矩阵和奖励值分别如下所示

$$P' = \begin{bmatrix} 0.4 & 0.3 & 0.3 & 0 \\ 0 & 1.0 & 0 & 0 \\ 0.5 & 0 & 0 & 0.5 \\ 0.1 & 0.5 & 0.3 & 0.1 \end{bmatrix} \tag{8-24}$$

$$r'(s) = \begin{bmatrix} 0.05 & 0 & -0.25 & 0.85 \end{bmatrix}^{\mathrm{T}} \tag{8-25}$$

按照式（8-12）可以计算得到策略 π 的状态价值函数值，如下所示

$$V^{\pi}(s) = \begin{bmatrix} 0.1224 & 0 & 0.1587 & 0.9675 \end{bmatrix}^{\mathrm{T}} \tag{8-26}$$

在得到了状态价值函数 $V^{\pi}(s)$ 之后便可以按照式（8-21）计算每个动作的价值。例如对于动作（s_4，概率前往），其动作价值计算方法如下所示

$$\begin{aligned} Q^{\pi}(s_4, a) &= r(s_4, a) + \gamma \left(P(s_1 \mid s_4, a) V^{\pi}(s_1) + P(s_4 \mid s_4, a) V^{\pi}(s_4) \right) \\ &= -0.5 + 0.75 \times (0.5 \times 0.1224 + 0.5 \times 0.9675) \\ &= -0.0912875 \end{aligned} \tag{8-27}$$

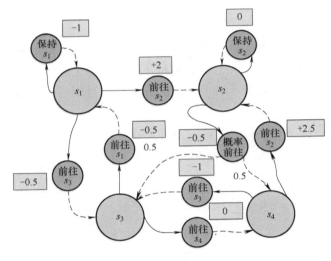

图 8-5　马尔可夫决策过程的一个简单例子

表 8-1　策略 π 的动作选择概率

所处状态 s	动作 a	选择概率 $\pi(a \mid s)$
s_1	保持 s_1	0.4
	前往 s_2	0.3
	前往 s_3	0.3
s_2	保持 s_2	1.0
s_3	前往 s_1	0.5
	前往 s_4	0.5
s_4	前往 s_2	0.5
	前往 s_3	0.3
	概率前往 s_1，s_4	0.2

8.2.5　最优策略

在强化学习中，通常是期望找到一个策略，使得智能体在与环境互动过程中获得奖励值的期望值最大。首先需要定义策略之间的偏序关系：对于策略 π 和 π'，当且仅当 $\forall s \in S$，$V^{\pi'}(s) \geqslant V^{\pi}(s)$，则可以认为有 $\pi' \geqslant \pi$。

对于所有策略组成的集合 Π，若存在一个策略 π^*，有 $\forall \pi \in \Pi$，$\pi^* \geqslant \pi$，则策略 π^* 是最优策略。显然，最优策略不唯一。最优策略对应的状态价值函数和动作价值函数是最优状态价值函数和最优动作价值函数，分别如下所示

$$V^*(s) = \max_\pi V^\pi(s), \ \forall s \in S \qquad (8\text{-}28)$$

$$Q^*(s,a) = \max_\pi Q^\pi(s,a), \ \forall s \in S, a \in A \qquad (8\text{-}29)$$

对于策略 π，若希望其动作价值函数 $Q^\pi(s,a)$ 最大，则需要在当前状态动作对 (s,a) 之后都执行最优的策略，故最优动作价值函数与最优状态价值函数之间的关系如下所示

$$Q^*(s,a) = r(s,a) + \gamma \sum_{s' \in S} P(s'|s,a) V^*(s') \qquad (8\text{-}30)$$

另一方面，最优状态价值函数值为选择使动作价值函数最大的动作时的状态价值，即

$$V^*(s) = \max_{a \in A} Q^*(s,a) \qquad (8\text{-}31)$$

结合式（8-30）和式（8-31）可以得出以下两式，其也被称为贝尔曼最优方程。

$$Q^*(s,a) = r(s,a) + \gamma \sum_{s' \in S} P(s'|s,a) \max_{a \in A} Q^*(s,a) \qquad (8\text{-}32)$$

$$V^*(s) = \max_{a \in A} \left\{ r(s,a) + \gamma \sum_{s' \in S} P(s'|s,a) V^*(s') \right\} \qquad (8\text{-}33)$$

8.2.6 策略迭代

在实际使用过程中，我们希望能够找到最优策略以最大化回报值。为了寻找最优策略（或者比当前策略更好的策略），可以通过策略迭代的方法对当前策略进行优化。策略迭代分为策略评估和策略提升两个部分，本节将分别对这两个过程进行介绍。

1. 策略评估

策略评估是为了计算一个策略的状态价值函数。在如式（8-34）所示的贝尔曼期望方程中，可以看到当奖励函数和状态转移函数已知的情况下，可以根据下一个状态 s' 的价值来计算当前状态 s 的价值。按照动态规划的思想，可以将求解下一个状态的价值当作当前问题的子问题。在知道下一个状态 s' 的价值后便可计算当前状态 s 的价值。

$$V^\pi(s) = \sum_{a \in A} \pi(a|s) \left[r(s,a) + \gamma \sum_{s' \in S} P(s'|s,a) V^\pi(s') \right] \qquad (8\text{-}34)$$

更一般地，对于所有状态 $s \in S$，便可以根据第 k 轮的状态价值函数计算第 $k+1$ 轮的状态价值函数，如下所示

$$V^{k+1}(s) = \sum_{a \in A} \pi(a|s) \left[r(s,a) + \gamma \sum_{s' \in S} P(s'|s,a) V^k(s') \right] \qquad (8\text{-}35)$$

根据贝尔曼期望方程，可知 $V^k = V^\pi$ 为式（8-35）的一个不动点。根据压缩映射定理可以知道当迭代次数足够多（$k \to \infty$）时，序列 $\{V^k\}$ 将会收敛到 V^π。

对于确定性策略，式（8-35）退化为如式（8-36）所示的形式。若状态集 S 规模较低，则可以直接采用贝尔曼方程的解析解（式（8-12））进行计算。

$$V^\pi(s) = r(s,\pi(s)) + \gamma \sum_{s' \in S} P(s'|s,\pi(s)) V^\pi(s') \qquad (8\text{-}36)$$

2. 策略提升

可以依据策略评估的结果对策略进行改进。假设当前策略为 π，通过策略评估得到其在状态 s 下的价值 $V^\pi(s)$。假设现在对策略 π 进行如下改进：在状态 s^* 下执行动作 a^*，其余状态下采取的动作不变，若有 $Q^\pi(s^*,a^*) > V^\pi(s)$，则说明在状态 s^* 下执行动作 a^* 会优于原策略。若存在策略 π'，对于 $\forall s \in S$ 都有 $Q^\pi(s,\pi'(s)) \geq V^\pi(s)$，则对于任意状态 s 都有如下所示的偏序关系：

$$V^{\pi'}(s) \geqslant V^\pi(s) \tag{8-37}$$

这便是策略提升定理。其证明如下所示

$$
\begin{aligned}
V^\pi(s) &\leqslant Q^\pi(s, \pi'(s)) \\
&= E_{\pi'}[R_t + \gamma V^\pi(S_{t+1}) \mid S_t = s] \\
&\leqslant E_{\pi'}[R_t + \gamma Q^\pi(S_{t+1}, \pi'(S_{t+1})) \mid S_t = s] \\
&\quad\vdots \\
&\leqslant E_{\pi'}[R_t + \gamma R_{t+1} + \gamma^2 R_{t+2} + \cdots \mid S_t = s] \\
&= V^{\pi'}(s)
\end{aligned}
\tag{8-38}
$$

基于上述关系，可以直接贪心地选择每个状态下使动作价值最大的动作来组成策略，即

$$\pi'(s) = \operatorname*{argmax}_a Q^\pi(s, a) \tag{8-39}$$

可以发现新策略 π' 相较原状态 π 不会更差。当提升之后的策略 π' 与原策略 π 相同时策略迭代达到了收敛，此时 π' 为最优策略。

3. 策略迭代算法

总体来讲，策略迭代算法过程如算法 8-1 所示。对于任意初始化的策略，进行策略评估，根据评估结果进行策略提升，接着对新策略进行策略评估、策略提升，直至最后收敛至最优策略。

算法 8-1：策略迭代算法

输入：状态集 S，动作集 A

输出：状态价值 $V(s)$，最优策略 π^*

1 初始化策略 $\pi(s)$ 和状态价值函数 $V(s)$；
2 while $\Delta > 0$ do
3     $\Delta \leftarrow 0$；
4     $\forall s \in S$；
5     $v \leftarrow V(s)$；
6     $V(s) \leftarrow \sum_{a \in \mathcal{A}} \pi(a \mid s)\left(r(s, a) + \gamma \sum_{s' \in S} P(s' \mid s, a) V(s')\right)$；
7     $\Delta \leftarrow \max(\Delta, |v - V(s)|)$；
8 $\pi_{\text{old}} \leftarrow \pi$；
9 for $\forall s \in S$ do
10     $\pi(s) \leftarrow \operatorname*{argmax}_a \left[r(s, a) + \gamma \sum_{s' \in S} P(s' \mid s, a) V(s')\right]$
11 若 $\pi_{\text{old}} = \pi$ 则算法结束，返回状态价值 $V(s)$ 和最优策略 π，否则跳转到步骤 2；

策略迭代算法的收敛性证明如下所述：依据策略提升定理，更新后的策略会优于更新前的策略，即 $V^{\pi^{k+1}} \geqslant V^{\pi^k}$。所以只要所有可行策略组成的集合 Π 是一个有限集，策略迭代就能收敛到最优策略。对于状态空间大小为 $|S|$、动作空间大小为 $|A|$ 的马尔可夫决策过程，所有可能的策略数为 $|A|^{|S|}$，是有限个，故策略迭代能够在有限步找到最优策略。

8.3 基于价值的强化学习

基于价值的强化学习是指针对动作价值函数 $Q^\pi(s, a)$ 或状态价值函数 $V^\pi(s)$ 的优化。

在优化后最优的值函数可以表示为 $Q^{\pi^*}(s,a)=\max_a Q^{\pi}(s,a)\left(V^{\pi^*}(s)=\max V^{\pi}(s)\right)$，之后通过选取使动作价值函数最大的动作得到最优策略 $\pi^*=\underset{\pi}{\operatorname{argmax}}Q^{\pi}(s,a)\left(\pi^*=\underset{\pi}{\operatorname{argmax}}V^{\pi}(s)\right)$。

8.3.1 时序差分算法

时序差分（Temporal Difference，TD）算法是一种用来估计状态价值函数的方法。根据如式（8-9）所示的状态价值的定义，在马尔可夫奖励过程中，若能获得大量（例如 N 个）从状态 s 出发的回报值 $G_t(i),i=1,2,\cdots,N$，则可以通过如下所示的方法对策略 π 下状态 s 的价值进行估计：

$$V^{\pi}(s)\approx\frac{1}{N}\sum_{i=1}^{N}G_t(i) \tag{8-40}$$

上述方法需要在采样结束后集中计算，当然更常用的是一种增量式更新的方法，如下所示

$$V^{\pi}(s)\leftarrow V^{\pi}(s)+\alpha\left[G_t-V^{\pi}(s)\right] \tag{8-41}$$

式中，α 被称为学习率。使用式（8-41）的方法可以实现采样到完整的回报值后对状态价值函数的实时更新。但是在实际中对完整的回报值的估计（或采样）可能是很困难的，故可以按照式（8-42）所示的方法通过实时的奖励值 R_t 和状态 s_{t+1} 的价值对状态 s 的价值进行更新。

$$V^{\pi}(s)\leftarrow V^{\pi}(s)+\alpha\left[R_t+\gamma V^{\pi}(s_{t+1})-V^{\pi}(s)\right] \tag{8-42}$$

式中，$R_t+\gamma V^{\pi}(s_{t+1})-V^{\pi}(s)$ 被称为时序差分误差。可以使用 $R_t+\gamma V^{\pi}(s_{t+1})$ 替代 G_t 的原因由式（8-9）易知。

8.3.2 SARSA 算法

上一节中介绍的时序差分算法中对状态的价值进行估计，实际上可以用同样的方法对动作价值函数进行估计，如下所示

$$Q^{\pi}(s_t,a_t)\leftarrow Q^{\pi}(s_t,a_t)+\alpha\left[R_t+\gamma Q^{\pi}(s_{t+1},a_{t+1})-Q^{\pi}(s_t,a_t)\right] \tag{8-43}$$

之后使用贪心算法直接选取使动作价值函数值最大的动作作为策略在该状态下的输出动作，即 $\pi(s)=\underset{a}{\operatorname{argmax}}Q^{\pi}(s,a)$ 便可以实现对策略的优化。但是如果一直采用贪心算法得到一个确定性的策略，可能会无法采样到某些动作-状态对 (s,a)。因此可以采用一个被称为 δ-贪心策略的简单解决方案：有 $1-\delta$ 的概率选择使动作价值函数最大的那个策略，另有 δ 的概率从可行动作中随机选择一个。在这种策略下，策略 π 的输出便成了一个如下所示的概率分布：

$$\pi(a\mid s)=\begin{cases}\dfrac{\delta}{|A|}+1-\delta & a=\underset{a}{\operatorname{argmax}}Q^{\pi}(s,a')\\[3mm]\dfrac{\delta}{|A|} & \text{其他条件下}\end{cases} \tag{8-44}$$

如此，便得到了一个实际的基于时序差分方法的强化学习算法，被称为 SARSA 算法。SARSA 算法的具体过程如算法 8-2 所示。

算法 8-2：SARSA 算法

      输入：状态集 S，动作集 A，选择概率 ϵ

      输出：动作价值 $Q^\pi(s,a)$

1   初始化动作价值函数 $Q^\pi(s,a)$；

2   for 每个 episode do

3   初始化状态 s；

4   使用 ϵ-贪心策略根据 $Q^\pi(s,a)$ 选择当前状态 s 下的动作 a；

5   for $t=1\to T$ do

6   得到环境反馈的奖励值 R_t 和下一个状态 s'；

7   使用 ϵ-贪心策略根据 $Q^\pi(s,a)$ 选择当前状态 s' 下的动作 a'；

8            $Q^\pi(s,a)\leftarrow Q^\pi(s,a)+\alpha[R+\gamma Q^\pi(s',a')-Q^\pi(s,a)]$；

9            $s\leftarrow s',a\leftarrow a'$；

8.3.3 Q-Learning 算法

Q-Learning 算法是一种非常著名的基于时序差分算法的强化学习算法。Q-Learning 算法不需要借助明确的环境模型，可以通过智能体与环境的交互来对动作价值进行迭代估计。

对于任何有限马尔可夫决策过程，Q-Learning 从当前状态开始，在任何连续步骤中最大化总奖励的期望值，并在此意义上找到了最优策略。

1. Q-Learning 算法的过程

与 SARSA 算法相同，Q-Learning 算法也是一种基于时序差分算法的强化学习算法。Q-Learning算法与上节介绍的 SARSA 算法的区别在于 Q-Learning 算法的时序差分更新方式如下所示

$$Q^\pi(s_t,a_t)\leftarrow Q^\pi(s_t,a_t)+\alpha[R_t+\gamma\max_a Q^\pi(s_{t+1},a_{t+1})-Q^\pi(s_t,a_t)] \tag{8-45}$$

可以认为 Q-Learning 算法是在按照贝尔曼最优方程（式（8-32））对最优的动作价值进行估计。之后便可以使用贪心算法（或 δ-贪心策略）得到具体的策略 $\pi(a|s)$。

下面用一个形象的例子来说明 Q-Learning 算法的学习过程。如图 8-6 所示，智能体从任意状态出发，希望到达状态 5。之间有连线的状态可以通行，否则不能通行。

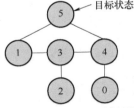

图 8-6　Q-Learning 示例环境

本实例中假设从任意状态前往状态 5 便可立即获得奖励值 100，其余移动获得的奖励值均为 0。假设折扣因子 $\gamma=0.8$，学习率 $\alpha=0.3$，初始的 $\boldsymbol{Q}$ 矩阵为全零矩阵，如式（8-46）所示。其中行表示状态，列表示"前往该状态"这一动作，例如第二行第三列的元素 $Q(2,3)$ 代表智能体在状态 2 执行"前往状态 3"这一动作的动作价值函数值。

$$Q = \begin{array}{c} \\ 0 \\ 1 \\ 2 \\ 3 \\ 4 \\ 5 \end{array} \begin{array}{cccccc} 0 & 1 & 2 & 3 & 4 & 5 \\ \left[\begin{array}{cccccc} 0 & 0 & 0 & 0 & 0 & 0 \\ 0 & 0 & 0 & 0 & 0 & 0 \\ 0 & 0 & 0 & 0 & 0 & 0 \\ 0 & 0 & 0 & 0 & 0 & 0 \\ 0 & 0 & 0 & 0 & 0 & 0 \\ 0 & 0 & 0 & 0 & 0 & 0 \end{array}\right] \end{array} \tag{8-46}$$

假设初始状态为状态 1，可到达的状态有状态 3 和状态 5。假设智能体选择前往状态 5，则会获得奖励值 100。据此可计算此时的动作价值函数，如下所示

$$Q(1,5) = R(1,5) + 0.8 \times \max[Q(5,1), Q(5,4)] = 100 \tag{8-47}$$

因此可以得到 $Q(1,5)$ 的值为 100，Q 矩阵更新为如式（8-48）所示的形式。由于智能体已经到达了目标状态，则该 episode 结束。

$$Q = \begin{array}{c} \\ 0 \\ 1 \\ 2 \\ 3 \\ 4 \\ 5 \end{array} \begin{array}{cccccc} 0 & 1 & 2 & 3 & 4 & 5 \\ \left[\begin{array}{cccccc} 0 & 0 & 0 & 0 & 0 & 0 \\ 0 & 0 & 0 & 0 & 0 & 100 \\ 0 & 0 & 0 & 0 & 0 & 0 \\ 0 & 0 & 0 & 0 & 0 & 0 \\ 0 & 0 & 0 & 0 & 0 & 0 \\ 0 & 0 & 0 & 0 & 0 & 0 \end{array}\right] \end{array} \tag{8-48}$$

对于下一个 episode，假设智能体从状态 3 出发，第一步选择前往状态 1，则可以计算动作价值函数 $Q(3,1)$，如下所示

$$Q(3,1) = R(3,1) + 0.8 \times \max[Q(1,3), Q(1,5)] = 80 \tag{8-49}$$

之后智能体按照 δ-贪心策略选择动作，假设选择前往状态 5，则可对动作价值 $Q(1,5)$ 进行更新：

$$Q(1,5) = 100 + 0.3[R(1,5) + 0.8 \times \max[Q(5,1), Q(5,4)] - 100] = 100 \tag{8-50}$$

此时智能体到达状态 5，episode 结束，Q 矩阵更新为如下所示的形式：

$$Q = \begin{array}{c} \\ 0 \\ 1 \\ 2 \\ 3 \\ 4 \\ 5 \end{array} \begin{array}{cccccc} 0 & 1 & 2 & 3 & 4 & 5 \\ \left[\begin{array}{cccccc} 0 & 0 & 0 & 0 & 0 & 0 \\ 0 & 0 & 0 & 0 & 0 & 100 \\ 0 & 0 & 0 & 0 & 0 & 0 \\ 0 & 80 & 0 & 0 & 0 & 0 \\ 0 & 0 & 0 & 0 & 0 & 0 \\ 0 & 0 & 0 & 0 & 0 & 0 \end{array}\right] \end{array} \tag{8-51}$$

如此进行不断训练，Q 矩阵最终收敛为

$$Q = \begin{array}{c} \\ 0 \\ 1 \\ 2 \\ 3 \\ 4 \\ 5 \end{array} \begin{array}{cccccc} 0 & 1 & 2 & 3 & 4 & 5 \\ \left[\begin{array}{cccccc} 0 & 0 & 0 & 0 & 80 & 0 \\ 0 & 0 & 0 & 64 & 0 & 100 \\ 0 & 0 & 0 & 64 & 0 & 0 \\ 0 & 80 & 51.2 & 0 & 80 & 0 \\ 0 & 80 & 51.2 & 0 & 0 & 100 \\ 0 & 0 & 0 & 0 & 0 & 0 \end{array}\right] \end{array} \tag{8-52}$$

此时便完成了对智能体的训练，智能体会按照如式（8-52）所示的 Q 矩阵使用贪心算法选择动作。例如初始状态为状态 2，便会选择动作前往状态 3，之后前往状态 1 或状态 4，最后前往状态 5。

2. Q-Learning 算法的收敛性证明

为了证明 Q-Learning 算法的收敛性，首先需要如下的引理。

引理：对于一个形式为 $\Delta_{t+1}(x) = [1-\alpha_t(x)]\Delta_t(x) + \alpha_t(x)F_t(x)$ 的随机过程 Δ_t，如果满足如下四个条件，那么该随机过程将收敛到 0：

1）$\sum_t \alpha_t^2(x) < \infty$。

2）$\sum_t \alpha_t(x) = \infty$。

3）$\|E[F_t(x)]\|_q \leqslant \gamma \|\Delta_t\|_q, \gamma < 1$。

4）$D(F_t(x)) \leqslant C(1+\|\Delta_t\|_q^2), C>0$。

在时刻 t，给定数据 (s,a,r,s')，式（8-45）可以改写为如下所示的形式：

$$Q_{t+1}(s,a) = Q_t(s,a) + a_t(s,a)[r+\gamma \max_{b \in A} Q_t(s',b) - Q_t(s,a)]$$
$$= (1-\alpha_t(s,a))Q_t(s,a) + \alpha_t(s,a)[r+\gamma \max_{b \in A} Q_t(s',b)] \tag{8-53}$$

其中更新步长 $\alpha_t(s,a)$ 满足 $0 \leqslant \alpha_t(s,a) \leqslant 1$，$\sum_t \alpha_t^2(s,a) < \infty$，$\sum_t \alpha_t(s,a) = \infty$。在式（8-53）等号左右两边同时减去 $Q^*(s,a)$，并定义 $\Delta_t(s,a) = Q_t(s,a) - Q_t^*(s,a)$，便可将式（8-53）转换为如下所示的形式：

$$\Delta_{t+1}(s,a) = (1-\alpha_t(s,a))\Delta_t(s,a) + \alpha_t(s,a)[r+\gamma \max_{b \in A} Q_t(s',b) - Q^*(s,a)] \tag{8-54}$$

定义 $F_t(s,a) = r+\gamma \max_{b \in A} Q_t(s',b) - Q^*(s,a)$，基于状态转移的概率分布，$F_t(s,a)$ 的期望如下所示

$$E[F_t(s,a)] = r + \gamma \sum_{y \in S} P(y|s,a) \max_{b \in A} Q_t(y,b) - Q^*(s,a) \tag{8-55}$$

为简化推导，在此定义算子 $H: HQ_t(s,a) = r + \gamma \sum_{y \in S} P(y|s,a) \max_{b \in A} Q_t(y,b)$，于是可以将式（8-55）简化为如下所示的形式：

$$E[F_t(s,a)] = HQ_t(s,a) - Q^*(s,a) \tag{8-56}$$

对于最优动作价值函数 $Q_t^*(s,a)$，其针对算子 H 的迭代结果达到收敛点，即有 $Q^*(s,a) = HQ^*(s,a)$。据此可将式（8-56）转化为下式：

$$E[F_t(s,a)] = HQ_t(s,a) - HQ^*(s,a) \tag{8-57}$$

接下来借助式（8-57）对 $F_t(s,a)$ 的方差 $D(F_t(s,a))$ 进行如下所示的计算：

$$D[F_t(s,a)] = E[(F_t(s,a) - E[F_t(s,a)])^2]$$
$$= E[(r+\gamma \max_{b \in A} Q_t(s',b) - Q^*(s,a) - HQ_t(s,a) + Q^*(s,a))^2]$$
$$= E[(r+\gamma \max_{b \in A} Q_t(s',b) - HQ_t(s,a))^2]$$
$$= D[r+\gamma \max_{b \in A} Q_t(s',b)] \tag{8-58}$$

由于及时奖励值 r 是有界的，所以存在常数 C，使得 $D(F_t(s,a)) \leqslant C(1+\|\Delta_t\|_q^2)$。

引入压缩算子的定义：算子 O 为一个压缩算子，如果满足 $\forall x', x'' \in \text{dom } O$，均有 $\|Ox'-Ox''\|_q \leqslant \gamma \|x'-x''\|_q$。可以证明算子 H 对于无穷范数（即 $q=\infty$）为一个压缩算子，如下

所示

$$\|HQ_1(s,a) - HQ_2(s,a)\|_\infty$$

$$= \max_{s,a} \left| r + \gamma \sum_{y \in S} P(y \mid s,a) \max_{b \in A} Q_1(y,b) - r - \gamma \sum_{y \in S} P(y \mid s,a) \max_{b \in A} Q_2(y,b) \right|$$

$$= \gamma \cdot \max_{s,a} \left| \sum_{y \in S} P(y \mid s,a) \left[\max_{b \in A} Q_1(y,b) - \max_{b \in A} Q_2(y,b) \right] \right|$$

$$\leqslant \gamma \cdot \max_{s,a} \sum_{y \in S} P(y \mid s,a) \left| \max_{b \in A} Q_1(y,b) - \max_{b \in A} Q_2(y,b) \right|$$

$$\leqslant \gamma \cdot \max_{s,a} \sum_{y \in S} P(y \mid s,a) \max_{z,b} \left| Q_1(z,b) - Q_2(z,b) \right|$$

$$= \gamma \cdot \max_{s,a} \sum_{y \in S} P(y \mid s,a) \|Q_1(s,a) - Q_2(s,a)\|_\infty$$

$$= \gamma \cdot \|Q_1(s,a) - Q_2(s,a)\|_\infty \tag{8-59}$$

根据压缩算子的定义，结合式（8-57）和式（8-59），可推导出如下所示的偏序关系：

$$\|E[F_t(s,a)]\|_\infty = \|HQ_t(s,a) - HQ^*(s,a)\|_\infty \leqslant \gamma \|Q_t(s,a) - Q^*(s,a)\|_\infty = \gamma \|\Delta_t\|_\infty \tag{8-60}$$

因此，根据上述引理，Δ_t 能够收敛到 0，即动作价值函数 $Q_t(s,a)$ 能够收敛到 $Q^*(s,a)$。故 Q-Learning 可以收敛。

8.3.4 On-policy 算法与 Off-policy 算法

在估计值函数或者策略时，需要用到一些样本，这些样本也需要采用某种策略生成。On-policy 算法和 Off-policy 算法的区别关键在于估计值函数或者策略时使用的策略和生成样本时所使用的策略是否一致：若一致则该算法为 On-policy 算法，否则为 Off-policy 算法。具体而言：

1）对于 SARSA 算法，其动作价值函数更新公式如下所示：

$$Q^\pi(s,a) \leftarrow Q^\pi(s,a) + \alpha [R_t + \gamma Q^\pi(s',a') - Q^\pi(s,a)]$$

SARSA 算法中必须执行两次动作得到 (s,a,r,s',a') 才可以更新一次动作价值函数值，而且 a' 是在某一策略 π 的指导下得出的，因此 SARSA 算法中更新得出的 $Q(s,a)$ 是在该策略 π 下的 Q 值，生成成本和估计 Q 值所用的策略是相同的策略，因此 SARSA 算法是一个 On-policy 算法。

2）对于 Q-Learning 算法，其动作价值函数更新公式如下所示：

$$Q^\pi(s,a) \leftarrow Q^\pi(s,a) + \alpha [R_t + \gamma \max_{a'} Q^\pi(s',a') - Q^\pi(s,a)]$$

Q-Learning 每次更新只需要执行一步动作得到 (s,a,r,s') 就可以进行一次更新，由于 a' 永远是最优的那个动作，因此所估计的策略应该也是最优的，而生成样本时用的策略却不一定是最优的，因此 Q-Learning 算法是一个 Off-policy 算法。

8.4 基于策略的强化学习

在上一节中介绍了基于价值的强化学习方法，除此之外还有一支经典的强化学习方法——基于策略的强化学习方法。在这种方法中，智能体会通过与环境的互动直接显式地优化（学习）一个策略。在基于策略的方法中，首先要将策略参数化。假设目标策略 π_θ 是一个随机性策略，并且处处可微，其中 θ 是策略中对应的参数。可以用一个线性的模型或者一个神经网络来建立这样一个策略，在输入某一个状态后，输出一个动作的概率分布。期望找到一个最优的策略来最大化该策略在环境中的期望回报值，即策略学习过程的目标函数如下所示

$$J(\theta)=E_{s_0}\big[V^{\pi_\theta}(s_0)\big] \tag{8-61}$$

式中，s_0 表示初始状态。通过某些方法对该目标函数进行优化，可得到最优策略。

8.4.1 策略梯度

对于可微的策略 π_θ，可以使用梯度上升法对式（8-61）进行优化。为此，需要计算 $J(\theta)$ 对参数 θ 的梯度。首先计算状态价值函数的导数，如下所示[18]

$$
\begin{aligned}
\nabla_\theta V^{\pi_\theta}(s) &= \nabla_\theta\Big(\sum_{a\in A}\pi_\theta(a\,|\,s)Q^{\pi_\theta}(s,a)\Big)\\
&=\sum_{a\in A}\Big(\nabla_\theta\pi_\theta(a\,|\,s)Q^{\pi_\theta}(s,a)+\pi_\theta(a\,|\,s)\ \nabla_\theta Q^{\pi_\theta}(s,a)\Big)\\
&=\sum_{a\in A}\Big(\nabla_\theta\pi_\theta(a\,|\,s)Q^{\pi_\theta}(s,a)+\pi_\theta(a\,|\,s)\ \nabla_\theta\sum_{s',r}P(s',r\,|\,s,a)(r+\gamma V^{\pi_\theta}(s'))\Big)\\
&=\sum_{a\in A}\Big(\nabla_\theta\pi_\theta(a\,|\,s)Q^{\pi_\theta}(s,a)+\gamma\pi_\theta(a\,|\,s)\sum_{s'}P(s'\,|\,s,a)\ \nabla_\theta V^{\pi_\theta}(s')\Big)
\end{aligned}\tag{8-62}
$$

为了简化表达，可以令 $\varphi(s)=\sum_{a\in A}\nabla_\theta\pi_\theta(a\,|\,s)Q^{\pi_\theta}(s,a)$，定义 $d^{\pi_\theta}(s\to x,k)$ 为策略 π 从状态 s 出发 k 步后到达状态 x 的概率。在此基础上对式（8-62）继续进行推导。

$$
\begin{aligned}
\nabla_\theta V^{\pi_\theta}(s)&=\varphi(s)+\gamma\sum_{a\in A}\pi_\theta(a\,|\,s)\sum_{s'}P(s'\,|\,s,a)\ \nabla_\theta V^{\pi_\theta}(s')\\
&=\varphi(s)+\gamma\sum_{a\in A}\sum_{s'}\pi_\theta(a\,|\,s)P(s'\,|\,s,a)\ \nabla_\theta V^{\pi_\theta}(s')\\
&=\varphi(s)+\gamma\sum_{a\in A}d^{\pi_\theta}(s\to s',1)\ \nabla_\theta V^{\pi_\theta}(s')
\end{aligned}\tag{8-63}
$$

按照式（8-63）的方法可以得到 $\nabla_\theta V^{\pi_\theta}(s')$ 可表示为如下所示的形式：

$$\nabla_\theta V^{\pi_\theta}(s')=\varphi(s')+\gamma\sum_{a\in A}d^{\pi_\theta}(s'\to s'',1)\ \nabla_\theta V^{\pi_\theta}(s'')\tag{8-64}$$

将式（8-64）代入式（8-63）可得下式

$$
\begin{aligned}
\nabla_\theta V^{\pi_\theta}(s)&=\varphi(s)+\gamma\sum_{a\in A}\pi_\theta(a\,|\,s)\sum_{s'}P(s'\,|\,s,a)\ \nabla_\theta V^{\pi_\theta}(s')\\
&=\varphi(s)+\gamma\sum_{a\in A}\sum_{s'}\pi_\theta(a\,|\,s)P(s'\,|\,s,a)\ \nabla_\theta V^{\pi_\theta}(s')\\
&=\varphi(s)+\gamma\sum_{a\in A}d^{\pi_\theta}(s\to s',1)\Big[\varphi(s')+\gamma\sum_{a\in A}d^{\pi_\theta}(s'\to s'',1)\ \nabla_\theta V^{\pi_\theta}(s'')\Big]\\
&=\varphi(s)+\gamma\sum_{a\in A}d^{\pi_\theta}(s\to s',1)\varphi(s')+\gamma^2\sum_{a\in A}d^{\pi_\theta}(s'\to s'',1)\ \nabla_\theta V^{\pi_\theta}(s'')
\end{aligned}\tag{8-65}
$$

以此类推，可以得到 $\nabla_\theta V^{\pi_\theta}(s)=\sum_{x\in S}\sum_{k=0}^{\infty}\gamma^k d^{\pi_\theta}(s\to x,k)\varphi(x)$。为了简化标记，在此定义 $\xi(s)=E_{s_0}\big[\sum_{k=0}^{\infty}\gamma^k d^{\pi_\theta}(s_0\to s,k)\big]$。至此，可以计算目标函数的梯度值 $\nabla_\theta J(\theta)$ 如下所示

$$\nabla_\theta J(\theta)=\nabla_\theta E_{s_0}\big[V^{\pi_\theta}(s_0)\big]$$

$$
\begin{aligned}
&= \sum_{s \in S} E_{s_0} \left(\sum_{k=0}^{\infty} \gamma^k d^{\pi_\theta}(s_0 \to s, k) \right) \varphi(s) \\
&= \sum_{s \in S} \xi(s) \varphi(s) \\
&= \left(\sum_{s \in S} \xi(s) \right) \sum_{s \in S} \frac{\xi(s)}{\sum_{s \in S} \xi(s)} \varphi(s) \\
&\propto \sum_{s \in S} \frac{\xi(s)}{\sum_{s \in S} \xi(s)} \varphi(s)
\end{aligned}
\tag{8-66}
$$

假设交互过程对应的马尔可夫决策过程中的状态访问分布为 $\nu^{\pi_\theta}(s)$ （代表按照策略 π_θ 交互过程中访问到状态 s 的概率分布），于是可以继续计算目标函数的梯度值 $\nabla_\theta J(\theta)$ 如下所示

$$
\begin{aligned}
\nabla_\theta J(\theta) &\propto \sum_{s \in S} \nu^{\pi_\theta}(s) \sum_{a \in A} Q^{\pi_\theta}(s, a) \; \nabla_\theta \pi_\theta(a \mid s) \\
&= \sum_{s \in S} \nu^{\pi_\theta}(s) \sum_{a \in A} \pi_\theta(a \mid s) Q^{\pi_\theta}(s, a) \; \frac{\nabla_\theta \pi_\theta(a \mid s)}{\pi_\theta(a \mid s)} \\
&= \sum_{s \in S} \nu^{\pi_\theta}(s) \sum_{a \in A} \pi_\theta(a \mid s) Q^{\pi_\theta}(s, a) \; \nabla_\theta \log \pi_\theta(a \mid s) \\
&= E_{\pi_\theta} \left[Q^{\pi_\theta}(s, a) \; \nabla_\theta \log \pi_\theta(a \mid s) \right]
\end{aligned}
\tag{8-67}
$$

可以使用式（8-67）所示的目标函数的梯度值对策略进行更新。显然，使用策略梯度更新策略是一种 On-policy 的方法，即使用当前策略 π_θ 采样得到的数据来计算梯度。在式（8-67）中使用了当前策略下的动作价值函数 $Q^{\pi_\theta}(s, a)$，可以用蒙特卡洛等多种方法对其进行估计。

8.4.2 REINFORCE 算法

REINFORCE 算法是基于蒙特卡洛方法的策略梯度算法，该算法中使用蒙特卡洛方法来估计当前策略下的动作价值函数 $Q^{\pi_\theta}(s, a)$。对于一个有限步 T 的环境来说，其动作价值函数 $Q^{\pi_\theta}(s, a)$ 的估计值如下所示

$$
Q^{\pi_\theta}(s, a) = \sum_{t=0}^{T} \sum_{t'=t}^{T} \gamma^{t'-t} r_{t'}
\tag{8-68}
$$

将式（8-68）代入式（8-67），便可以得到 REINFORCE 算法中的策略梯度，如下所示

$$
\nabla_\theta J(\theta) = E_{\pi_\theta} \left(\sum_{t=0}^{T} \sum_{t'=t}^{T} \gamma^{t'-t} r_{t'} \nabla_\theta \log \pi_\theta(a \mid s) \right)
\tag{8-69}
$$

REINFORCE 算法的过程如算法 8-3 所示。

算法 8-3：REINFORCE 算法
输入：状态集 S，动作集 A，学习率 α
输出：策略参数 θ
1 初始化策略参数 θ；
2 for 每个 episode do
3   使用当前策略 π_θ 对轨迹 $\{s_1, a_1, r_1 \, s_2, a_2, r_2, \cdots, s_T, a_T, r_T\}$ 进行采样；
4   按照式(8-68)计算每个时刻 t 往后的回报值；
5   对参数进行更新：$\theta \leftarrow \theta + \alpha \sum_{t=0}^{T} \sum_{t'=t}^{T} \gamma^{t'-t} r_{t'} \; \nabla_\theta \log \pi_\theta(a \mid s)$；

8.4.3　值函数近似

对于状态空间很大的情况（例如视频游戏中每一帧为一个状态），记录动作价值函数 $Q^\pi(s,a)$ 需要很大的储存空间。为此，引入值函数近似的方法，寻找动作价值函数的近似函数，即 $Q_w(s,a) \approx Q^\pi(s,a)$。从优化的角度，可以将该目标转写为如下所示的形式：

$$\min J(w) = E_\pi \left[(Q^\pi(s,a) - Q_w(s,a))^2 \right] \tag{8-70}$$

在学习到合适的 $Q_w(s,a)$ 后便可将其代入前文所提到的各种算法求解最优策略。值函数近似的方法有很多，例如线性近似、决策树近似、神经网络近似等。在神经网络出现之前，线性近似是最常使用的近似方法，即令 $Q_w(s,a) = w^T \Phi(s,a)$，其中 $\Phi(s,a)$ 为状态-动作对应的特征函数。

然而，并不是所有的近似方法都满足策略梯度中的结果［即式（8-67）］，为此，引入兼容函数近似定理。

若近似函数 $Q_w(s,a)$ 满足如下条件：

$$\nabla_w Q_w(s,a) = \nabla_\theta \log \pi_\theta(s,a),$$

参数 w 最小化均方误差： $E = \sum_{s \in S} \nu^{\pi_\theta}(s) \sum_{a \in A} \pi_\theta(a \mid s)(Q^{\pi_\theta}(s,a) - Q_w(s,a))^2$，

则可用 $Q_w(s,a)$ 替换式（8-67）中的 $Q^{\pi_\theta}(s,a)$ 而不导致策略梯度变化。

证明： 对于使均方误差 E 最小化的参数 w，有

$$\nabla_w E = \nabla_w \sum_{s \in S} \nu^{\pi_\theta}(s) \sum_{a \in A} \pi_\theta(a \mid s)(Q^{\pi_\theta}(s,a) - Q_w(s,a))^2$$

$$= \sum_{s \in S} \nu^{\pi_\theta}(s) \sum_{a \in A} \pi_\theta(a \mid s)(Q^{\pi_\theta}(s,a) - Q_w(s,a)) \nabla_w Q_w(s,a) = 0 \tag{8-71}$$

由于 $\nabla_w Q_w(s,a) = \nabla_\theta \log \pi_\theta(s,a)$，则可将式（8-71）改写为

$$\sum_{s \in S} \nu^{\pi_\theta}(s) \sum_{a \in A} \pi_\theta(a \mid s)(Q^{\pi_\theta}(s,a) - Q_w(s,a)) \nabla_\theta \log \pi_\theta(s,a) = 0 \tag{8-72}$$

对式（8-72）进行线性变换可得到如下所示的等式关系：

$$\sum_{s \in S} \nu^{\pi_\theta}(s) \sum_{a \in A} \pi_\theta(a \mid s) Q^{\pi_\theta}(s,a) \nabla_\theta \log \pi_\theta(s,a)$$

$$= \sum_{s \in S} \nu^{\pi_\theta}(s) \sum_{a \in A} \pi_\theta(a \mid s) Q_w(s,a) \nabla_\theta \log \pi_\theta(s,a) \tag{8-73}$$

将式（8-73）代入式（8-67），便可以得到策略梯度如下所示：

$$\nabla_\theta J(\theta) \propto \sum_{s \in S} \nu^{\pi_\theta}(s) \sum_{a \in A} \pi_\theta(a \mid s) Q_w(s,a) \nabla_\theta \log \pi_\theta(a \mid s) \tag{8-74}$$

8.4.4　Actor-Critic 算法

本章中之前的内容分别讲解了基于值函数的方法和基于策略的方法，这两种方法中均只学习了一个函数。与这两种算法不同，Actor-Critic 算法同时学习了价值函数和策略函数，并且达到了很好的学习效果。目前很多高效的前沿强化学习算法，例如 TRPO、PPO、DDPG、SAC 等，都是基于 Actor-Critic 框架。

在策略梯度中，可以把梯度写成如下所示的更一般的形式：

$$g = E\left(\sum_{t=0}^{T} \varphi_t \nabla_\theta \log \pi_\theta(a_t \mid s_t) \right) \tag{8-75}$$

其中 φ_t 可以有不同的形式。在 Actor-Critic 算法中我们着重介绍优势函数的形式，记为 $A^{\pi_\theta}(s_t, a_t)$。优势函数表达在状态 s_t 下，某动作 a_t 相对于平均而言的优势，即 $A^{\pi_\theta}(s_t, a_t) = $

$Q^{\pi_\theta}(s_t, a_t) - V^{\pi_\theta}(s_t)$。Actor-Critic 算法中智能体在每一步与环境交互之后都进行更新,并且不对任务的步数做限制。为此,可以使用 $Q^{\pi_\theta}(s_t, a_t) = r_t + \gamma V^{\pi_\theta}(s_{t+1})$ 的形式计算动作价值函数,因此优势函数可以写为 $\varphi_t = A^{\pi_\theta}(s_t, a_t) = r_t + \gamma V^{\pi_\theta}(s_{t+1}) - V^{\pi_\theta}(s_{t+1})$。

Actor-Critic 算法中存在 Actor 和 Critic 两个部分:Actor 负责与环境交互,在 Critic 所给出的价值函数的指导下用策略梯度学习一个更好的策略;Critic 则通过 Actor 与环境的交互过程学习一个价值函数,这个价值函数会用于判断在当前状态下什么动作是好的,进而帮助 Actor 进行策略更新。

如上文所述,Actor 可以采用策略梯度的原则进行更新。而对于 Critic,则需要建立价值网络 V_w(w 为参数)。对于该网络,可以使用时序差分残差的学习方式,对于单个数据定义如下所示的价值函数的损失函数:

$$L(w) = \frac{1}{2}(r + \gamma V_w(s_{t+1}) - V_w(s_t))^2 \tag{8-76}$$

在损失函数 $L(w)$ 中,$r + \gamma V_w(s_{t+1})$ 为时序差分的目标,不会产生梯度。因此,损失函数的梯度如下所示

$$\nabla_w L(w) = -(r + \gamma V_w(s_{t+1}) - V_w(s_t)) \nabla_w V_w(s_t) \tag{8-77}$$

Actor-Critic 算法的过程如算法 8-4 所示。

算法 8-4:Actor-Critic 算法

输入:状态集 $\mathcal{S}$,动作集 $\mathcal{A}$,学习率 α_w,α_θ

输出:策略参数 θ,价值参数 w

1 初始化策略参数 θ 和价值参数 w;
2 for 每个 episode do
3   使用当前策略 π_θ 对轨迹 $\{s_1, a_1, r_1, s_2, a_2, r_2, \cdots\}$ 进行采样;
4   $\varphi_t = r_t + \gamma V_w(s_{t+1}) - V_w(s_{t+1})$;
5   更新价值参数 $w \leftarrow w + \alpha_w \sum_t \varphi_t \nabla_w V_w(s_t)$;
6   更新策略参数 $\theta \leftarrow \theta + \alpha_\theta \sum_t \varphi_t \nabla_\theta \log \pi_\theta(a_t | s_t)$;

8.5 深度强化学习

在之前的部分中,没有考虑状态空间和动作空间的大小。当状态或者动作的数量非常大的时候,之前介绍的几种算法可能会导致储存或计算上的"灾难"。例如利用 Q-Learning 算法玩一个视频游戏,输入状态是一张 $100 \times 100 \times 3$ 的 RGB 图像,此时共有 $256^{100 \times 100 \times 3}$ 种状态,在计算机中存储这个数量级的 Q 表格明显是十分困难的。更有甚者,当状态或者动作无限时,更加无法用这种表格的方法去储存各个状态-动作对的 Q 值。为此需要用函数拟合的方法来估计 Q 值。

8.5.1 深度 Q 网络

在深度 Q 网络(DQN)中,使用神经网络来表示 Q 函数,对于连续动作的情况,神经网络的输入是状态向量 s 和动作向量 a,输出为状态 s 下动作 a 的价值 $Q(s, a)$。对于离散的动作,还可以只输入当前状态 s,输出每一个动作的价值 $Q(s, a)$。将用于拟合 Q 函数的神经网络称为 Q 网络[19]。

为了训练 Q 网络，需要构造其损失函数。考虑 Q-Learning 算法的更新规则［式（8-45）］，期望使 $Q(s,a)$ 和时序差分目标 $R_t+\gamma \max_a Q^\pi(s_{t+1},a_{t+1})$ 靠近。于是，假设 Q 网络的参数为 w，对于一组数据 (s_i,a_i,r_i,s'_i)，可以将 Q 网络的损失函数构造为式（8-78）所示的形式。由于损失函数中存在 $\max_{a'} Q_w(s'_i,a')$，故如此定义的 Q 网络只适用于离散动作空间的情况。

$$L=\frac{1}{2}\left[r_i+\gamma \max_{a'}Q_w(s'_i,a')-Q_w(s_i,a)\right]^2 \tag{8-78}$$

由于 DQN 是一种 Off-policy 算法，故在收集数据的时候可以使用一个 δ-贪心的方法，把收集到的数据储存起来供后续训练使用。DQN 算法中为了使每个数据能够使用多次，可以维护一个回放缓冲区，将每一次从环境中采样得到的四元组数据储存到回放缓冲区中，再从回放缓冲区中随机选择若干样本来训练 Q 网络，这种方式被称为经验回放。经验回放主要有如下两个作用：

1）可以使样本满足独立假设。在马尔可夫决策过程中交互采样得到的数据本身不满足独立假设，因为下一时刻的状态与上一时刻的状态有关。使用经验回放可以打破数据之间的关联性，使其满足独立假设。

2）提高数据利用率。回放缓冲区中每个数据可以被多次利用，提高了数据利用率。

此外，DQN 中还使用目标网络来拟合损失函数中的 $\max_{a'} Q_{w^-}(s'_i,a')$，其网络参数 w^- 的更新方法为保持 Q 网络的一套较为旧的参数，即每隔 $C>1$ 步，将训练网络的参数复制到目标网络中。采用目标网络后的损失函数如下所示。

$$L=\frac{1}{2}\left[r_i+\gamma \max_{a'}Q_{w^-}(s'_i,a')-Q_w(s_i,a)\right]^2 \tag{8-79}$$

综上所述，DQN 算法的具体流程如算法 8-5 所示。

算法 8-5：DQN 算法

---

1 随机初始化 Q 网络参数 w；

2 $w^- \leftarrow w$；

3 初始化经验回放池 R；

4 for 每个 episode do

5   初始状态 s_1；

6   for $t=1 \rightarrow T$ do

7   根据当前的 $Q_w(s,a)$ 使用 ε-贪心策略选择动作 a_t；

8   执行动作 a_t，获得奖励 r_t 和下一时刻状态 s_{t+1}；

9   将数据 (s_t,a_t,r_t,s_{t+1}) 存入回放池 R；

10   if R 中数据量充足 then

11   从 R 中采样 N 个数据 $\{(s_t,a_t,r_t,s_{t+1})\}_N$；

12   对于每个数据，使用目标网络计算

         $r_t+\gamma \max_{a'}Q_{w^-}(s_{t+1},a')$；

13   最小化损失

         $L=\frac{1}{N}\sum\left[r_t+\gamma \max_{a'}Q_{w^-}(s_{t+1},a')-Q_w(s_t,a_t)\right]^2$ 以更新当前网络 Q_w；

14   if $t \bmod C == 0$ then

15          $w^- \leftarrow w$

DQN 算法是深度强化学习领域中先驱性的工作，其本身存在很大的改进空间。本节中将介绍两个非常著名的改进算法：DoubleDQN 和 DuelingDQN。

1. DoubleDQN

使用基本的 DQN 算法通常会导致对 Q 值的估计过高。在基本的 DQN 中，时序差分误差的目标可以转写为 $r+\gamma \max_a Q_{w-}[s', \mathrm{argmax}_{a'} Q_{w-}(s',a')]$。换句话说，最大化操作实际上可以被拆解为两部分：首先选取状态 s' 下的最优动作，再使用目标网络计算该动作的价值。当这两步使用同一个网络进行计算时，每次得到的都是神经网络当前估算的所有动作价值中的最大值。考虑到借助神经网络估计 Q 值会产生一些误差，在上述更新过程中会导致正向误差的累积。这样的误差将会逐步累积。对于动作空间较大的任务，DQN 中的过高估计问题会非常严重，造成 DQN 无法有效工作的后果。

为了解决这个问题，DoubleDQN 算法利用两个独立训练的神经网络估算 $\max_{a'} Q_*(s',a')$。具体来讲，是将基础的 DQN 中的 $\max_{a'} Q_{w-}(s',a')$ 修改为 $Q_{w-}[s', \mathrm{argmax}_{a'} Q_w(s',a')]$，即利用同一套神经网络的输出选取价值最大的动作，但是使用另一套神经网络计算其动作价值。基于这种方法，即使其中一个神经网络的某个动作估计过高，由于另一套神经网络的存在，最终 Q 值的估计过高的问题能够得到有效的缓解。DoubleDQN 的优化目标如下所示

$$r+\gamma Q_{w-}[s', \mathrm{argmax}_{a'} Q_{w-}(s',a')] \tag{8-80}$$

2. DuelingDQN

在上一节介绍 Actor-Critic 算法的过程中，我们介绍了优势函数的定义 $A(s,a)=Q(s,a)-V(s)$。据此，在 DuelingDQN 中，Q 网络被建模为

$$Q_{\eta,\alpha,\beta}(s,a)=V_{\eta,\alpha}(s)+A_{\eta,\beta}(s,a) \tag{8-81}$$

式中，$V_{\eta,\alpha}(s)$ 为状态价值函数；$A_{\eta,\beta}(s,a)$ 为该状态下采取不同动作的优势函数，使用优势函数来表示采取不同动作的差异性；η 为状态价值函数和优势函数共享的网络参数；α,β 分别为状态价值函数和优势函数的参数。在这样的模型下，神经网络的最后几层会有两个分支，分别输出状态价值函数和优势函数，再求和得到 Q 值。DuelingDQN 的网络结构图如图 8-7 所示。

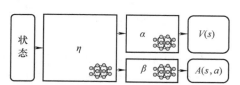

图 8-7　DuelingDQN 的网络结构图

显然，在式（8-81）中，对于 V 和 A 的建模存在不唯一的问题。例如，对于某一个 Q 值，在 V 上加上任意常数 C，同时在 A 上减去 C，得到的 Q 值依旧不变，这便导致了训练的不稳定性。为此，DuelingDQN 强制最优动作的优势函数的实际输出值为 0，即

$$Q_{\eta,\alpha,\beta}(s,a)=V_{\eta,\alpha}(s)+A_{\eta,\beta}(s,a)-\max_{a'}, A_{\eta,\beta}(s,a') \tag{8-82}$$

此时，$V(s)=\max_a Q(s,a)$，即 V 值的建模存在唯一性。在现实过程中，还可以用平均值代替最大值的操作，即

$$Q_{\eta,\alpha,\beta}(s,a)=V_{\eta,\alpha}(s)+A_{\eta,\beta}(s,a)-\frac{1}{|A|}\sum_{a'}A_{\eta,\beta}(s,a') \tag{8-83}$$

此时，$V(s)=\frac{1}{|A|}\sum_{a'}A_{\eta,\beta}(s,a')$。

8.5.2 信任区域策略优化算法

在使用神经网络作为智能体的策略函数（即构建策略网络）时，沿着策略梯度更新参数，很有可能由于步长太长，策略突然显著变差，进而影响训练效果。为此，在更新时，可以考虑寻找一块信任区域，在该区域上更新策略时能够得到某种策略性能的安全性保证，这就是信任区域策略优化（Trust Region Policy Optimization，TRPO）算法的主要思想。

假设当前的策略为 π_θ，期望借助当前的参数 θ 找到一个更优的参数 θ'，使得 $J(\theta') \geqslant J(\theta)$。因此，$\pi_\theta$ 下的优化目标 $J(\theta)$ 可以写为在新策略 $\pi_{\theta'}$ 下的期望形式。

$$
\begin{aligned}
J(\theta) &= E_{s_0}\left[V^{\pi_\theta}(s_0)\right] \\
&= E_{\pi_{\theta'}}\left[\sum_{t=0}^{\infty}\gamma^t V^{\pi_\theta}(s_t) - \sum_{t=0}^{\infty}\gamma^t V^{\pi_\theta}(s_t)\right] \\
&= -E_{\pi_{\theta'}}\left[\sum_{t=0}^{\infty}\gamma^t\left(\gamma V^{\pi_\theta}(s_{t+1}) - V^{\pi_\theta}(s_t)\right)\right]
\end{aligned} \tag{8-84}
$$

将时序差分残差定义为优势函数 A。基于式（8-84），可以得出新旧策略的目标函数之间的差距：

$$
\begin{aligned}
J(\theta') - J(\theta) &= E_{s_0}\left[V^{\pi_{\theta'}}(s_0)\right] - E_{s_0}\left[V^{\pi_\theta}(s_0)\right] \\
&= E_{\pi_{\theta'}}\left[\sum_{t=0}^{\infty}\gamma^t r(s_t, a_t)\right] + E_{\pi_{\theta'}}\left[\sum_{t=0}^{\infty}\gamma^t\left(\gamma V^{\pi_\theta}(s_{t+1}) - V^{\pi_s}(s_t)\right)\right] \\
&= E_{\pi_{\theta'}}\left[\sum_{t=0}^{\infty}\gamma^t\left(r(s_t, a_t) + \gamma V^{\pi_\theta}(s_{t+1}) - V^{\pi_\theta}(s_t)\right)\right] \\
&= E_{\pi_{\theta'}}\left[\sum_{t=0}^{\infty}\gamma^t A^{\pi_\theta}(s_t, a_t)\right] \\
&= \sum_{t=0}^{\infty}\gamma^t E_{s_t \sim P_{\pi_{\theta'}}} E_{a \sim \pi_{\theta'}(\cdot \mid s)}\left[A^{\pi_\theta}(s, a_t)\right] \\
&= \frac{1}{1-\gamma} E_{s_t \sim \nu_{\pi_{\theta'}}} E_{a \sim \pi_{\theta'}(\cdot \mid s)}\left[A^{\pi_\theta}(s, a_t)\right]
\end{aligned} \tag{8-85}
$$

由式（8-85）可知，只要能找到一个新策略，使得 $E_{s_t \sim P_{\pi_{\theta'}}} E_{a \sim \pi_{\theta'}(\cdot \mid s)}\left[A^{\pi_{\theta'}}(s, a_t)\right] \geqslant 0$，就可以保证策略性能的单调递增。但是对该问题的直接求解是很困难的，因为 $\pi_{\theta'}$ 是需要求解的策略，但是又要用其收集样本。于是，在 TRPO 中，使用了进一步的近似操作，对状态访问分布进行了相应处理：忽略两个策略之间的状态访问分布变化，直接采用旧的策略 π_θ 的状态分布，定义如下所示的替代优化目标：

$$
L_\theta(\theta') = J(\theta) + \frac{1}{1-\gamma} E_{s \sim \nu_{\pi_\theta}} E_{a \sim \pi_{\theta'}(\cdot \mid s)}\left[A^{\pi_\theta}(s, a)\right] \tag{8-86}
$$

当新旧策略非常接近时，状态访问分布变化很小，这么近似是合理的，其中动作仍然用新策略采样得到。可以用重要性采样的方法对动作分布进行处理，将式（8-86）转化为下式：

$$
L_\theta(\theta') = J(\theta) + E_{s \sim \nu_{\pi_\theta}} E_{a \sim \pi_{\theta'}(\cdot \mid s)}\left[\frac{\pi_{\theta'}(a \mid s)}{\pi_\theta(a \mid s)} A^{\pi_\theta}(s, a)\right] \tag{8-87}
$$

基于式（8-87），就可以基于旧策略 π_θ 已经采样出的数据来估计并优化新策略 $\pi_{\theta'}$ 了。为了确保新旧策略差距不大，TRPO 使用 KL 散度来衡量策略之间的距离，并给出整体优化问题：

$$
\max_{\theta'} L_\theta(\theta')
$$

$$\text{s. t. } E_{s\sim\nu^{\pi_{\theta_k}}}\left[D_{\text{KL}}\left(\pi_{\theta_k}(\,\cdot\,|\,s)\,,\pi_{\theta'}(\,\cdot\,|\,s)\right)\right]\leqslant\delta \tag{8-88}$$

式（8-88）中的约束将新策略约束在一个半径为 δ 的区域，这个区域被称为信任区域。直接对式（8-88）所示的问题进行求解是较为困难的，为此，可以通过泰勒展开对其中的一些较难求解的项进行近似，如下所示

$$E_{s\sim\nu^{\pi_\theta}}E_{a\sim\pi_{\theta'}(\,\cdot\,|\,s)}\left[\frac{\pi_{\theta'}(a\,|\,s)}{\pi_\theta(a\,|\,s)}A^{\pi_\theta}(s,a)\right]\approx g^T(\theta'-\theta_k)$$

$$E_{s\sim\nu^{\pi_{\theta_k}}}\left[D_{\text{KL}}\left(\pi_{\theta_k}(\,\cdot\,|\,s)\,,\pi_{\theta'}(\,\cdot\,|\,s)\right)\right]\approx\frac{1}{2}(\theta'-\theta_k)^T\boldsymbol{H}(\theta'-\theta_k) \tag{8-89}$$

式中，$g=\nabla_{\theta'}E_{s\sim\nu^{\pi_\theta}}E_{a\sim\pi_{\theta'}(\,\cdot\,|\,s)}\left[\dfrac{\pi_{\theta'}(a\,|\,s)}{\pi_\theta(a\,|\,s)}A^{\pi_\theta}(s,a)\right]$ 为目标函数的梯度；$\boldsymbol{H}$ 为 $E_{s\sim\nu^{\pi_{\theta_k}}}\big[D_{\text{KL}}$ $(\pi_{\theta_k}(\,\cdot\,|\,s)\,,\pi_{\theta'}(\,\cdot\,|\,s))\big]$ 的 Hessian 矩阵。于是优化问题式（8-88）可以修改为

$$\theta_{k+1}=\underset{\theta'}{\text{argmax}}\,g^T(\theta'-\theta_k)$$

$$\text{s. t. } \frac{1}{2}(\theta'-\theta_k)^T H(\theta'-\theta_k)\leqslant\delta \tag{8-90}$$

使用 KKT 条件可以直接求出式（8-90）的解，如下所示

$$\theta_{k+1}=\theta_k+\sqrt{\frac{2\delta}{g^T H^{-1}g}}\boldsymbol{H}^{-1}g \tag{8-91}$$

1. 共轭梯度法

上述计算中使用到了 Hessian 矩阵的逆 $\boldsymbol{H}^{-1}$，对于有成千上万的参数的神经网络，计算 Hessian 矩阵的逆所消耗的内存资源与时间资源是十分巨大的。TRPO 中使用共轭梯度法回避了这个问题。在共轭梯度法中，直接计算 $x=\boldsymbol{H}^{-1}g$ 来确定参数更新方向。假设满足 KL 距离约束的参数更新时的最大步长为 β，于是有 $\frac{1}{2}(\beta x)^T H(\beta x)=\delta$，得到 $\beta=\sqrt{\dfrac{2\delta}{x^T Hx}}$。此时，参数更新方式为 $\theta_{k+1}=\theta_k+\beta x$。在实际中，$\boldsymbol{H}$ 是一个正定矩阵，于是可以用共轭梯度法来求解。共轭梯度法求解过程如算法 8-6 所示。

算法 8-6：共轭梯度法

输入：循环次数 N，较小量 ϵ

输出：x_{N+1}

1　初始化 $r_0=g-Hx_0$，$p_0=r_0$，$x_0=0$；

2　for $k=0\rightarrow N$ do

3　　$\alpha_k=\dfrac{r_k^T r_k}{p_k^T Hp_k}$；

4　　$x_{k+1}=x_k+\alpha_k p_k$；

5　　$r_{k+1}=r_k-\alpha_k Hp_k$；

6　　if $r_{k+1}^T r_{k+1}\leqslant\varepsilon$ then

7　　　break；

8　　$\beta_k=\dfrac{r_{k+1}^T r_{k+1}}{r_k^T r_k}$；

9　　$p_{k+1}=r_{k+1}+\beta_k p_k$；

10　return x_{N+1}；

---

2. 线性搜索

由于上述的 TRPO 算法中用到了泰勒展开的 1 阶和 2 阶近似，近似误差可能会导致 θ' 不优于 θ_k 或者基于 KL 散度的约束不能很好地被满足。为了解决上述问题，TRPO 在每次迭代的最后进行一次线性搜索：找到一个最小的非负整数 i，使得按照式（8-92）求出的 θ_{k+1} 依然满足最初的 KL 散度限制，并且确实能够提升目标函数 L_{θ_k}，其中 $\alpha \in (0,1)$ 是一个决定线性搜索长度的超参数。

$$\theta_{k+1} = \theta_k + \alpha^i \sqrt{\frac{2\delta}{x^T H x}} x \tag{8-92}$$

3. 广义优势估计

广义优势估计（Generalized Advantage Estimation，GAE）的方法被用来估计优势函数 A。首先，用 $\delta_t = r_t + \gamma V(s_{t+1}) - V(s_t)$，其中 V 是一个已经学习的状态价值函数。根据多步时序差分的思想，有式（8-93）：

$$
\begin{aligned}
A_t^{(1)} &= \delta_t & &= -V(s_t) + r_t + \gamma V(s_{t+1}) \\
A_t^{(2)} &= \delta_t + \gamma \delta_{t+1} & &= -V(s_t) + r_t + \gamma r_{t+1} + \gamma^2 V(s_{t+2}) \\
&\quad\vdots & &\qquad\qquad\vdots \\
A_t^{(k)} &= \sum_{l=0}^{k-1} \gamma^l \delta_{t+l} & &= -V(s_t) + r_t + \gamma r_{t+1} + \cdots + \gamma^{k-1} r_{t+k-1} + \gamma^k V(s_{t+k})
\end{aligned} \tag{8-93}
$$

然后，GAE 将这些不同步数的优势估计进行指数加权平均。

$$
\begin{aligned}
A_t^{\text{GAE}} &= (1-\lambda)\left(A_t^{(1)} + \lambda A_t^{(2)} + \cdots\right) \\
&= (1-\lambda)\left(\delta_t + \lambda(\delta_t + \gamma \delta_{t+1}) + \cdots\right) \\
&= (1-\lambda)\left(\delta(1 + \lambda + \lambda^2 + \cdots) + \gamma \delta_{t+1}(\lambda + \lambda^2 + \lambda^3 + \cdots) + \cdots\right) \\
&= (1-\lambda)\left(\delta_t \frac{1}{1-\lambda} + \gamma \delta_{t+1} \frac{\lambda}{1-\lambda} + \cdots\right) \\
&= \sum_{l=0}^{\infty} (\gamma\lambda)^l \delta_{t+l}
\end{aligned} \tag{8-94}
$$

其中 $\lambda \in [0,1]$ 是一个超参数，当其等于 0 时 $A_t^{\text{GAE}} = \delta_t = r_t + \gamma V(s_{t+1}) - V(s_t)$，也仅仅只看一步差分得到的优势；当其等于 1 时 $A_t^{\text{GAE}} = \sum_{l=0}^{\infty} \gamma^l r_{t+l} - V(s_t)$，则是看每一步差分得到优势的完全平均值。

TRPO 算法的流程如算法 8-7 所示。

算法 8-7：TRPO 算法
1　初始化策略参数网络 θ，价值网络参数 ω；
2　for 每个 episode do
3　　　用当前策略 π_θ 采样轨迹 $\{s_1, a_1, r_1, s_2, a_2, r_2, \cdots\}$；
4　　　使用 GAE 估计每个状态动作对的优势 $A(s_t, a_t)$；
5　　　计算策略目标函数的梯度 g；
6　　　用共轭梯度法计算 x；
7　　　用线性搜索找到一个 i 值，并按照式（8-92）更新策略网络参数；
8　　　更新价值网络参数；

8.5.3 近端策略优化算法

在前一节介绍 TRPO 算法的过程中，可以发现它的计算过程非常复杂，每一步更新的运算量非常大。为此，提出了近端策略优化（Proximal Policy Optimization，PPO）算法，PPO 基于 TRPO 的思想，但是其算法实现更加简单。并且大量的实验结果表明，与 TRPO 相比，PPO 能学习得一样好（甚至更快），这使得 PPO 成为非常流行的强化学习算法。

PPO 与 TRPO 有相同的优化目标［式（8-89）］，但 PPO 用了相对简单的方法来求解[20]。具体来说，PPO 在目标函数中进行限制，保证新旧参数差距不会太大，即

$$\underset{\theta}{\arg\max}J(\theta)=E_{s\sim\nu^{\pi_{\theta_k}}}E_{a\sim\pi_{\theta_k}(\cdot\mid s)}\left[\min\begin{pmatrix}\dfrac{\pi_\theta(a\mid s)}{\pi_{\theta_k}(a\mid s)}A^{\pi_{\theta_k}}(s,a),\\[2mm]\mathrm{clip}\left(\dfrac{\pi_\theta(a\mid s)}{\pi_{\theta_k}(a\mid s)},1+\varepsilon,1-\varepsilon\right)\cdot A^{\pi_{\theta_k}}(s,a)\end{pmatrix}\right] \tag{8-95}$$

式中，$\mathrm{clip}(x,l,r)=\max[\min(x,r),l]$ 是截断函数，将 x 限制在 $[l,r]$ 内。对于正的 $A^{\pi_{\theta_k}}(s,a)$，说明这个动作的价值高于平均，最大化这个式子会增大 $\pi_\theta(a\mid s)/\pi_{\theta_k}(a\mid s)$，但是不会让其超过 $1+\varepsilon$；同理，对于负的 $A^{\pi_{\theta_k}}(s,a)$，$\pi_\theta(a\mid s)/\pi_{\theta_k}(a\mid s)$ 会被最小化，但是不会让其小于 $1-\varepsilon$。PPO 截断示意图如图 8-8 所示。

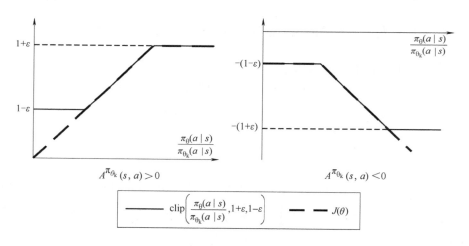

图 8-8 PPO 截断示意图

8.5.4 深度确定性策略梯度算法

上两节介绍的 TRPO 和 PPO 算法都是 On-policy 算法，这意味着它们的样本效率比较低。而之前介绍的 DQN 算法由于需要从所有动作中挑选一个 Q 值最大的动作，故只能处理动作空间有限的环境。为了使用 Off-policy 的思想来处理动作空间无限的环境，研究者提出了深度确定性策略梯度（Deep Deterministic Policy Gradient，DDPG）算法。DDPG 算法构造一个确定性策略，用梯度上升的方法来最大化值。并且它学习的是一个确定性的策略。DDPG 算法结构示意图如图 8-9 所示。

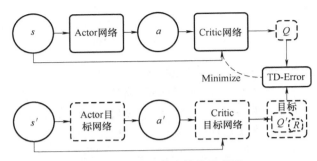

图 8-9　DDPG 算法结构示意图

对于确定性的策略，可以记为 $a=\mu_\theta(s)$。基于此可以推导出确定性策略梯度定理：

$$\nabla_\theta J(\pi_\theta)=E_{s\sim\nu\pi_\beta}\Big[\ \nabla_\theta\mu_\theta(s)\ \nabla_a Q_w^\mu(s,a)\ \big|\ _{a=\mu(s)}\Big]\tag{8-96}$$

式中，π_β 是用来收集数据的行为策略。假设现在已经有函数 Q，给定一个状态 s，但由于现在动作空间是无限的，无法通过遍历所有动作来得到 Q 值最大的动作，因此我们想用策略 μ 找到使 $Q(s,a)$ 值最大的动作 a。此时，Q 是 Critic，μ 是 Actor，这便是一个 Actor-Critic 框架，如图 8-9 所示。DDPG 算法中用到了四个神经网络，其中 Actor 和 Critic 各用一个网络，此外它们都各自有一个目标网络。在 DDPG 中，更新目标网络的方式与 DQN 中不同：DDPG 更新目标网络时选择原网络参数与原目标网络连线上一点作为新的目标网络的参数，即

$$w^-\leftarrow\tau w+(1-\tau)w^-\tag{8-97}$$

DDPG 的具体流程如算法 8-8 所示。

算法 8-8：DDPG 算法

1　随机初始化 Critic 网络 $Q_w(s,a)$ 和 Actor 网络 $\mu_\theta(s)$；

2　复制参数到各自的目标网络 $w^-\leftarrow w$，$\theta^-\leftarrow\theta$；

3　初始化经验回放池 R；

4　for 每个 episode do

5　　获取环境初始状态 s_1；

6　　for $t=1\rightarrow T$ do

7　　　根据当前策略和噪声选择动作 $a_t=\mu_\theta(s_t)+N$（N 为随机噪声）；

8　　　执行动作 a_t，获得奖励 r_t，环境状态变为 s_{t+1}；

9　　　将数据 (s_t,a_t,r_t,s_{t+1}) 存入回放池 R；

10　　if R 中数据量充足 then

11　　　从 R 中采样 N 个数据 $\{(s_t,a_t,r_t,s_{t+1})\}_N$；

　　　　对每个元组，用目标网络计算 $y_i=r_i+\gamma Q_{w^-}(s_{i+1},\mu_{\theta^-}(s_{i+1}))$；

12　　　最小化目标损失 $L=\dfrac{1}{N}\displaystyle\sum_{i=1}^{N}(y_i-Q_w(s_i,a_i))^2$，以此更新当前 Critic 网络；

13　　　计算采样的策略梯度，以此更新当前 Actor 网络：

　　　　$\nabla_\theta J\approx\dfrac{1}{N}\displaystyle\sum_{i=1}^{N}\ \nabla_\theta\mu_\theta(s_i)\ \nabla_a Q_w(s_i,a)\ \big|\ _{a=\mu_\theta(s_i)}$；

14　　　更新目标网络：$w^-\leftarrow\tau w+(1-\tau)w^-$，

　　　　$\theta^-\leftarrow\tau\theta+(1-\tau)\theta^-$；

8.6　模仿强化学习

强化学习训练智能体的过程十分依赖奖励函数的设置。在很多现实场景中，奖励信号是极其稀疏的，此时对奖励函数的设计需要大量的实验和丰富的经验。但是如果存在一个专家智能体，其策略可以看成最优策略，那么便可以直接模仿这个专家在环境中交互的状态动作数据来训练一个策略而不需要环境反馈的奖励信号，这便是模仿学习研究的问题。本节将主要介绍行为克隆方法、逆向强化学习方法和生成式对抗模仿学习方法。

8.6.1　行为克隆

行为克隆就是直接使用监督学习方法，将专家数据 (s_t, a_t) 中的 s_t 作为输入，a_t 作为标签，学习目标如下所示

$$\theta^* = \underset{\theta}{\arg\min} E_{(s,a)\sim B}\left[L(\pi_\theta(s), a)\right] \tag{8-98}$$

式中，B 是专家的数据集；L 是对应监督学习框架下的损失函数。当 B 中数据量足够大的时候，行为克隆能够很快地学习到一个不错的策略。例如，围棋人工智能 AlphaGo 就是首先在 16 万盘棋局的 3000 万次落子数据中学习人类选手是如何下棋的，仅仅凭这个行为克隆方法，AlphaGo 的棋力就已经超过了很多业余围棋爱好者。由于行为克隆的实现十分简单，因此在很多实际场景下它都可以作为策略预训练的方法，能够帮助智能体无需在较差时仍然低效地通过和环境交互来探索较好的动作，为接下来的强化学习创造一个高起点。

相对地，在 B 中数据量较小时行为克隆的局限性明显。具体来说，由于通过行为克隆学习得到的策略只是拿小部分专家数据进行训练，因此行为克隆只能在专家数据的状态分布下预测得比较准。然而，面对贯续决策问题通过行为克隆学习得到的策略在和环境交互过程中不可能完全学成最优，只要存在一点偏差，就有可能导致下一个遇到的状态是在专家数据中没有见过的。在这种情况下，智能体会选择一个随机动作，进一步导致下一个状态更加偏离专家数据集。这被称为行为克隆的复合误差问题，如图 8-10 所示。

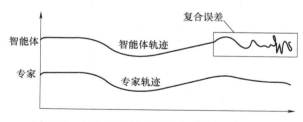

图 8-10　行为克隆带来的复合误差问题示意图

8.6.2　逆向强化学习

逆向强化学习是模仿学习中的重要方法。逆向强化学习与行为克隆相似，也需要专家行为作为参照。但是逆向强化学习没有单纯地模仿专家轨迹，而是先根据专家轨迹推理出奖励函数，再根据奖励函数去优化行为策略（即正向强化学习）。

1. 最大熵逆向强化学习

在推理奖励函数的方法中，有一种用概率思维推理的方式：最大熵逆向强化学习。这种方法中会将奖励函数参数化，即 $R_\varphi(\tau) = \sum_t r_\varphi(s_t, a_t)$，其中 φ 为参数，$\tau = \{s_1, a_1, \cdots, s_t, a_t, \cdots, s_\mathrm{T}\}$ 为轨迹。用 $D: \{\tau_i\} \sim \pi^*$ 表示已知的专家轨迹。最大熵逆向强化学习的优化目标是学习一个好的参数 φ^*，使专家轨迹 $\tau \in D$ 在该参数下的 log-概率值最大，即

$$\max_\varphi \left\{ L(\varphi) = \sum_{\tau \in D} \log\left(\frac{1}{Z} e^{R_\varphi(\tau)} \right) \right\} \tag{8-99}$$

式中，$Z = \int e^{R_\varphi(\tau)} \mathrm{d}\tau$，也被称作隔断函数。为了方便问题的求解，可以对 $L(\varphi)$ 做如式（8-100）所示的变形，其中 M 为 D 中专家轨迹数量。

$$
\begin{aligned}
L(\varphi) &= \sum_{\tau \in D} \log\left(\frac{1}{Z} e^{R_\varphi(\tau)} \right) \\
&= \sum_{\tau \in D} R_\varphi(\tau) - M\log Z \\
&= \sum_{\tau \in D} R_\varphi(\tau) - M\log \sum_\tau e^{R_\varphi(\tau)}
\end{aligned}
\tag{8-100}
$$

$L(\varphi)$ 的梯度为

$$\nabla_\varphi L(\varphi) = \sum_{\tau \in D} \frac{\mathrm{d}R_\varphi(\tau)}{\mathrm{d}\varphi} - M \underbrace{\frac{1}{\sum_\tau e^{R_\varphi(\tau)}} \sum_\tau e^{R_\varphi(\tau)} \cdot \frac{\mathrm{d}R_\varphi(\tau)}{\mathrm{d}\varphi}}_{①} \tag{8-101}$$

式（8-101）中的①是在该参数下轨迹出现的概率，即状态 s 被访问的概率 $P(s \mid \varphi)$。故式（8-101）可以被写为如下所示的形式：

$$\nabla_\varphi L(\varphi) = \sum_{\tau \in D} \frac{\mathrm{d}R_\varphi(\tau)}{\mathrm{d}\varphi} - M \sum_s P(s \mid \varphi) \frac{\mathrm{d}R_\varphi(\tau)}{\mathrm{d}\varphi} \tag{8-102}$$

可以用动态规划的方法计算 $P(s \mid \varphi)$：定义在时间 t 访问到状态 s 的概率为 $\mu_t(s)$；从 $t = 1$ 开始计算，在下一个时间步状态 s' 被访问的概率为 $\mu_{t+1}(s) = \sum_a \sum_s \mu_t(s)\pi(a \mid s)P(s' \mid s, a)$，只要知道了最优策略 $\pi(a \mid s)$ 的状态转移方程 $P(s' \mid s, a)$，就能求得所有被访问过的 $\mu_t(s)$，从而通过经验平均的方式得到 $P(s \mid \varphi)$。最大熵逆强化学习算法如算法 8-9 所示。

算法 8-9：最大熵逆强化学习算法

输入：专家数据 D

输出：最优参数 φ^*

1　初始化参数 φ；

2　for $\nabla_\varphi L(\varphi) > \varepsilon$ do

3　　基于当前参数 φ 求解最优策略 $\pi_\varphi(a \mid s)$；

4　　求解状态访问概率 $P(s \mid \varphi)$；

5　　基于式（8-102）计算目标函数的梯度值；

6　　更新 $L(\varphi)$；

---

2. 指导性成本学习

在最大熵逆强化学习中，$P(s \mid \varphi)$ 的计算依赖于当下的最优策略 $\pi_\varphi(a \mid s)$ 和环境动力学

$P(s'|s,a)$，并且依靠离散的动态规划迭代产生。对于高维的复杂任务，或是环境动力学未知的情况，上一节介绍的最大熵逆强化学习便不适用了，为此，在此介绍指导性成本学习方法。

在环境动力学未知的情况下，可以采取采样的方法，先学习出当前奖励设定下的最优策略，再通过该策略采集 $\{\tau\}$ 做无偏估计，即式（8-102）可以修改为如下所示的形式：

$$\nabla_\varphi L \approx \frac{1}{N}\sum_{i=1}^{N}\nabla_\varphi r_\varphi(\tau_i) - \frac{1}{M}\sum_{j=1}^{M}\nabla_\varphi r_\varphi(\tau_j) \tag{8-103}$$

基于采样的目标函数梯度的估计存在偏差，于是引入重要性采样来克服这个问题，即将式（8-103）修改为如下所示的形式：

$$\nabla_\varphi L \approx \frac{1}{N}\sum_{i=1}^{N}\nabla_\varphi r_\varphi(\tau_i) - \frac{1}{\sum_j w_j}\sum_{j=1}^{M}w_j\ \nabla_\varphi r_\varphi(\tau_j) \tag{8-104}$$

式中，w_j 为轨迹 τ_j 对应的权重，其计算方法如下所示

$$w_j = \frac{P(\tau)\,\mathrm{e}^{r_\varphi(\tau_j)}}{\pi(\tau_j)} = \frac{P(s_1)\prod_t P(s_{t+1}|s_t,a_t)\,\mathrm{e}^{r_\varphi(s_t,a_t)}}{P(s_1)\prod_t P(s_{t+1}|s_t,a_t)\pi_\varphi(a_t|s_t)} = \frac{\mathrm{e}^{\sum_{t'}r_\varphi(s_t,a_t)}}{\prod_t \pi_\varphi(a_t|s_t)} \tag{8-105}$$

8.6.3 生成式对抗模仿学习

生成式对抗模仿学习是一种基于生成式对抗网络的模仿学习方式，它诠释了生成式对抗网络的本质其实就是模仿学习。在本质上，生成式对抗模仿学习是在模仿专家策略的占用度量 $\rho_E(s,a)$。占用度量代表了动作状态对 (s,a) 被访问到的概率，其定义如下所示

$$\rho^\pi(s,a) = (1-\gamma)\sum_{t=0}^{\infty}\gamma^t P_t^\pi(s)\pi(a|s) \tag{8-106}$$

为了尽量使得策略在环境中的所有状态动作对 (s,a) 的占用度量 $\rho_\pi(s,a)$ 和专家策略的占用度量 $\rho_E(s,a)$ 一致，策略需要和环境进行交互，收集下一个状态的信息并进一步做出动作。生成式对抗模仿学习算法中有一个判别器和一个策略，其中判别器 D 将状态动作对作为输入，输出一个 $0\sim1$ 之间的实数，表示判别器认为该状态动作对是来自智能体策略而非专家的概率。判别器 D 的目标是尽量将专家数据的输出靠近 0，将模仿者策略的输出靠近 1，这样就可以将两组数据分辨开来。为此，D 的损失函数如下所示

$$L(\phi) = -E_{\rho_\pi}\big[\log D_\phi(s,a)\big] - E_{\rho_E}\big[\log(1-D_\phi(s,a))\big] \tag{8-107}$$

式中，ϕ 为判别器 D 的参数。于是，可以用判别器的输出作为奖励函数来训练模仿者策略。具体来说，若模仿者策略在环境中采样到状态 s，并且采取动作 a，此时该状态动作对 (s,a) 会输入判别器 D 中，基于输出的值 $D(s,a)$ 便可以构造奖励函数，例如 $r(s,a) = -\log D(s,a)$。之后便可以用任意的强化学习算法使用这些数据继续训练模仿者策略。最后，在对抗过程不断进行后，模仿者策略生成的数据分布将接近

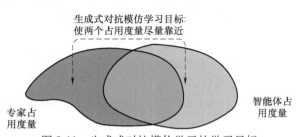

图 8-11　生成式对抗模仿学习的学习目标

真实的专家数据分布，达到模仿学习的目标。生成式对抗模仿学习的学习目标如图 8-11 所示，算法结构示意图如图 8-12 所示。

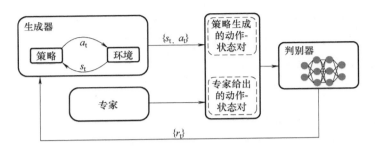

图 8-12 生成式对抗模仿学习算法结构示意图

8.7 集成强化学习

在机器学习中，学习的目标是输出一个稳定的且在各个方面表现较好的模型，但是一般来说通过多次训练只能得到多个偏好的模型（即在某些方面表现较好）。集成学习就是期望对多个偏好的模型进行组合，得到一个更好的模型。在强化学习中，可以借助集成强化学习的方法，实现智能体的并行训练及并行决策。

8.7.1 Bootstrapped DQN

Bootstrapped DQN 算法是用 Bootstrap 修改 DQN 以近似 Q 值的分布。其中 Bootstrap 方法是一种有放回的抽样方法，通过多次的抽样实验得出统计量，并据此计算出统计量的置信区间。在 Bagging 方法中，利用 Bootstrap 方法从整体数据集中采取有放回抽样得到 N 个数据集，在每个数据集上学习出一个模型，最后的输出结果利用 N 个模型的输出得到。在每个周期开始时，Bootstrapped DQN 从其近似后验中采样单个 Q 值函数。然后，智能体遵循在整个事件期间对该样本最优的策略。

Bootstrapped DQN 通过并行构建了 K 个数据集 $D_i,i=1,2,\cdots,K$，然后用如图 8-13 所示的结构中的 K 个 Head 分别基于不同的数据集进行训练。其中每一个函数头 $Q_i(s,a\,|\,\theta)$ 都有各自的目标神经网络 $Q_i(s,a\,|\,\theta^-)$，即每个 Head 通过时序差分提供了值不确定性的扩展（和一致）估计。Bootstrapped DQN 的过程如算法 8-10 所示。其中 $m_t\in\{0,1\}$ 采样自伯努利分布，在最终训练过程中会根据 m_t 确定智能体是否要参考该步产生的样本。

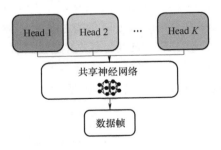

图 8-13 共享神经网络结构

算法 8-10：Bootstrapped DQN

输入：值函数神经网络 Q。Mask 分布 M。

1　初始化 B 作为经验回放池；

2　for 每个 episode do

3　　确定初始状态 s_0；

4　　随机选择一个值函数 k 来进行动作；

5　　for $t=1$ 直到 episode 结束 do

6　　　选择动作 $a_t \in \mathrm{argmax}_a Q_k(s_t, a)$；

7　　　执行动作 a_t，获得状态 s_{t+1} 及奖励值 r_t；

8　　　采样 Bootstrap Mask $m_t \sim M$；

9　　　将 $(s_t, a_t, r_t=1, s_{t+1}, m_t)$ 存入 B；

8.7.2　SUNRISE

SUNRISE 是 A Simple Unified Framework for Ensemble Learning in Deep Reinforcement Learning 的简称。可以看出，SUNRISE 的核心思想是通过集成学习的方式实现稳定的强化学习。SUNRISE 并不是一个独立的算法，而是一个算法框架，本节中将以 SAC 算法为例讲解 SUNRISE 算法的过程。

SAC 算法结构示意图如图 8-14 所示。对于缓存池（Buffer）B 中的数据，Critic 的目标是对于一个状态 s，尽量预估出准确的期望价值。SAC 算法的特点在于除了传统的 $Q_\theta(s_t, a_t)$ 之外还有一个与交叉熵相关的项 $-\alpha\log\pi_\phi(a_t \mid s_t)$。SAC 希望智能体在获得高收益的同时保持较高的随机性，为此 Critic 训练的目标函数将期望收益与交叉熵项相加作为最终的期望收益，如下所示。其中 $\tau_t = (s_t, a_t, r_t, s_{t+1})$。

$$L_{\mathrm{Critic}}^{\mathrm{SAC}}(\theta) = E_{\tau_t \sim B}\left[L_Q(\tau_t, \theta) \right] \qquad (8\text{-}108)$$

$$L_Q(\tau_t, \theta) = \left(Q_\theta(s_t, a_t) - r_t - \gamma\overline{V}(s_{t+1}) \right)^2 \qquad (8\text{-}109)$$

$$\overline{V}(s_{t+1}) = E_{a_t \sim \pi_\phi}\left[Q_{\overline{\theta}}(s_t, a_t) - \alpha\log\pi_\phi(a_t \mid s_t) \right] \qquad (8\text{-}110)$$

Actor 的损失函数也包含两个项，与上面的 Critic 部分相同，Actor 的优化目标也是期望智能体在具有较好的随机性的情况下达到最高收益。Actor 的优化目标如下所示

$$L_{\mathrm{Actor}}^{\mathrm{SAC}}(\phi) = E_{s_t \sim B}\left[L_\pi(s_t, \phi) \right] \qquad (8\text{-}111)$$

$$L_\pi(s_t, \phi) = E_{a_t \sim \pi_\phi}\left[\alpha\log\pi_\phi(a_t \mid s_t) - Q_\theta(s_t, a_t) \right] \qquad (8\text{-}112)$$

SAC 算法中使用了 Weighted-Bellman Backup 的方法衡量不同的状态的重要程度。具体来说，Weighted-Bellman Backup 的想法是如果某个状态的 Q 值预估值方差较大，那么就证明这次预估的 Q 值是一个有较大噪声的预估收益，因此在更新贝尔曼方程的时候就需要对这个 (s, a) 样本进行降权处理。权重的计算方法如下所示

$$w(s, a) = \sigma\left(-\overline{Q}_{\mathrm{std}}(s, a) T \right) + 0.5 \qquad (8\text{-}113)$$

式中，$\sigma(\,\cdot\,)$ 为 sigmoid 函数；$\overline{Q}_{\mathrm{std}}(s, a)$ 为所有目标 Q 函数的经验标准差，$T>0$。

该权重的取值范围是 $[0.5, 1]$。基于此权重值可以构建用于更新 Q 函数的目标函数，如下所示

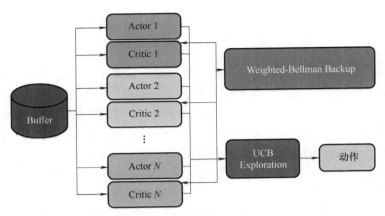

图 8-14　SAC 算法结构示意图

$$L_{\mathrm{WQ}}(\tau_t,\theta_i)=w(s_{t+1},a_{a+1})\left(Q_{\theta_i}(s_t,a_t)-r_t-\gamma\overline{V}(s_{t+1})\right)^2 \tag{8-114}$$

SAC 中基于估计的 Q 值函数的预测均值和方差，使用 UCB Exploration 的方法计算出最合适的探索动作，如下所示

$$a_t=\underset{a}{\mathrm{argmax}}\left[Q_{\mathrm{mean}}(s_t,a)+\lambda Q_{\mathrm{std}}(s_t,a)\right] \tag{8-115}$$

式中，$Q_{\mathrm{mean}}(s_t,a)$ 和 $Q_{\mathrm{std}}(s_t,a)$ 是所有 Q 函数的经验均值与标准差，$\lambda>0$ 是一个超参数。使用 UCB Exploration 的方法可以通过添加探索奖励来鼓励探索未探索过的 (s,a)。SAC 算法的过程如算法 8-11 所示，其中 $B(\beta)$ 代表参数为 β 的伯努利分布。

算法 8-11：SAC 算法

1　for 每次迭代 do
2　　for 时间步 t do
　　　　//UCB Exploration
3　　　　收集 N 个动作样本：$\mathcal{A}_t=\{a_{t,i}\sim\pi_{\phi_i}(a\mid s_t)\mid i\in\{1,\cdots,N\}\}$；
4　　　　选择动作：$a_t=\underset{a_{t,i}\in A_t}{\mathrm{argmax}}\{Q_{\mathrm{mean}}(s_t,a_{t,i})+\lambda Q_{\mathrm{std}}(s_t,a_{t,i})\}$；
5　　　　执行动作 a_t 获得状态 s_{t+1} 和奖励 r_t；
6　　　　采样 Bootstrap Masks：$M_t=\{m_{t,i}\sim B(\beta)\mid i\in\{1,\cdots,N\}\}$；
7　　　　更新 Buffer：$B\leftarrow B\cup\{(\tau_t=\{s_t,a_t,s_{t+1},r_t\},M_t)\}$；
　　//更新智能体
8　for 每个更新步 do
9　　随机采样批量样本 $\{\tau_j,M_j\}_{j=1}^K\sim B$；
10　　for 每个智能体 do
11　　　　更新 Q 函数：$\min\dfrac{1}{K}\sum_{j=1}^K m_{j,i}L_{WQ}(\tau_j,\theta_i)$；
12　　　　更新策略：$\min\dfrac{1}{K}\sum_{j=1}^K m_{j,i}L_\pi(s_j,\phi_i)$；

8.8 总结

强化学习在近些年受到了很多关注，研究如何使智能体在与环境的交互中最大化其长期目标。本章介绍了强化学习领域的许多基础概念，并探讨了各个领域的最新进展。

在本章中，首先介绍了强化学习的概念，包括强化学习的目标，智能体与环境之间的交互以及智能体如何从环境中接收奖励信号。接着，介绍了马尔可夫过程，这是理解强化学习的基础。还讨论了马尔可夫过程、马尔可夫决策过程和值函数等基本概念。接下来深入探讨了基于价值的强化学习和基于策略的强化学习。还讨论了值函数和贝尔曼方程的重要性，介绍了各种基于值函数或策略的算法，并进行了必要的数学推导与证明。在深度强化学习中，描述了如何使用深度神经网络来估计值函数或策略。此外还介绍了强化学习与最新的深度学习技术相结合的内容，包括模仿强化学习、集成强化学习。

综上所述，本章提供了广泛而深入的强化学习知识，包括强化学习的基本概念、算法和应用。我们希望本章能够成为一个有用的参考资料，帮助读者了解强化学习的各个方面，并在自己的研究或实践中受益。同时，我们也认识到，随着人工智能技术的不断发展，强化学习仍然存在着很多挑战和困难。在未来的研究中，我们期待看到更多的创新和进步，不断推动强化学习领域的发展。

思考题

8.1 阐述强化学习中智能体与环境交互的过程。

8.2 有如图 8-15 所示的马尔可夫决策过程，策略 π 见表 8-2，假设折扣因子 $\gamma = 0.75$，试求每个动作的价值。

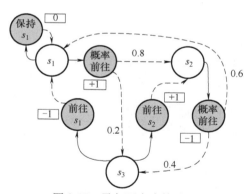

图 8-15 马尔可夫决策过程

表 8-2 策略 π

所处状态	动作 a	选择概率 $\pi(a\mid s)$
s_1	保持 s_1	0.4
	概率前往	0.6
s_2	概率前往	1.0
s_3	前往 s_1	0.5
	前往 s_2	0.5

8.3 有如图 8-16 所示的迷宫，智能体从圆圈处出发到达三角处。到达三角处可以立即获得奖励值 100，其余移动获得的奖励值均为 −1，假设折扣因子 $\gamma = 0.8$，学习率 $\alpha = 0.3$。在该环境下试求 Q-Learning 算法中的 Q 矩阵。

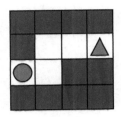

图 8-16 迷宫

8.4 假设有以 $\theta = [\theta_1, \theta_2]$ 为参数的策略 π_θ（见表 8-3），基于所示的马尔可夫决策过程，使用策略梯度算法计算最优策略对应的参数值。

表 8-3 策略 π_θ

所处状态	动作 a	选择概率 $\pi(a \mid s)$
s_1	保持 s_1	$0.4 + \theta_1$
	概率前往	$0.6 - \theta_1$
s_2	概率前往	1.0
s_3	前往 s_1	$0.5 + \theta_2$
	前往 s_2	$0.5 - \theta_2$

8.5 对比 DQN、DoubleDQN 和 DualDQN 之间的异同。

8.6 结合自己的专业背景，谈谈哪些数据能够作为专家数据。

8.7 为什么集成强化学习的表现优于普通的强化学习方法。

第 9 章

联邦学习

本章首先介绍了联邦学习的概念，接着介绍了隐私保护技术和激励机制，最后介绍了横向联邦学习、纵向联邦学习、联邦迁移学习三种基本技术。

9.1 联邦学习的概念

9.1.1 人工智能面临的挑战

2016 年是人工智能（Artificial Intelligence，AI）走向成熟的一年。随着 AlphaGo 击败人类顶尖的围棋棋手，AI 的巨大潜力被见证，人们开始期望有更多、更复杂、更先进的 AI 技术被应用在生活当中。近些年来，机器学习（Machine Learning，ML）无疑是 AI 应用领域的热点话题，在推荐系统、自然语言处理、语音识别、机器视觉等多领域中迅猛发展，并取得了不小的突破。需要注意的是，这些 AI 技术的成功应用，离不开大量数据的支撑。通过大数据的使用，这些 AI 系统才能够实现许多人类难以完成的任务。例如，2016 年 AlphaGo 总共使用了 30 万个棋局作为训练数据，最终取得出色的成绩；Facebook 公司的目标检测系统则利用来自 Instagram 的 3.5 亿张图像数据集进行训练得到。

遗憾的是，虽然已经有了诸如 AlphaGo 的 AI 技术成功应用的例子，但想要让此类大数据驱动型 AI 在我们生活的各个方面早日实现还是十分困难的。首当其冲的就是数据的获取。除少数行业外，大多数领域通常只能得到小数据，即数据有限或数据质量较差。因此，这一个个小数据就好像是数据海洋中的一个个孤立的小岛，无法聚合在一起发挥作用。那能否通过跨组织的数据传输，将一个个孤岛桥接起来，把数据融合在一个公共的站点中？这个想法很好，但实际上，要打破不同数据源之间的障碍在大多数情况下都是十分困难的。通常，任何 AI 项目中所需的数据都涉及多种类型。例如，在 AI 驱动的产品推荐服务中，产品卖方拥有有关产品的信息、用户购买的数据，但没有描述用户购买能力和付款习惯的数据。由于行业竞争、隐私安全和复杂的管理程序，即使同一公司的不同部门之间的数据集成也面临着巨大的阻力。因此，大数量、高质量的训练数据通常是很难获得的，所有 AI 技术研发应用者们不得不面对难以桥接的数据孤岛。

同时，随着大型公司对数据安全和用户隐私的妥协意识日益增强，对数据隐私和安全的重视已成为全球性的主要问题。在法律层面，法规制定者和监管机构正在考虑出台新的法律来规范数据的管理和使用，例如，欧盟于 2018 年 5 月 25 日实施的《通用数据保护条例》（General Data Protection Regulation，GDPR）；美国于 2020 年 1 月在加利福尼亚州实施的《加利福尼亚州消费者隐私法》（California Consumer Privacy Act，CCPA）；中国于 2017 年颁布的《中华人民共和国民法通则》和《中华人民共和国网络安全法》同样对数据的收集和处理提出了严格的约束和控制要求。这些法规的建立显然将有助于建立一个更加文明的社会，但也将给当今 AI 中普遍使用的数据交互带来新的挑战。

AI 中的传统数据处理模型通常涉及简单的数据交互模型，其中一方收集数据并将其传输到另一方，而另一方将负责整理和融合数据。最后，第三方将获取集成数据并构建模型，以供其他各方使用。模型通常是作为服务出售的最终产品。在如今的法律环境下，不同组织间的数据收集和分享工作会越来越困难，某些高度敏感的数据（例如，金融交易数据和医疗健康数据等）的拥有者也会极力反对无限制地使用这些数据进行训练。更关键的是，以往的传统程序面临着新数据法规和法律的挑战，我们的数据是孤立的孤岛形式，但是在许多情况下，我们被禁止在不同地方收集、融合和使用数据进行 AI 处理。如何合法地解决数据碎片和隔离问题是 AI 研究人员和从业人员面临的主要挑战。

9.1.2 联邦学习的定义

如上文所述，为了解决由数据孤岛所带来的模型训练问题，人们开始寻找一种不必将所有数据集中到一个中心储存点就能完成训练的方法。联邦学习（Federated Learning，FL）便应运而生，其核心思想是：每一个小数据源的所有者自己训练一个小模型，各个所有者交换模型信息，最终通过模型聚合得到一个全局模型。整个过程中不涉及所有者本身的数据交互，模型信息的交换过程也被精心设计，以保证用户隐私和数据安全。

联邦学习最初由 McMahan 等人[21]提出，作为一种通过移动设备的松散联邦解决学习任务的方法。然而，在单个位置不收集原始训练数据的训练模型的基本思想已被证明在其他实际场景中是有用的。例如由于机密性或法律限制而不能共享数据的企业或医疗机构，或边缘网络中的应用程序等。有鉴于此，Kairouz 等人[22]提出了更广泛的定义：联邦学习是一种机器学习方法，多个实体（客户端）在中央服务器或服务提供商的协调下协作解决机器学习问题。每个客户的原始数据都存储在本地，不进行交换或传输；相反，用于立即聚合的集中更新用于实现学习目标。

更一般地，假设有 N 个数据所有者 $\{F_1, F_2, \cdots, F_N\}$，他们希望用各自的数据 $\{D_1, D_2, \cdots, D_N\}$ 共同训练一个机器学习模型。传统方法是将所有的数据集合在一起得到 $D = D_1 \cup \cdots \cup D_N$，储存在一个中心储存点中，从而在该中心储存点上使用集中后的数据集 D 训练得到所需的模型 M_{SUM}。在传统方法中，任何数据所有者 F_i 都面临着将自己的数据 D_i 暴露给中心储存节点甚至其他数据所有者的风险。联邦学习方法则是每个数据所有者 F_i 利用自己的数据 D_i 训练小模型 M_i，利用这些小模型 $\{M_1, M_2, \cdots, M_N\}$ 交互聚合得到最终的模型 M_{FED}。在联邦学习方法中，任何数据所有者 F_i 都不会将其数据 D_i 暴露给其他人。设 ν_{SUM} 和 ν_{FED} 分别为模型 M_{SUM} 和 M_{FED} 的精度值，那么对于任意 $\delta > 0$，有

$$|\nu_{FED} - \nu_{SUM}| < \delta \tag{9-1}$$

则称联邦学习模型 M_{FED} 有 δ 的精度损失。

式（9-1）表述了以下客观事实：在分布式数据上利用联邦学习方法构建机器学习模型，这个模型在未来数据上的性能在一定程度上能逼近把所有数据集中一起训练所得到的模型性能。在某些场景下，相比于 δ 的精度损失，联邦学习所带来的数据安全性和隐私保护更有价值，所以联邦学习模型在性能上与集中训练模型的些许差距是可以接受的。

9.1.3　联邦学习的分类

令矩阵 $\boldsymbol{D}_i$ 表示每个数据所有者 i 持有的数据。矩阵的每一行代表一个样本，每一列代表一个特征。同时，某些数据集可能还包含标签数据，如财务字段中用户的信用、营销字段中用户的购买意愿等。我们将特征空间表示为 X，将标签空间表示为 Y，将样本 ID 空间表示为 I。特征空间 X、标签空间 Y 和样本 ID 空间 I 构成了完整的训练数据集 (I,X,Y)。数据参与方的特征和样本空间可能并不相同，根据特征和样本 ID 空间中各方之间的数据分布情况，将联邦学习分为横向联邦学习（Horizontal Federated Learning，HFL）、纵向联邦学习（Vertical Federated Learning，VFL）和联邦迁移学习（Federated Transfer Learning，FTL）[23]。

1. 横向联邦学习

横向联邦学习适用于各数据所有者的业务类型相似、所获得的数据特征有重叠而样本只有较少重叠或基本无重叠的场景。例如，各地区不同的商场拥有客户的购物信息大多类似，但是用户人群不同。两个数据所有者参与的横向联邦学习定义如图 9-1 所示。

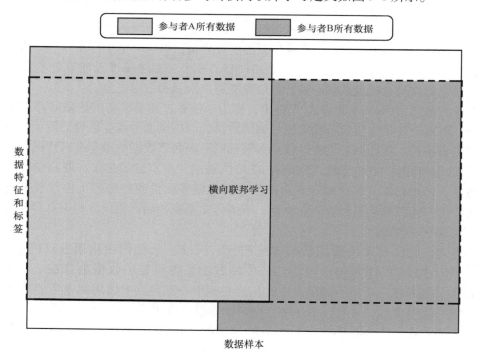

图 9-1　横向联邦学习定义

横向联邦学习以数据的特征维度为导向，取出各数据所有者数据中特征相同而用户不完全相同的部分进行联合训练。在此过程中，通过各数据所有者之间的样本联合，扩大了训练的样本空间，从而提升了模型的准确度和泛化能力。

2. 纵向联邦学习

纵向联邦学习适用于各数据所有者之间的数据样本空间重叠较多、而特征空间重叠较少或没有重叠的场景。例如，某区域内的银行和商场，由于地理位置相近，所服务的用户交叉较多，样本空间有大量重叠，但因为业务类型不同，用户的特征相差较大。两个数据所有者参与的纵向联邦学习定义如图 9-2 所示。

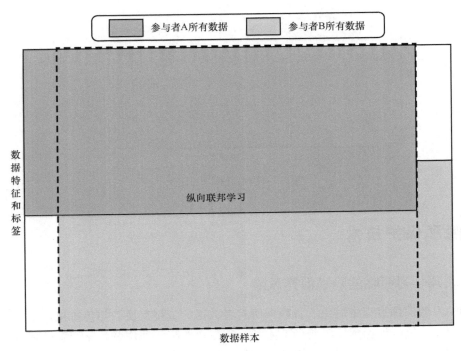

图 9-2　纵向联邦学习定义

纵向联邦学习是以共同数据样本为数据的对齐导向，取出数据所有者数据中样本相同而特征不完全相同的部分进行联合训练。因此，在联合训练时，需要先对各数据所有者数据进行样本对齐，获得样本重叠的数据，然后各自在被选出的数据集上进行训练。此外，为了保证非交叉部分数据的安全性，在系统级进行样本对齐操作，每个数据所有者只有基于本地数据训练的模型。

3. 联邦迁移学习

联邦迁移学习是对横向联邦学习和纵向联邦学习的补充，适用于各数据所有者彼此样本空间和特征空间都重叠较少的场景。例如，不同地区的银行和商场之间，样本空间和特征空间基本无重叠。在该场景下，采用横向联邦学习可能会产生比单独训练更差的模型，采用纵向联邦学习可能会产生负迁移的情况。两个数据所有者参与的联邦迁移学习定义如图 9-3 所示。

联邦迁移学习基于各数据所有者的数据或模型之间的相似性，将在原始域中学习的模型迁移到目标域中。大多采用原始域中的标签来预测目标域中的标签准确性。

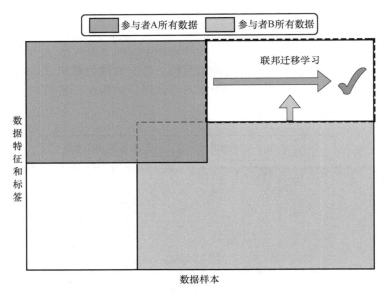

图 9-3　联邦迁移学习定义

9.2　隐私保护技术

9.2.1　联邦学习面临的隐私泄露风险

联邦学习的训练过程中避免了各数据所有者数据的直接交换，与传统机器学习方法的集中式训练相比，更好地保障了参与者的隐私。这是否意味着使用联邦学习就能使隐私绝对安全呢？当然不是，就联邦学习本身而言，其使用的技术并未提供全面充分的隐私保护，在整个工作流程中仍然面临着隐私泄露风险。

首先，虽然联邦学习采取交换抽象、可解释性低的模型信息的形式进行训练，但是这些模型信息是通过原始数据经过计算处理后得到的，仍然携带着原始数据的痕迹。这些原始数据痕迹暴露在所有参与训练的成员中，带来隐私泄露的风险。例如，通过对模型信息的推断，可以确定其是否来自于某个特定的数据所有者，或是根据模型信息利用梯度还原部分原始数据等。

其次，由于设备条件、地理位置等条件的不同，联邦学习过程中的各个参与者的身份真实性以及其所提供的通信内容可靠性都难以确认，这一不可确认性加剧了隐私泄露的风险。联邦学习过程中一旦出现了不可靠的参与者，所有数据所有者的信息极易泄露。例如，半诚实的参与者在遵守隐私协议的同时，也可以通过合法获得的模型信息去推断其他参与者的标签甚至是数据；更进一步地，恶意的参与者可以设计上传有害的信息诱导其他参与方暴露更多的所有数据，或者直接不遵守隐私协议并影响到整个联邦学习系统的隐私安全。

即使联邦学习的过程中隐私并未泄露，训练所得的模型本身同样面临着隐私泄露的风险。面临这种风险的原因是联邦学习或者说机器学习自身的脆弱性。机器学习模型的构建基于其训练过程中所使用的数据样本，一个机器学习模型需要对数据样本的规律充分挖掘才能保证其结果足够准确。在不断加强准确性的同时，模型的参数甚至是模型的结构"记住"数据样本细节的可能性也不断增加，使得最终得到的模型携带了原始数据的敏感信息。当模型发布后，攻击者可以通过模型公开的预测接口，不断进行查询，推测某个记录是否来自模型所使用的原始数据集、模型具体参数等，甚至根据模型的参数进一步推测该模型训练的参与者、使用的原始数据集的具体样本等。

由此可见，即使联邦学习的设计在一定程度上保护了隐私，但如果在联邦学习过程中不加保护，所有的参与者仍然面临着隐私泄露的风险。一旦隐私泄露发生，不仅仅是对数据所有者来说面临着数据泄露的严重损失，对于参与联邦学习的所有参与者来说也意味着彼此之间的信任被打破，再想继续合作进行模型训练变得十分困难。因此，我们必须对隐私保护技术有一定的了解，并在联邦学习过程中加以利用，降低隐私泄露的风险。

9.2.2　差分隐私

1. 差分攻击

介绍差分隐私前，我们要先了解一下其所针对的隐私攻击方式——差分攻击。

我们假设有一家医院，其公布信息说："我们有 100 个病人，其中 10 个感染 HIV。"如果攻击者知道了其中 99 个人是否患有 HIV 的信息，将这 99 个人的信息和医院公布的信息进行比对，就可以得知第 100 个人是否患有 HIV 的信息。医院本身发布的信息并未泄露任何隐私信息，仅仅是正常的统计信息公布，但还是导致了个人隐私的泄露。

我们再看一个例子：假设有一个体重数据库记录了三个人的体重，分别是 50kg、60kg、70kg，对外公布的接口只能够查询到数据库中体重的平均值。在张三登记前，查询得到一个平均体重数值；在张三登记后又进行一次查询，得到一个新的平均体重数值。经过简单的数学计算，就可以得到张三的体重数据。

这种对隐私的攻击行为就是差分攻击。

2. 差分隐私的定义

差分隐私的直观原理如图 9-4 所示。将数据集 D' 中 Alice 的数据换成另一个人的数据组成数据集 D'，如果攻击者无法判别信息 O 是来自于 D 还是 D'，那么我们可以认为 Alice 的隐私受到了保护。差分隐私要求任何被发布的信息都应当与上述信息 O 类似，应当避免被攻击者分辨出任何具体的个人信息。因此，差分隐私要求被发布的信息需经一个随机算法处理，且该随机算法会对信息做一些扰动。

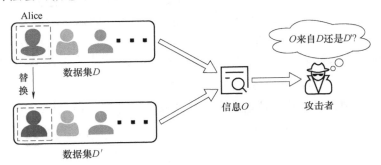

图 9-4　差分隐私的直观原理

差分隐私的一般性方法如图 9-5 所示。如果数据所有者直接发布准确的查询结果给查询用户（可能是潜在的攻击者），由于用户可能通过结果反推数据信息，因此是有潜在的隐私泄露风险的。因此，差分隐私系统要求数据所有者提供一个由所有数据提炼得到的中间件，并利用随机算法对其注入适量噪声，再从带噪中间件得出带噪查询结果提供给查询用户。这样即使可以通过结果反推中间件，也会由于噪声的加入导致无法对原始的数据信息进行推理，以达到保护隐私的目的。

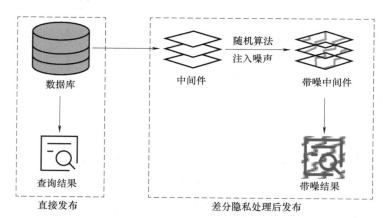

图 9-5　差分隐私的一般性方法

对于只有一条记录不同的两个数据集 D 和 D'，给定一个随机算法 M，$\mathrm{Range}(M)$ 为 M 的输出范围。若算法 M 在数据集 D 和数据集 D' 上任意输出结果 $O \in \mathrm{Range}(M)$ 满足式（9-2），则称 M 提供 (ε, δ)-差分隐私保护：

$$\Pr[M(D) \in O] \leqslant \mathrm{e}^{\varepsilon} \times \Pr[M(D') \in O] + \delta \tag{9-2}$$

式中，ε 是隐私预算，表示隐私保护程度，ε 越小，隐私保护程度越高；δ 是失败概率，表示算法 M 违背差分隐私保护的概率，δ 越小，隐私保护程度越高。

特别地，当 $\delta = 0$ 时，便得到了性能更好的 ε-差分隐私。

3. 差分隐私的实现

实现差分隐私的关键在于对查询的结果加入随机性，即加入一定的噪声。而满足差分隐私算法所需的噪声大小与算法的敏感性密切相关。

对于只有一条记录不同的两个数据集 D 和 D'，给定一个对于任意域的函数 $M: D \to R^d$，则函数 M 的敏感性 ΔM 为 M 在接收所有可能的输入后，得到的输出的最大变化值：

$$\Delta M = \max_{D, D'} \| M(D) - M(D') \|_p \tag{9-3}$$

式中，$\| \cdot \|_p$ 是度量 ΔM 使用的 L_p 距离，通常使用 L_1 来度量。

目前，实现差分隐私有两种比较常用的噪声添加机制。

1）拉普拉斯机制：通过拉普拉斯分布产生的噪声扰动真实输出值实现差分隐私。拉普拉斯分布 $\mathrm{Lap}(\mu, b)$ 的概率密度函数为

$$P(x \mid \mu, b) = \frac{1}{2b} \exp\left(-\frac{|x - \mu|}{b}\right) \tag{9-4}$$

式中，μ 是位置参数；$b > 0$ 是尺度参数。

给定一个对于任意域的函数 M：$D{\rightarrow}R^d$，对于任意输入 X 提供 ε-差分隐私的拉普拉斯机制 M_L 可以表示为

$$M_L = M(X) + (Y_1, Y_2, \cdots, Y_k) \tag{9-5}$$

式中，Y_i 是拉普拉斯分布 $\mathrm{Lap}\left(0, \dfrac{\Delta M}{\varepsilon}\right)$ 的独立同分布变量，表示对查询结果加入的噪声。

拉普拉斯机制针对连续的数值型数据，适用于数值型输出。例如：假设医院病人里有 400 位 60 岁以上老年人，在查询时每一次得到的结果都会稍稍有些区别，比如有很高的概率输出 401，也有较高的概率输出 410，较低的概率输出 390 等。

2）指数机制：通过效用函数 u 在真实输出上导出一个概率分布，并从该概率分布中抽取结果样本作为输出值实现差分隐私。效用函数 u 表示为 $u:(D{\times}O){\rightarrow}R$，即对给定查询数据集 D 的每一个输出 $r{\in}O$ 计算效用得分 R，得分 R 越高说明对应的输出 r 越好。

给定一个效用函数 $u:(D{\times}O){\rightarrow}R$，在数据集 D 上提供 ε-差分隐私的指数机制 M_E 可以表示为

$$M_E(D,u) = \left\{ r : \Pr[r \in O] \propto \exp\left(\frac{\varepsilon u(D,r)}{2\Delta u}\right) \right\} \tag{9-6}$$

式中，Δu 是效用函数 u 的敏感性。

由式（9-6）可知，效用得分越高，查询输出的概率越大。

指数机制针对离散的非数值型数据，适用于非数值型输出。例如：查询中国 top 3 大学中的一所，有很高的概率输出清华大学，有较高的概率输出复旦大学，有较低的概率输出华中科技大学等。

9.2.3　安全多方计算

1. 安全多方计算的定义

安全多方计算的目的是构建一个安全协议，这个安全协议能允许多个互不信任的参与者在自己隐私输入上联合计算目标函数，同时确保输出的准确，甚至在面对不诚实行为时，能够保护和管控自己的隐私输入。

具体来说，安全多方计算由 n 个互不信任的参与方进行，各个参与方分别持有数据 x_1，$x_2,\cdots,x_n$，联合对一个协商确定的函数进行计算：

$$(y_1, y_2, \cdots y_n) = f(x_1, x_2, \cdots, x_n) \tag{9-7}$$

此时，任意一个参与方只能根据自己的输入数据 x_i 得到对应的结果 y_i，无法获得其他参与方的任何输入或输出信息。

传统分布式多方计算模型和安全多方计算模型分别如图 9-6 和图 9-7 所示。在传统分布式计算模型下，中心节点协调各用户的计算进程，收集各参与方的明文输入信息，各参与方的原始数据对第三方来说毫无秘密可言，很容易造成数据泄露；而在安全多方计算模型下，不需要可信第三方收集所有参与节点的原始明文数据，只需要各参与节点之间相互交换处理后的数据即可，保证其他参与节点无法反推原始明文数据，确保了各参与方数据的私密性。

2. 安全多方计算的实现

安全多方计算能够通过多个不同的方法实现。在某种程度上，不同的实现方法都使用了秘密共享的思想，也因此秘密共享被广泛认为是安全多方计算的核心。接下来将会分别介绍

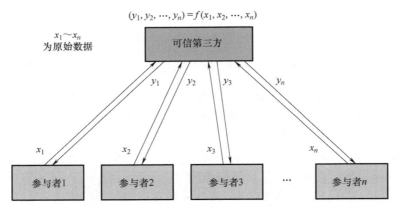

图 9-6   传统分布式多方计算模型

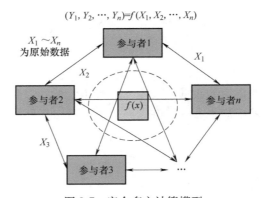

图 9-7   安全多方计算模型

不经意传输 (Oblivious Transfer, OT)、混淆电路 (Garbled Circuit, GC)、秘密共享 (Secret Sharing, SS) 和同态加密 (Homomorphic Encryption, HE) 四种实现方法。

（1）不经意传输

不经意传输协议是一个两方安全计算协议，协议使得接收方除选取的内容外，无法获取剩余数据，并且发送方也无从知道被选取的内容。具体来说，发送方拥有一个"消息-索引"对 $(M_1, 1), (M_2, 2), \cdots, (M_N, N)$，每次传输的时候接收方选择一个索引 $i, i \in [1, N]$ 并接收 M_i。接收方不能得知发送方的任何其他信息，发送方也不能了解接收方选择了哪个消息。

当讨论两方协议时，N 取 2，1of 2 的不经意传输协议可以执行安全两方计算操作。下面给出一种基于 Diffie-Hellman 密钥交换算法实现的 1of 2 不经意传输协议（记为 OT_1^2）：

1）假设 S 为发送方，拥有两份资料 M_0、M_1，生成随机数 a；R 为接收方，生成随机数 b；g 为一随机数。

2）S 将 $A = g^a$ 发送给 R；R 将 $B = g^b$ 发送给 S。

3）S 计算 $k_0 = \text{Hash}(B^a), k_1 = \text{Hash}((B/A)^a)$。

4）S 以 k_0 为密钥加密 M_0，以 k_1 为密钥加密 M_1，得到加密后数据 $e_0 = \text{Encrypt}_{k_0}(M_0), e_1 = \text{Encrypt}_{k_1}(M_1)$，并发送给 R。

5）此时，R 拥有 A、B、b，由于 $B^a=(g^b)^a=(g^a)^b=A^b$，因此 R 可以计算得出 k_0，最终解密得到 M_0，但无法计算 k_1，无法解密 M_1。

若 R 希望取得 M_1，将上述步骤 2 中 $B=g^b$ 改为 $B=Ag^b$ 即可。由于 S 不知道自己在步骤 2）中收到的 B 到底是哪一种，因此不知道 R 希望获取哪一份资料。

（2）混淆电路

混淆电路是双方进行安全计算的布尔电路，核心技术是将两方参与的安全计算函数编译成布尔电路的形式，并将真值表加密打乱，从而实现电路的正常输出而又不泄露参与计算的双方私有信息。

可将整个计算过程分为两个阶段：第一阶段将安全计算函数转换为电路，称为电路产生阶段；第二阶段利用不经意传输、加密等密码学原语等执行电路，称为执行阶段。每一阶段由参与运算的一方来负责，直至电路执行完毕输出运算后的结果。针对参与运算的双方，从参与者的视角，又可以将参与安全运算的双方分为电路的产生者与电路的执行者。混淆电路示意图如图 9-8 所示。

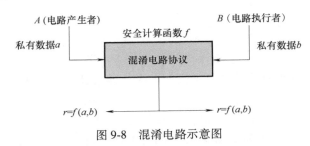

图 9-8 混淆电路示意图

下面给出一种简单的基于混淆电路的安全两方计算协议过程：

1）参与方 A 提供数据 a，参与方 B 提供数据 b，计算约定函数 $F(a,b)$。

2）A 基于 F 生成布尔电路并加密，得到函数 GC_F；使用数据 a 在 GC_F 中对应的 wire 密钥加密，得到 $\mathrm{Encrypt}(a)$；将 GC_F、$\mathrm{Encrypt}(a)$ 发送给 B。

3）B 通过 OT_1^2 从 A 处获得数据 b 在 GC_F 中对应的 wire 密钥加密后的 $\mathrm{Encrypt}(b)$。

4）此时，B 拥有 GC_F、$\mathrm{Encrypt}(a)$、$\mathrm{Encrypt}(b)$，可以运行电路得到加密后的输出 $\mathrm{Encrypt}(F(a,b))$。

5）A 将输出在 GC_F 中对应的 wire 密钥发送给 B，B 解密得到最终结果 $F(a,b)$。

（3）秘密共享

秘密共享的思想是将秘密以适当的方式拆分，拆分后的每一个份额由不同的参与者管理，单个参与者无法恢复秘密信息，只有若干个参与者一同协作才能恢复秘密信息。更重要的是，当其中任何相应范围内参与者出问题时，秘密仍可以完整恢复。以 shamir 秘密共享方案为例：协议将秘密 s 分为 w 个碎片 s_i，发送给 w 个用户保管，只有 t 个以上的用户合作时才可以恢复秘密。

下面给出一个简单的 shamir 秘密共享例子：

1）确定 w,t，例如 $w=5,t=3$。

2）选择一个模数 p，之后所有的计算都需要该模数，例如 $p=17$。

3）秘密选择加密数据 K，例如 $K=13$。

4）秘密选择 $t-1$ 个小于 p 的不同随机数，例如 $a_1=10, a_2=2$。

5）分别计算 $s_i=K+\sum_{j=1}^{t-1} a_j x^j, \text{mod}, p$，并分给 w 个对应用户，例如

$$s_1=(13+10\times1+2\times1^2)\bmod17=8$$

$$s_2=(13+10\times2+2\times2^2)\bmod17=8$$

$$s_3=(13+10\times3+2\times3^2)\bmod17=10$$

$$s_4=(13+10\times4+2\times4^2)\bmod17=0$$

$$s_5=(13+10\times5+2\times5^2)\bmod17=11$$

6）集齐任意 t 个用户的碎片，例如 s_1，s_2，s_5。

7）计算方程组 $s_i=K+a_1x+a_2x^2+\cdots+a_{t-1}x^{t-1}$，例如

$$\begin{cases} s_1=K+a_1(1\bmod17)+a_2(1^2\bmod17)=8 \\ s_2=K+a_1(2\bmod17)+a_2(2^2\bmod17)=7 \\ s_3=K+a_1(5\bmod17)+a_2(5^2\bmod17)=11 \end{cases}$$

8）解得 K。

（4）同态加密

同态加密允许对密文处理后仍然是加密的结果，即对经过同态加密的数据进行密文运算处理得到一个输出，这一输出解密结果与用同一方法处理未加密的原始数据得到的输出结果是一样的。从抽象代数的角度来讲，保持了同态性。具体来说，定义运算 Δ，对应的加密算法 E，同态加密满足 $E(x\Delta y)=E(x)\Delta E(y)$。同态加密的简单图解如图 9-9 所示。

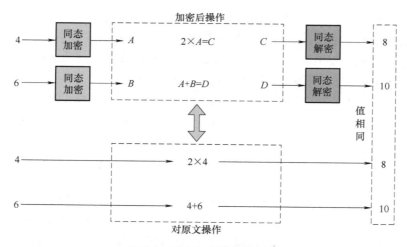

图 9-9 同态加密的简单图解

同态加密有多种算法实现，下面给出一个简单的同态加密算法：

1）随机选择两个大质数 p,q 满足 $\gcd(pq,(p-1)(q-1))=1$，gcd 为求两个数的最大公约数，该属性保证两个质数长度相等。

2）计算 $n=pq, \lambda=\text{lcm}(p-1,q-1)$，lcm 为求两个数的最小公倍数。

3）选择随机整数 g，$g \in \mathbb{Z}_{n^2}^*$，使 $\gcd(L(g^\lambda \bmod n^2), n) = 1$，$L(x) = (x-1)/n$。

4）计算 $\mu = (L(g^\lambda \bmod n^2))^{-1} \bmod n$。

5）公钥、私钥分别为 (n, g)，(λ, μ)。

6）对于明文 m，$0 \le m \le n$，生成随机数 r，$0 < r < n$，$\gcd(r, n) = 1$，加密结果为 $c = g^m \times r^n \bmod n^2$，解密结果为 $m = L(c^\lambda \bmod n^2 \times \mu \bmod n)$。

对于明文 m_1，m_2，加密后的结果为 $E(m_1) = g^{m_1} r_1^n \bmod n^2$，$E(m_2) = g^{m_2} r_2^n \bmod n^2$，$E(m_1) E(m_2) = g^{m_1} r_1^n \times g^{m_2} r_2^n \bmod n^2 = g^{m_1+m_2}(r_1 r_2)^n \bmod n^2 \equiv E(m_1 + m_2)$，满足加法同态性。

9.3 激励机制

9.3.1 联邦学习中引入激励机制的必要性

联邦学习的设计理念是在不暴露原始数据的情况下，让海量的用户进行大规模的模型学习构建工作，起到既能保护用户隐私信息，又能达到较高的学习性能的作用。这一初衷无疑是美好的，但在联邦学习的实际落地运用过程中，不得不面对一个现实的问题：用户为什么要加入联邦学习系统中呢？

一个联邦学习系统最终训练得到的模型质量在很大程度上依赖于每个参与系统的用户本地模型的更新质量，即对于参与者的贡献内容有很强的依赖性。然而，对于每个参与者来说，加入一个联邦学习系统进行模型的训练，往往是在增加自己的系统成本：需要负担起在联邦学习过程中的计算开销、与各方通信传输的通信开销、缩短电池使用寿命等。而且联邦学习本身对于隐私安全的保护并非尽善尽美，参与者仍然面临着隐私泄露的风险。在这种情况下，用户完全可能选择部分参与甚至不参与到联邦学习过程中，避免额外开销过大，保证自己的收益。当参与到联邦学习系统的用户由个人变为企业时，为了保证企业收益，选择不参与联邦学习这一行为发生的可能性更高。

因此，在联邦学习中引入激励机制是十分有必要的。一方面，对于联邦学习的参与者来说，足够的激励机制可以激励参与者承担联邦学习所消耗的计算资源、网络带宽、电池寿命等成本，参与到联邦学习过程，做出贡献；另一方面，对于联邦学习系统本身来说，每一个参与者都是独立的，可以自行决定何时、何地、如何参与联邦学习，而激励机制在某种程度上可以影响到参与者的决策，采取不同的训练策略，影响训练得到的最终模型的性能。

在联邦学习中引入激励机制，需要思考如何评估联邦学习每个参与者的贡献度，设计一种合理的回报机制，来吸引和留住更多的参与者加入联邦学习中。

9.3.2 基于数据质量评估

基于数据质量评估是指根据联邦学习每个参与者的数据本身的特征来评估贡献度，例如使用数据量、数据分布、数据标签等作为指标。这种方法的优点是比较简单和直观，不需要对模型训练的过程和结果进行分析。缺点是可能忽略了数据对模型性能的实际影响，以及数据之间的相关性和冗余性。

一个基于数据质量评估的例子是：

1）首先，对每个参与者的本地数据进行质量评估，包括计算重复值评分、缺失值评分、异常值评分和单一值评分等：

① 重复值评分：每个参与者统计本地样本数据中重复的样本数量，计算重复的样本数量与总样本数量的比值，如下所示

$$S_r = \text{round}\left(1 - \frac{D_R}{D_T}, 2\right) \tag{9-8}$$

式中，D_T 是参与者的本地样本数；D_R 是重复样本数；$\text{round}(\cdot, \cdot)$ 函数是将数字四舍五入到指定的位数。

② 缺失值评分：每个参与者对本地数据的每一维度特征的缺失值进行统计处理，计算每一维度特征的缺失值的样本数量占总样本数据的比值，如下所示

$$S_m = \text{round}\left(\frac{1}{p} \times \sum_{i=1}^{p} \left(1 - \frac{D_{M_i}}{D_T}\right), 2\right) \tag{9-9}$$

③ 异常值评分：每个参与者对本地数据的每一维度特征的异常值进行统计，计算特征属于异常值的样本数量占总样本数量的比例，根据该比值计算异常值评分，如下所示

$$S_a = \text{round}\left(\frac{1}{p} \times \sum_{i=1}^{p} \left(1 - \frac{D_{A_i}}{D_T}\right), 2\right) \tag{9-10}$$

式中，D_{A_i} 是第 i 维特征为异常值的样本数。

④ 单一值评分：每个参与者对本地数据的每一维度在规定量纲条件下的标准差进行统计。若某一维度特征的标准差小于阈值，则该维特征的单一值评分为 0，反之为 1。将所有维度特征的单一值评分的平均值作为本地数据的单一值评分，如下所示

$$S_s = \text{round}\left(\frac{1}{p} \times \sum_{i=1}^{p} I[v_i \geq t_i], 2\right) \tag{9-11}$$

式中，v_i 是参与者本地样本第 i 维特征的标准差；t_i 是第 i 维特征的阈值。

2）然后，利用隐私集合求交（Private Set Intersection，PSI）、联邦信息价值（Federated Information Value，FIV）、联邦线性相关系数（Federated Linear Correlation Coefficient，FLCC）等算法，分别计算数据样本评分、FIV 评分和 Corr 评分等。

3）最后，综合上述各种评分，得到联邦数据质量评估结果，并根据结果给予相应的奖励。

这种方法可以判断参与者对总体数据质量是否有增益作用，并鼓励参与者提供高质量的数据。

9.3.3 基于模型参数评估

基于模型参数评估是指利用模型参数更新的大小来衡量每个参与者的数据价值，评估参与者的贡献度。该方法假设模型参数更新的大小与数据集的质量和多样性成正比，因此可以反映参与者对最终模型性能的影响。这种方法的优点是不需要访问参与者的原始数据，保护了数据隐私；也不需要额外的通信开销，节省了资源。缺点是可能存在激励不足或过度激励问题，即某些参与者可能得到低于或高于其真实的贡献度。

一个基于模型参数评估的例子是：

1）参数服务器初始化一个全局模型，并将其广播给所有的参与者。

2）每轮训练中，参数服务器随机选择一部分参与者参与训练，并将全局模型发送给它们。

3）每个选中的参与者在本地使用自己的数据集训练全局模型，并计算出本地模型与全局模型之间的参数更新量。具体来说，参数更新量的计算如下所示：

$$\Delta w_i = w_i^{t+1} - w^t \tag{9-12}$$

式中，w_i^{t+1} 是参与者 i 在第 $t+1$ 轮训练后得到的本地模型参数；w^t 是第 t 轮训练得到的全局模型参数。

4）每个选中的参与者将自己的参数更新量上传给参数服务器，并接收相应的奖励。具体来说，奖励的计算如下所示

$$r_i = \alpha \cdot \frac{\|\Delta w_i\|_2}{\sum_{j=1}^{n} \|\Delta w_j\|_2} \tag{9-13}$$

式中，α 是总奖励池大小，为一正常数；n 是选中的参与者的数量；$\|\cdot\|_2$ 是二范数。

5）参数服务器根据所有选中参与者上传的参数更新量来更新全局模型，并重复步骤 2）~5），直到达到预定条件。具体来说，全局模型的更新如下所示

$$w^{t+1} = w^t + \sum_{i=1}^{n} \Delta w_i \tag{9-14}$$

9.3.4　基于沙普利值评估

基于沙普利值评估的方法是一种基于博弈论的方法，它将联邦学习视为一个多方合作博弈问题，并利用沙普利值来评估每个参与者的贡献度。沙普利值是一种衡量一个玩家在一个合作博弈中对总收益的平均边际贡献的指标，它满足了一些公平性和效率性的性质，例如：

1）效率性：所有玩家的沙普利值之和等于总收益。

2）对称性：如果两个玩家对任何联盟的贡献相同，则他们的沙普利值也相同。

3）线性性：如果两个博弈可以叠加，则每个玩家在叠加后的博弈中的沙普利值等于他们在两个博弈中的沙普利值之和。

4）零玩家性：如果一个玩家对任何联盟的贡献都为零，则他的沙普利值也为零。

具体来说，对于联邦学习中的一个参与者 i，其在训练得到的联邦学习模型上的沙普利值可以定义为

$$\varphi_i = \sum_{S \subseteq N \setminus \{i\}} \frac{|S|! \, (n - |S| - 1)!}{n!} (f(S \cup \{i\}) - f(S)) \tag{9-15}$$

式中，N 是所有参与者的集合；n 是参与者数量；S 是任意子集；$f(S)$ 是由 S 中参与者提供数据训练得到模型后，在测试集上表现出来的某种指标（例如准确率、损失函数等）。

一个基于沙普利值评估的例子是：

1）对于每个参与者 i，计算其边际贡献 $\Delta f_i(S)$，即 i 加入或退出 S 后 f 的变化量。

2）对于每个参与者 i，计算其沙普利值 φ_i，即 i 在所有可能的参与者子集 S 中的平均边际贡献。

3）根据每个玩家 i 的沙普利值 φ_i，给予相应的奖励或惩罚。

基于沙普利值评估的方法可以保证公平地分配总收益给每个参与者，并激励更多参与者

参与联邦学习。但这种方法也存在一些挑战和局限性，例如：

1）计算复杂度高：要计算一个参与者 i 的沙普利值，需要遍历所有不包含 i 的子集 S，并计算 $f(S)$、$f(S-i)$、$f(S+i)$ 的差异。这样就需要 2^n 次模型训练和测试，其中 n 是参与者数量。这显然是不可行的，尤其是当 n 很大时。

2）需要全局信息：要计算沙普利值，需要知道所有参与者提供数据训练得到模型后，在测试集上表现出来的指标 $f(S)$。这需要将所有客户端数据汇总到服务器上进行训练和测试，或者将服务器模型分发给所有客户端进行本地训练和测试。这违背了联邦学习保护数据隐私和减少通信开销等目标。

3）需要选择合适的指标：要计算沙普利值，需要选择一个能够反映模型好坏程度并且具有可加性〔即 $f(N)=\sum_{i}^{N} f(i)$〕的指标作为 $f(S)$。但实际上，并不是所有指标都满足这一条件，例如准确率就不具有可加性。

9.4 横向联邦学习

9.4.1 横向联邦学习的定义

横向联邦学习是一种按样本划分的联邦学习方法，它适用于不同参与者拥有相同或相似的特征空间，但数据样本不同的场景。特征空间指的是数据集中所有样本共有的属性或特征，如年龄、性别、收入等；样本空间指的是数据集中所有样本的集合，如银行客户、医疗病人等。

横向联邦学习的本质在某种程度上就是样本的联合，以达到提高模型训练和预测效果的目的。例如，两家不同地区的银行可以通过横向联邦学习，使用各自的客户数据共同构建一个用户模型，从而优化他们的风控模型和营销策略等。

更具体地，利用在 9.1.3 节所定义的特征空间 X、标签空间 Y 和样本 ID 空间 I，可以把横向联邦学习适用的场景描述为

$$X_i = X_j, Y_i = Y_j, I_i \neq I_j, \quad \forall D_i, D_j, i \neq j \tag{9-16}$$

式中，D_i 和 D_j 分别表示联邦学习参与者 i 和 j 所持有的数据集。

通常来说，在针对横向联邦学习系统中的安全性进行讨论时，往往会假设参与该横向联邦学习系统的每一个参与者都是诚实的，而中央服务器是诚实但好奇的。也就是说，我们通常假设横向联邦学习的参与者是安全可靠的，只有中央服务器才存在泄露各参与者隐私的风险。

9.4.2 横向联邦学习架构

1. 中心化联邦（客户端/服务器）架构

横向联邦学习典型的中心化联邦（客户端/服务器）架构如图 9-10 所示。在这种架构中，有一个中央服务器（也被称为聚合服务器或参数服务器）负责模型的聚合和分发，多个参与者负责利用本地数据训练模型并上传梯度或参数，协作得到最终的模型。该种架构下的横向联邦学习通常步骤如下：

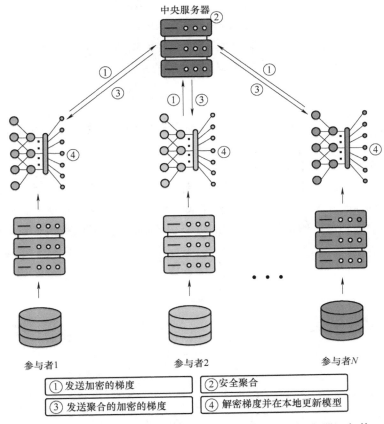

图 9-10 横向联邦学习典型的中心化联邦（客户端/服务器）架构

1）中央服务器初始化一个全局模型，并将其发送给所有参与者。

2）每个参与者从本地数据集中随机抽取一部分数据，用来训练自己的本地模型。

3）每个参与者将自己的本地模型或者梯度上传给服务器。

4）服务器根据某种聚合规则，如加权平均，对所有上传的本地模型或者梯度进行聚合，得到一个更新后的全局模型，并将其发送给所有参与者。

5）重复步骤 2）~4），直到达到预设的收敛条件或者迭代次数。

具体来说，假设共有 N 个参与者，每个参与者 i 拥有 m_i 个样本，即 $(x_i, y_i)^{m_i}$。假设全局模型参数为 θ，损失函数为 $L(\theta)$，则横向联邦学习的目标是最小化全局损失函数：

$$\min_{\theta} L(\theta) = \min_{\theta} \sum_{i=1}^{N} \frac{m_i}{M} L_i(\theta) \tag{9-17}$$

式中，$M = \sum_{i=1}^{N} m_i$ 是总样本数；$L_i(\theta)$ 是第 i 个参与者的本地损失函数：

$$L_i(\theta) = \frac{1}{m_i} \sum_{i=1}^{m_i} l(x_i, y_i; \theta) \tag{9-18}$$

式中，$l(x, y; \theta)$ 是单个样本 (x, y) 在参数 θ 下的损失。

在每次迭代中，服务器将当前全局参数 θ_t 发送给所有参与者。每个参与者 i 利用自己的数据集和某种优化算法（如随机梯度下降）更新自己的本地参数 θ_t^i：

$$\theta_t^i = \text{Optimize}(L_i, \theta_t) \tag{9-19}$$

然后每个参与方将自己的本地参数或者梯度上传给服务器。服务器根据某种聚合规则（如加权平均），计算出更新后的全局参数 θ_{t+1}：

$$\theta_{t+1} = \text{Aggregate}\left(\frac{m_1}{M} \cdot \nabla L_1(\theta_t), \cdots, \frac{m_N}{M} \cdot \nabla L_N(\theta_t)\right) \tag{9-20}$$

这样就完成了一次迭代。重复这个过程直到收敛或者达到最大迭代次数，即完成了横向联邦学习。

2. 去中心化联邦（对等计算）架构

横向联邦学习典型的去中心化联邦（对等计算）架构如图 9-11 所示。在这种架构中，每个参与者都是对等的，没有中心化的服务器或者聚合器，各参与者彼此直接通信协作，完成联邦学习过程，得到最终的模型。该种架构下的横向联邦学习通常步骤如下：

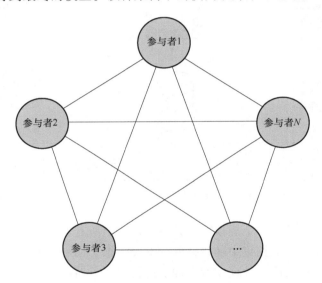

图 9-11　横向联邦学习典型的去中心化联邦（对等计算）架构

1）各参与者在本地计算各自模型梯度，并使用加密技术，对梯度信息进行掩饰，并将掩饰后的结果（简称为加密梯度）发送给一个随机选定的邻居参与者。

2）每个参与者收到邻居参与者的加密梯度后，进行安全聚合操作（如使用基于同态加密的加权平均），并将聚合后的结果发送给另一个随机选定的邻居参与者。

3）重复步骤2），直到每个参与者都收到所有其他参与者的聚合结果。

4）每个参与者对收到的聚合结果进行解密，并使用解密后的梯度结果更新各自的模型参数。

5）重复步骤1）~4），直到达到预设的收敛条件或者达到允许的迭代次数或允许的训练时间。

具体来说，假设共有 N 个参与者，每个参与者 i 有一个本地数据集 D_i，共同训练一个机器学习模型 $f(w)$，其中 w 是模型参数。

在第 t 轮迭代中，每个参与者 i 计算本地梯度 $g_i^t = \nabla f(wt; D_i)$，并使用加密技术 E_i 将其加密为 $E_i(g_i^t)$，随机选择一个邻居参与者 j，并将加密梯度 $E_i(g_i^t)$ 发送给 j。

每个参与者 j 收到邻居参与者 i 的加密梯度 $E_i(g_i^t)$ 后，进行安全聚合操作 $A(E_j(g_j^t),$ $E_i(g_i^t))$，并将聚合结果发送给另一个随即选定的邻居参与者 k。

重复上述步骤，直到每个参与者 i 都收到所有其他参与者的聚合结果 $A(E_1(g_1^t), \cdots,$ $E_n(g_n^t))$。对收到的聚合结果进行解密 $D_i(A(E_1(g_1^t), \cdots, E_n(g_n^t)))$，并使用解密后的梯度结果更新本地模型的参数：

$$w_i^{t+1} = w_i^t - \alpha \cdot D_i(A(E_1(g_1^t), \cdots, E_n(g_n^t))) \tag{9-21}$$

式中，α 是学习率。

这样就完成了一次迭代。重复这个过程直到收敛或者达到最大迭代次数或者允许的训练时间，即完成了横向联邦学习。

9.4.3 联邦平均算法

联邦学习中隐含的优化问题被称为联邦优化，同典型的分布式优化相比，联邦优化有如下几个关键性质：

1）非独立同分布：对于联邦学习的参与者来说，不同参与者拥有的数据分布可能完全不同，对数据集进行独立同分布的假设是不合理的。任何一个参与者所有的局部数据都不能代表总体数据的分布。

2）不平衡性：在联邦学习的实际应用场景中，不同的参与者所拥有的数据集的规模也是不一样的。这就导致了在联邦学习过程里，不同的参与者训练本地模型所使用的数据集规模是不平衡的。

3）广泛分布：一般而言，需要使用大量的数据进行训练才能得到一个符合预期的机器学习模型。而对于联邦学习来说，这就意味着很可能需要有许多参与者加入其中进行训练，特别是使用移动设备数据进行的联邦学习任务。因此，联邦学习的实际应用场景有着参与者数量多、分散程度大、广泛分布的特点。

4）通信限制：在联邦学习的实际应用场景中，参与者与参与者、参与者与服务器之间的通信往往只能依赖不那么可靠的无线网络，特别是在使用移动设备数据进行的联邦学习任务中，往往还面临着设备经常离线、连接速度慢、通信成本高等挑战。

为了应对联邦优化中的种种挑战，Google 在 2017 年发表的论文《Communication-Efficient Learning of Deep Networks from Decentralized Data》[21] 中提出了联邦平均（Federated Averaging，FedAvg）算法，并在此后逐渐成为横向联邦学习中被最为广泛使用的算法。

联邦平均算法适用于所有目标函数关于有限个样本误差累加形式的函数：

$$\min_{w \in \mathbb{R}^d} f(w) = \frac{1}{n} \sum_{i=1}^n f_i(w)$$
$$= \frac{1}{n} \sum_{i=1}^n l(x_i, y_i; w) \tag{9-22}$$

式中，n 是样本数量；$w \in \mathbb{R}^d$ 是 d 维的模型参数；$l(x_i, y_i; w)$ 是模型在参数 w 上对样

本 (x_i,y_i) 进行预测的损失。

在联邦学习场景下，假设有 K 个参与者参与训练过程，P_k 是第 k 个参与者所有的训练样本集，$n_k = |P_k|$ 是第 k 个参与者所有样本的数量，式（9-22）可以改写为

$$f(w) = \sum_{k=1}^{K} \frac{n_k}{n} F_k(w), \quad F_k(w) = \frac{1}{n_k} \sum_{i \in P_k} f_i(w) \tag{9-23}$$

随机梯度下降（Stochastic Gradient Descent，SGD）是众多深度学习成功应用的关键优化算法。联邦平均算法的核心思想同样也是使用 SGD 方法来更新模型参数，即

$$w_{t+1} = w_t - \eta \ \nabla F(w_t) \tag{9-24}$$

式中，η 是学习率；$\nabla F(w_t)$ 是第 t 轮迭代中全局损失函数的梯度。然而，由于各个参与者的数据是分散的，无法直接计算全局损失函数的梯度。因此，联邦平均算法采用了一种近似的方法，即

$$\nabla F(w_t) \approx \sum_{k=1}^{K} \frac{n_k}{n} \ \nabla F_k(w_t) \tag{9-25}$$

这样，每个参与者在每轮迭代中，只需要计算自己的本地损失函数的梯度，并将其发送给服务器，服务器则根据参与者的数据量进行加权平均，得到一个近似的全局损失函数的梯度，然后用它来更新模型参数。这就完成了联邦平均算法的一轮迭代过程。

联邦平均算法的伪代码在算法 9-1 中给出。

算法 9-1：联邦平均算法（FedAvg）

输入：K 个参与者编号 k，参与者 k 上数据点索引集 $\mathcal{P}_k$，参与者本地更新 batch 大小 B，每一轮参与者本地数据训练次数 E，每一轮参与计算的参与者比例 C，学习率 η

1　服务器执行：
2　　初始化 w_0；
3　　for 每轮 $t = 1,2,\cdots$ do
4　　　　$m \leftarrow \max(C \cdot K, 1)$；
5　　　　$S_t \leftarrow$（随机选取 m 个参与者）；
6　　　　for 每个参与者 $k \in S_t$ 并行 do
7　　　　　　$w_{t+1}^k \leftarrow$ 客户端更新 (k, w_t)；
8　　　　$m_t \leftarrow \sum_{k \in S_t} n_k$；
9　　　　$w_{t+1} \leftarrow \sum_{k \in S_t} \frac{n_k}{m_t} w_{t+1}^k$；

10
11　客户端更新 (k, w)：
　　　　// 在客户端 k 上运行
12　　　$\mathcal{B} \leftarrow$（将 $\mathcal{P}_k$ 分成若干大小为 B 的 batch）；
13　　　for 每个本地 epoch $i(1 \to E)$ do
14　　　　for batch $b \in \mathcal{B}$ do
15　　　　　　$w \leftarrow w - \eta \ \nabla l(w; b)$；　　　// ∇ 为计算梯度，$l(w;b)$ 为损失函数
16　　　返回 w 给服务器；

9.5 纵向联邦学习

9.5.1 纵向联邦学习的定义

纵向联邦学习适用于联邦学习的多个参与者拥有相同的样本 ID 空间，但拥有样本特征空间的不同场景。也就是说，每个参与者都拥有样本的部分特征，但没有其他参与者所有的特征。为了利用所有参与者的特征信息，搭建更好的机器学习模型，他们需要在不泄露原始数据的情况下协作训练一个模型。

纵向联邦学习可以看作是按列划分数据的联邦学习。它可以用于交叉用户在不同业态下的特征联合，比如同一地区的商超和银行之间共享用户消费和信用等特征。纵向联邦学习通常需要一方提供标签信息，以便进行监督学习。

更具体地，利用在 9.1.3 节所定义的特征空间 X、标签空间 Y 和样本 ID 空间 I，可以把纵向联邦学习适用的场景描述为

$$X_i \neq X_j, Y_i \neq Y_j, I_i = I_j, \quad \forall D_i, D_j, i \neq j \tag{9-26}$$

式中，D_i 和 D_j 分别表示联邦学习参与者 i 和 j 所持有的数据集。

通常来说，在针对纵向联邦学习系统中的安全性进行讨论时，往往会假设所有参与者都是诚实但好奇的，且整个模型训练过程中的通信过程足够安全，信息传输无损内容无变化。也就是说，我们通常假设纵向联邦学习的参与者在遵守安全协议的同时，也会尝试获得其他参与者所有的信息，隐私暴露风险仅可能发生在各个参与者处。

有时为了提高纵向联邦学习的运行效率，一个半诚实的第三方（Semi-honest Third Party，STP）会加入纵向联邦系统中。STP 类似于横向联邦系统中的中央服务器，会接收各个参与者经过加密或是混淆处理后的中间结果计算梯度、损失值等，再转发给每个参与者。STP 需要保证各个参与者的所有数据不暴露给彼此，并且各个参与者只会收到与其拥有的特征相关的模型参数。

在纵向联邦学习系统学习过程的最后，每一个参与者只会拥有与自己的特征相关的模型参数。因此，在执行推理任务时，也需要所有参与者协作生成结果。

9.5.2 纵向联邦学习架构

纵向联邦学习的典型架构如图 9-12 所示。在这种架构下的纵向联邦学习一般包括以下几个角色：

1）客户端：拥有数据的参与者，可以是企业或个人，他们在本地训练模型，并与其他参与方交换模型参数。

2）协调者：负责协调客户端之间的通信和同步，以及提供一些公共服务，如加密、实体对齐等。

3）审计者（非必须）：负责监督联邦学习的过程和结果，以确保数据隐私和模型安全。

纵向联邦学习的训练过程主要可以分为加密样本对齐和加密模型训练两个部分：

1）加密样本对齐：是指在不泄露用户 ID 差集的情况下，找出参与者之间的用户交集，作为建模的样本空间。这一步可以通过安全多方计算、同态加密等技术实现，加密样本对齐如图 9-13 所示。

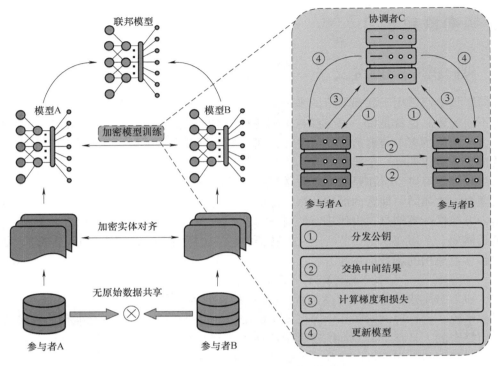

图 9-12　纵向联邦学习的典型架构

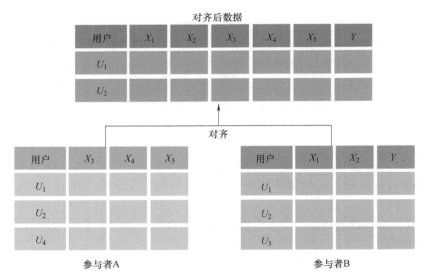

图 9-13　加密样本对齐

2）加密模型训练：是指在不泄露用户特征数据的情况下，利用已对齐的样本空间进行模型参数更新和优化。这一步可以通过差分隐私、联合安全计算等技术实现。

为了便于理解与描述，下面给出一个纵向联邦学习架构的例子：假设有两家公司 A 和 B 想要协同地训练一个机器学习模型，每一家公司都拥有各自的数据。其中，A 公司是一家电商平台，拥有用户的购物行为数据；B 公司是一家金融机构，拥有用户的信用评分数据。这两家公司的数据具有相同的样本空间（即用户 ID），但不同的特征空间（即购物行为和信用评分）。如果这两家公司想要利用彼此的数据来提高模型性能，但又不想泄露自己的敏感信息，就可以采用纵向联邦学习架构：

1）A 公司和 B 公司通过加密样本对齐找出共同的用户 ID 集合。具体地，A 公司将自己的用户 ID 进行哈希处理后加密，并发送给第三方服务；B 公司也将自己的用户 ID 进行哈希处理后加密，并发送给第三方服务；第三方服务将两边的加密数据进行比对，找出相同的部分，并返回给 A 公司和 B 公司各自对应的样本索引。

2）A 公司和 B 公司通过加密模型训练在不暴露原始数据的情况下更新和优化模型参数。具体地，假设 A 公司拥有 n 个特征 $x_1, x_2, \cdots, x_n$；B 公司拥有 m 个特征 $y_1, y_2, \cdots, y_m$；以及标签 z（表示是否违约）。逻辑回归模型可以表示为

$$\hat{y} = f\left(w_0 + \sum_{i=1}^{n+m} w_i x_i + \sum_{i=1}^{n+m} w_i y_i + \varepsilon_i\right) \tag{9-27}$$

式中，f 是 sigmoid 函数；w_0 是截距项；w_i 是权重系数；ε_i 是误差项。

为了训练这个模型，需要最小化损失函数，使用梯度下降法或牛顿法求解其最小值。在纵向联邦学习架构中，这些梯度或海森矩阵需要在参与方之间进行交换，并且保证不泄露原始数据。因此，在每一轮迭代中：A 公司计算自己特征相关的梯度或海森矩阵，并将其加密发送给第三方服务；B 公司计算自己特征相关的梯度或海森矩阵，并将其加密发送给第三方服务；第三方服务将两边的加密数据进行解密、合并、再加密，并返回给 A 公司和 B 公司各自对应的部分；A 公司和 B 公司根据收到的数据更新自己的模型参数。

3）在达到收敛条件后，A 公司和 B 公司可以得到最终的逻辑回归模型，并用于预测用户是否会发生违约行为。

9.5.3　FedBCD 算法

在纵向联邦学习的训练过程中，每一个参与者在每次迭代时都需要进行实时的梯度交换更新信息操作，这带来了巨大的通信开销，也导致了对于一个纵向联邦学习系统来说，通信效率是制约其可拓展性、实用性的瓶颈所在。

在 9.4.3 节中介绍了联邦平均算法，作为在横向联邦学习中被最为广泛使用的算法，其利用 SGD 让各参与者在本地进行多次局部更新，达到更好的通信效率。那么，我们能否在纵向联邦学习中也采用多次本地局部更新的思路，减少通信开销呢？这并不是一个能轻松解决的问题。对于联邦学习来说，协作效率与系统安全都是关键指标，而它们是彼此矛盾、平衡的。如何在设法提高协作效率的同时，保证算法的收敛性以及系统整体的安全性，是解决这一问题的一大难点。同时，纵向联邦学习每次迭代的梯度计算需要各参与者共同协作完成，联邦平均算法中所采用的直接简单加权平均梯度方法并不适用其中。

鉴于上述问题，刘洋及合作团队在 2022 年的工作《FedBCD: A Communication-Efficient Collaborative Learning Framework for Distributed Features》[24] 中提出了 FedBCD 算法。FedBCD 算法基于随机块坐标下降（Stochastic Block Coordinate Descent，SBCD）和联邦平均两种优化方法的思想，允许每个参与者在每次通信之前进行多次局部更新，从而有效地减少通信开销。同时，FedBCD 算法还利用差分隐私和安全多方计算等技术来保护数据和模型参数的隐私。

具体来说，假设有 K 个参与者，基于具有 N 个数据样本的数据集 $\mathcal{D} \triangleq \{\xi_i\}_{i=1}^{N}$ 协作训练一个机器学习模型，其中，数据样本由特征和标签构成，即 $\xi \triangleq \{X, y\}$。特征向量 $X_i \in \mathbb{R}^{1 \times d}$ 分布在 K 个参与者间，即 $\{X_{i,k} \in \mathbb{R}^{1 \times d_k}\}_{k=1}^{K}$，其中，$d_k$ 是第 k 个参与者所有数据样本的特征维度。假定参与者 K 持有所有数据的标签，其余参与者仅持有特征向量，即

$$D_K \triangleq \{X_{i,k}\}_{i=1}^{N}, k \in [1, K-1]$$

$$D_K \triangleq \{X_{i,K}, y_{i,K}\}_{i=1}^{N} \tag{9-28}$$

那么，可以把该训练问题表示为

$$\min_{\Theta} \mathscr{L}(\Theta; D) \triangleq \frac{1}{N} \sum_{i=1}^{N} f(\theta_1, \cdots, \theta_K; \xi_i) + \lambda \sum_{k=1}^{K} \gamma(\theta_k) \tag{9-29}$$

式中，$\theta_k \in \mathbb{R}^{d_k}$ 是参与者 k 的训练参数；$\Theta = [\theta_1, \theta_2, \cdots, \theta_K]$；$f(\cdot)$ 是损失函数；$\gamma(\cdot)$ 是正则子；λ 是超参数。

对于线性回归、逻辑回归、支持向量机等广泛的模型，可以给出如下损失函数：

$$f(\theta_1, \theta_2, \cdots, \theta_K; \xi_i) = f\left(\sum_{k=1}^{K} X_{i,k} \theta_k, y_{i,K}\right) \tag{9-30}$$

最终的目标是让每一个参与者 k 在不对外共享它的数据和参数的情况下，找到自己的 θ_k。

对于小批次的数据 $S \in D$，参与者 k 的随机部分梯度为

$$g_k(\Theta; S) \triangleq \nabla_k f(\Theta; S) + \lambda \nabla \gamma(\theta_k) \tag{9-31}$$

令 $H_i^k \triangleq X_{i,k} \theta_k$，$H_i \triangleq \sum_{k=1}^{K} H_i^k$，对于式（9-30）的损失函数，有

$$\nabla_k f(\Theta; S) = \frac{1}{S} \sum_{\xi_i \in S} \frac{\partial f(H_i, y_{i,K})}{\partial H_i} (X_{i,k})^T \tag{9-32}$$

为了让所有参与者能够在本地计算 $\nabla_k f(\Theta; S)$，每一个参与者 $k \in [1, K-1]$ 将会计算 $I_S^{k,K} \triangleq \{H_i^k\}_{i \in S}$ 并发送给参与者 K，参与者 K 在计算 $I_S^{k,q} \triangleq \left\{\frac{\partial f(H_i, y_{i,K})}{\partial H_i}\right\}_{i \in S}$ 后再发送给其他参与者。这样，所有的参与者都能根据式（9-32）计算梯度更新。

对于任意损失函数，可以定义计算 $\nabla_k f(\Theta; S)$ 所需的信息为

$$I_S^{-k} \triangleq \{I_S^{q,k}\}_{q \neq k} \tag{9-33}$$

则式（9-31）表示的随机梯度可以通过下式计算：

$$g_k(\Theta; S) = \nabla_k f(I_S^{-k}, \theta_k; S) + \lambda \nabla \gamma(\theta_k)$$

$$\triangleq g_k(I_S^{-k}, \theta_k; S) \tag{9-34}$$

因此，总体的随机梯度为

$$g(\Theta; S) \triangleq [g_1(I_S^{-1}, \theta_1; S); g_2(I_S^{-2}, \theta_2; S); \cdots; g_K(I_S^{-K}, \theta_K; S)] \tag{9-35}$$

直接使用 SGD 方法对式（9-29）进行优化计算如下：

$$\theta_k \leftarrow \theta_k - \eta g_k(I_S^{-k}, \theta_k; S) \tag{9-36}$$

这种计算方法也被称为 FedSGD 算法。然而，若按式（9-36）进行计算，则在每一轮的迭代中都需要计算中间结果，并进行通信，会带来极大的通信负担。因此，在 FedBCD 算法中，所有的参与者在彼此之间通信中间结果前会执行 $Q \geq 1$ 次连续的本地梯度更新。当 $Q = 1$

时，FedBCD 算法退化为 FedSGD 算法；根据通信方式并行或串行的不同，FedBCD 算法又可以划分为 FedBCD-p 和 FedBCD-s（见图 9-14）。

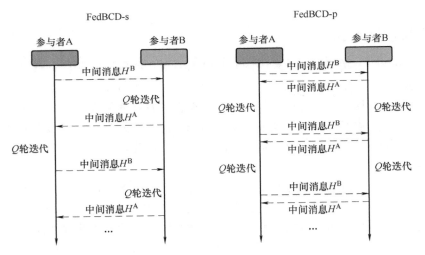

图 9-14　FedBCD-s 与 FedBCD-p 算法示意图

算法 9-2 中给出了 FedBCD-p 算法的伪代码。

算法 9-2：联邦随机块坐标下降算法（FedBCD-p）

输入：学习率 η，通信频率 Q

输出：模型参数 $\theta_1,\theta_2,\cdots,\theta_K$

1　参与者 $1,2,\cdots,K$ 初始化参数 $\theta_1,\theta_2,\cdots,\theta_K$；

2　for 每一轮 $r=1,2,\cdots$ do

3　　if $r \bmod Q = 0$ then

4　　　随机采样一个 mini-batch $S \subset \mathcal{D}$；

5　　　交换$(\{1,2,\cdots,K\},S)$；

6　for 参与者 $k \in [K]$ 并行 do

7　　k 计算 $g_k(I_S^{-k},\theta_k^r;S)$；

8　　$\theta_k^{r+1} \leftarrow \theta_k^r - \eta g_k(I_S^{-k},\theta_k^r;S)$；

9

10　交换(U,S)：

　　　//U 为参与者 ID 集合

11　　if $f(\theta_1,\theta_2,\cdots,\theta_K;\xi_i) = f(\sum_{k=1}^{K} X_{i,k}\theta_k,y_{i,K})$ then

12　　　每一个参与者 $k \in U,k \neq K$ 并行计算并发送 $I_S^{k,K}$ 给 K；

13　　　K 计算并发送 $I_S^{K,k}$ 给参与者 $k \in U$；

14　　else

15　　　每一个参与者 $k \in U$ 并行计算并发送 $I_S^{k,q}$ 给参与者 $q \in U$；

9.6 联邦迁移学习

9.6.1 联邦迁移学习的定义

想要构建一个横向联邦学习或是纵向联邦学习系统，必须要保证所有参与者所有数据的特征空间或是样本空间相同或相似，才能实现协力训练一个机器学习模型。然而，在实际应用场景中，更多时候我们面对的参与者们所有数据存在着高度差异，特征空间与样本空间重叠少甚至没有重叠。例如，两家不同地区的商超和银行，其所有的用户样本不同，收集的用户特征信息也不同，想要共享用户消费和信用等特征，构建机器学习模型，横向联邦学习和纵向联邦学习方法都不适用。

在这种情况下，联邦迁移学习被提出，使用迁移学习技术，拓展应用范围，帮助参与者建立精确有效的机器学习模型。联邦迁移学习基于各参与者所有数据或模型之间的相似性，将在源域中学习的模型迁移到目标域中，利用两个领域之间的不变性进行知识的传输。大多采用源域中的标签来预测目标域中的标签准确性。联邦迁移学习可以处理超出横向联邦学习和纵向联邦学习使用范围之外的问题。

更具体地，利用在 9.1.3 节所定义的特征空间 X、标签空间 Y 和样本 ID 空间 I，可以把联邦迁移学习适用的场景描述为

$$X_i \neq X_j, Y_i \neq Y_j, I_i \neq I_j, \quad \forall D_i, D_j, i \neq j \tag{9-37}$$

式中，D_i 和 D_j 分别表示联邦学习参与者 i 和 j 所持有的数据集。

通常来说，在针对联邦迁移学习系统中的安全性进行讨论时，同针对纵向联邦学习讨论时采取的方式类似，往往会假设参与联邦的每一方都是诚实但好奇的。这意味着，联邦中的所有参与者在遵守安全协议的同时，也会尝试从收到的数据中推测出尽量多的信息。

9.6.2 联邦迁移学习的分类

联邦迁移学习的本质是将迁移学习技术应用到横向联邦学习或纵向联邦学习中，根据应用的迁移学习技术的不同主要分为三类：基于样本的联邦迁移学习、基于特征的联邦迁移学习、基于模型的联邦迁移学习。下面将对三类联邦迁移学习进行简要概述。

1. 基于样本的联邦迁移学习

基于样本的联邦迁移学习重点关注对参与者所有数据样本的处理。在横向联邦学习中，由于不同参与者的数据样本往往来自不同的分布，从而导致利用这些数据样本训练会得到性能较差的机器学习模型。因此，参与者可以对训练样本进行挑选或者加权，以达到减小分布差异的效果，从而提升模型的性能。在纵向联邦学习中，由于不同参与者往往具有不同的业务目标，得到的对齐的样本和特征可能对联邦迁移学习带来负面影响，即负迁移。同样地，此时参与者可以对训练样本和特征进行挑选，起到避免负迁移产生的作用。

2. 基于特征的联邦迁移学习

基于特征的联邦迁移学习的目标是让所有参与者协同学习一个共同的表征空间，作为数据样本转换得到的表征分布和语义的缓冲空间，缩小彼此之间的差异，从而保证不同领域的知识信息可以传递。在横向联邦学习中，共同的表征空间可以利用最小化参与者样本之间的

最大平均差异（Maximum Mean Piscrepancy，MMD）来学习得到。在纵向联邦学习中，共同的表征空间可以利用最小化对齐样本中不同参与者的表征之间的距离来学习得到。

3. 基于模型的联邦迁移学习

基于模型的联邦迁移学习希望所有参与者能够一同训练一个共享模型用于迁移学习过程，或是将预训练的模型用作联邦学习任务参与者的全部或部分初始模型。在横向联邦学习中，由于每个通信回合所有参与者会协同训练一个全局模型，并且会基于这个全局模型作为初始模型各自进行调整。因此，在某种程度上可以认为横向联邦学习也是基于模型的联邦迁移学习。在纵向联邦学习中，可以利用已对齐的样本训练预测模型，或是利用半监督学习来推断缺失的特征和标签，使用扩大的训练样本学习得到更高性能的共享模型。

9.6.3 联邦迁移学习框架

刘洋等人在 2020 年发表的论文《A Secure Federated Transfer Learning Framework》[25] 中提出了一个安全的、基于特征的联邦迁移学习框架，本节将对该框架进行简单介绍。

假设有 A、B 两参与者进行联邦学习任务，数据的所有标签都在 A 方。A 方作为源域拥有数据集 $D_A = \{(x_i^A, y_i^A)\}_{i=1}^{N_A}$，B 方作为目标域拥有数据集 $D_B = \{x_j^B\}_{j=1}^{N_B}$。A 方与 B 方之间存在一个有限大小的重叠样本集 $D_{AB} = \{(x_i^B, y_i^A)\}_{i=1}^{N_{AB}}$ 和一个 A 方中针对 B 方数据的标签集 $D_C = \{(x_i^B, y_i^A)\}_{i=1}^{N_C}$。假设 A 方和 B 方已经知晓重叠样本 ID，并希望协作建立一个迁移学习模型，作为目标域的 B 方预测标签。需要注意的是，虽然此处假设的是所有标签都为 A 方所有，但所使用的假设、框架、方法等同样适用于所有标签为 B 方所有的情况。

对于一般的场景，A 方和 B 方的隐藏表征是由两个神经网络 $u_i^A = \text{Net}^A(x_i^A)$ 和 $u_i^B = \text{Net}^B(x_i^B)$ 所生成的，式中，$u^A \in \mathbb{R}^{N_A \times d}$，$u^A \in \mathbb{R}^{N_A \times d}$，$d$ 为隐藏表征层的维度。通过引入预测函数 $\varphi(u_j^B) = \varphi(u_1^A, y_1^A, u_2^A, y_2^A, \cdots, u_{N_A}^A, y_{N_A}^A, u_j^B)$ 来实现给目标域中的数据打上标签。利用可用的标签数据集，训练的目标函数可以表示为

$$\min_{\Theta^A, \Theta^B} L_1 = \sum_i^{N_C} l_1(y_i^A, \varphi(u_i^B)) \tag{9-38}$$

式中，Θ^A，Θ^B 为 Net^A 和 Net^B 的训练参数；l_1 为损失函数，对于 Logistic 损失，有 $l_1(y, \varphi) = \log(1 + e^{-y\varphi})$。

除了上述目标，我们还希望最小化 A 方和 B 方的对齐损失：

$$\min_{\Theta^A, \Theta^B} L_2 = \sum_i^{N_{AB}} l_2(u_i^A, u_i^B) \tag{9-39}$$

式中，l_2 为对齐损失，可以表示为 $-u_i^A(u_i^B)'$ 或 $\|u_i^A - u_i^B\|_F^2$。为简便起见，有 $l_2(u_i^A, u_i^B) = l_2^A(u_i^A) + l_2^B(u_i^B) + K u_i^A(u_i^B)'$，其中 K 为常数。

最终的目标函数为

$$\min_{\Theta^A, \Theta^B} L = L_1 + \gamma L_2 + \frac{\lambda}{2}(L_3^A + L_3^B) \tag{9-40}$$

式中，γ，λ 为权重参数；$L_3^A = \sum_l^{L_A} \|\theta_l^A\|_F^2$，$L_3^B = \sum_l^{L_B} \|\theta_l^B\|_F^2$ 为正则化参数。

对于 $p \in \{A, B\}$，反向传播更新梯度：

$$\frac{\partial L}{\partial \theta_l^p}=\frac{\partial L_1}{\partial \theta_l^p}+\gamma\frac{\partial L_2}{\partial \theta_l^p}+\lambda\theta_l^p \tag{9-41}$$

联邦迁移学习框架的训练过程步骤如下（见图9-15）：

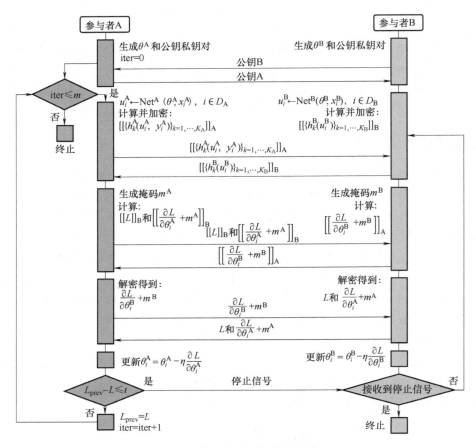

图 9-15　联邦迁移学习框架的训练过程

1）A 方和 B 方各自通过 Net^A 和 Net^B 得到隐藏表征 u_i^A 和 u_i^B。

2）A 方计算和加密一组中间结果 $\left[\left[\left(\frac{\partial L}{\partial \theta_l^B}\right)^A\right]\right]_A$，发送给 B 方协助计算梯度 $\frac{\partial L}{\partial \theta_l^B}$。B 方计算和加密一组中间结果 $\left[\left[\left(\frac{\partial L}{\partial \theta_l^A}\right)^B\right]\right]_B$ 和 $[[L^B]]_B$，发送给 A 方协助计算梯度 $\frac{\partial L}{\partial \theta_l^A}$ 和损失 L。

3）A 方创建随机掩码 m^A，得到 $\left[\left[\frac{\partial L}{\partial \theta_l^A}+m^A\right]\right]_B$ 和 $[[L]]_B$ 一起发送给 B 方。B 方创建随机掩码 m^B，得到 $\left[\left[\frac{\partial L}{\partial \theta_l^B}+m^B\right]\right]_A$，发送给 A 方。

4）A 方解密得到 $\frac{\partial L}{\partial \theta_l^B}+m^B$，发送给 B 方。B 方解密得到 $\frac{\partial L}{\partial \theta_l^A}+m^A$ 和 L，发送给 A 方。

5）A 方和 B 方去掉随机掩码，得到梯度，并更新各自模型。

6）重复步骤 1）~ 5），直至模型收敛。

联邦迁移学习框架的预测过程步骤如下：

1）B 方计算 u_j^B 并加密得到 $[[u_j^B]]$，发送给 A 方。

2）A 方评估 $[[u_j^B]]$ 并用随机值对结果进行掩藏得到 $[[\varphi(u_j^B)+m^A]]$，发送给 B 方。

3）B 方解密得到 $\varphi(u_j^B)+m^A$，发送给 A 方。

4）A 方得到 $\varphi(u_j^B)$，进而得到标签 y_j^B，发送给 B 方，完成预测。

算法 9-3 中给出了预测过程的伪代码。

算法 9-3：联邦迁移学习：预测过程

输入：模型参数 $\Theta^A, \Theta^B, \{x_j^B\}_{j \in N_B}$

1　B 执行：
2　　$u_j^B \leftarrow \mathrm{Net}^B(\Theta^B, x_j^B)$；
3　　加密 $\{[[g(u_j^B)]]_B\}_{j \in 1,2,\cdots,N_B}$ 并发送给 A；
4　A 执行：
5　　随机生成掩码 m^A；
6　　计算 $[[\varphi(u_j^B)]]_B = \Phi^A[[g(u_j^B)]]_B$ 并发送 $[[\varphi(u_j^B)+m^A]]_B$ 给 B；
7　B 执行：
8　　解密 $\varphi(u_j^B)+m^A$ 并将结果发送给 A；
9　A 执行：
10　　计算 $\varphi(u_j^B)$ 和 y_j^B 并将 y_j^B 发送给 B；

9.7　小结

本章首先介绍了联邦学习的基本概念，包括联邦学习的提出背景、定义、分类等。随着人工智能和大数据的不断发展，不断加剧的"数据孤岛"现象和人们对于自己隐私数据安全的担忧，促使相关研究工作者必须在兼顾到算法性能提升的同时，还要对隐私、安全等进行严格要求。联邦学习是一种分布式机器学习方法，它允许多个参与者在保留各自数据隐私的同时，协同训练一个共享的模型。研究应用联邦学习技术是解决上述挑战的一个可行途径。根据联邦学习参与者所有数据的样本、标签等特征，可以将联邦学习分为横向联邦学习、纵向联邦学习和联邦迁移学习。

其次，本章详细介绍了联邦学习中的隐私保护技术。联邦学习同样面临着隐私泄露的风险，因此，隐私保护技术的使用是不可或缺的，也是联邦学习保护隐私的关键手段之一。本章具体介绍了差分隐私和多方安全计算两类方法，给出了定义以及简单的实现示例。

再次，本章讨论了联邦学习中的激励机制。对于联邦学习的参与者来说，进行联邦学习任务往往意味着带来了额外的开销负担。为了引导参与者积极进行联邦学习任务，需要引入激励机制，对参与者进行激励引导。本章具体介绍了基于数据质量、模型参数、沙普利值的三种评估方案，给出了简单的评估示例。

最后，本章分别介绍了横向联邦学习和纵向联邦学习的定义、架构以及典型算法。横向联邦学习适用于参与者之间数据特征相同但样本不同的情况，纵向联邦学习适用于参与者之间数据样本相同但特征不同的情况。本章还分别介绍了适用于横向联邦学习的联邦评价（FedAvg）算法和适用于纵向联邦学习的 FedBCD 算法。然后，本章介绍了联邦迁移学习的定义、分类以及典型框架。联邦迁移学习是指利用不同域的数据进行联邦学习的过程，它可以有效解决数据分布不一致的问题。

思考题

9.1 什么是联邦学习的定义和特征？

9.2 联邦学习和传统的机器学习有什么区别和联系？

9.3 联邦学习的优点和挑战有哪些？

9.4 联邦学习如何保证数据的安全性和隐私性？

9.5 差分隐私和同态加密如何实现数据的隐私保护？

9.6 横向联邦学习和纵向联邦学习有什么区别和联系？

9.7 横向联邦学习和纵向联邦学习分别适用于哪些数据场景？

9.8 联邦平均算法（FedAvg）有什么优点和缺点？

9.9 联邦迁移学习如何解决数据分布不一致的问题？

参 考 文 献

［1］ 马少平，朱小燕. 人工智能 ［M］. 北京：清华大学出版社，2004.

［2］ 王万森. 人工智能原理及其应用 ［M］. 2 版. 北京：电子工业出版社，2007.

［3］ 王万良. 人工智能导论 ［M］. 5 版. 北京：高等教育出版社，2020.

［4］ GOLDBERG, DAVID E. Genetic Algorithms in Search, Optimization and Machine Learning ［M］. New Jersey：Addison-Wesley Longman Publishing Co. , Inc. , 1989.

［5］ KENNEDY J, EBERHART R. Particle swarm optimization ［C］. Proceedings of ICNN'95 - International Conference on Neural Networks, 1995 （4）：1942-1948.

［6］ COLORNI A, DORIGO M, MANIEZZO V. Distributed Optimization by Ant Colonies ［C］. Proceedings of the First European Conference on Artificial Life, 1991.

［7］ DEREK S, PETER E. A Practical Approach to Feature Selection ［C］. Machine Learning Proceedings, 1992：249-256.

［8］ KONONENKO I. Estimating attributes：Analysis and extensions of RELIEF ［C］. Machine Learning：ECML-94, 1994：171-182.

［9］ DOICU A, TRAUTMANN T, SCHREIER F. Tikhonov regularization for linear problems ［C］. Numerical Regularization for Atmospheric Inverse Problems, 2010：39-106.

［10］ KIMBER A. An Introduction to the Bootstrap ［J］. Journal of the Royal Statistical Society：Series D （The Statistician）, 1994, 43 （4）：600.

［11］ ALOISE D, DESHPANDE A, HANSEN P, et al. NP-hardness of Euclidean sum-of-squares clustering ［J］. Machine Learning, 2009, 75 （2）：245-248.

［12］ LECUN Y, BOTTOU, L, BENGIO, Y, et al. Gradient-based learning applied to document recognition ［J］. Proceedings of the IEEE, 1998, 86 （11）：2278-2324.

［13］ KINGMA D, BA J. Adam：A Method for Stochastic Optimization ［C］. International Conference on Learning Representations, 2014.

［14］ OLOF M. C-RNN-GAN：A continuous recurrent neural network with adversarial training ［C］. Constructive Machine Learning Workshop at NIPS 2016, 2016：1.

［15］ IAN G, YOSHUA B, AARON C. Deep learning ［M］. Cambridge：MIT Press, 2016.

［16］ CHARU C A. Neural networks and deep learning ［M］. Berlin：Springer, 2018.

［17］ 张伟楠，沈键，俞勇. 动手学强化学习 ［M］. 北京：人民邮电出版社，2022.

［18］ SUTTON R S, MCALLESTER D, SINGH S, et al. Policy gradient methods for reinforcement learning with function approximation ［C］. Advances in neural information processing systems, 1999, 12.

［19］ MNIH V, KAVUKCUOGLU K, SILVER D, et al. Human-level control through deep reinforcement learning ［J］. Nature, 2015, 518 （7540）：529-533.

［20］ SCHULMAN J, WOLSKI F, DHARIWAL P, et al. Proximal policy optimization algorithms ［J］. arXiv preprint arXiv, 2017：1707. 06347.

［21］ MCMAHAN B, MOORE E, RAMAGE D, et al. Communication-Efficient Learning of Deep Networks from Decentralized Data ［C］. Proceedings of the 20th International Conference on Artificial Intelligence and Statistics, 2017 （54）：1273-1282.

［22］ PETER K, BRENDAN H M, BRENDAN A, et al. Advances and Open Problems in Federated Learning ［J］. arXiv preprint arXiv, 2021：1912. 04977.

［23］ YANG Q, LIU Y, CHEN T J, et al. Federated Machine Learning：Concept and Applications ［J］. Association for Computing Machinery, 2019, 10 (2): 1-19.

[24] LIU Y, ZHANG X W, KANG Y, et al. FedBCD: A Communication-Efficient Collaborative Learning Framework for Distributed Features [J]. IEEE Transactions on Signal Processing, 2022, 70: 4277-4290.

[25] LIU Y, KANG Y, XING C H P, et al. A Secure Federated Transfer Learning Framework [J]. IEEE Intelligent Systems, 2020, 35 (4): 70-82.